★★★
Java
逆引きレシピ
第2版

竹添直樹、髙橋和也、島本多可子、佐藤聖規 著

Java 6〜11 対応

プロが選んだ
三ツ星
レシピ

SHOEISHA

SAMPLE DOWNLOAD

本書内容に関するお問い合わせについて

本書に関するご質問、正誤表については、下記の Web サイトをご参照ください。

　　　正誤表　　　　https://www.shoeisha.co.jp/book/errata/
　　　出版物 Q&A　　https://www.shoeisha.co.jp/book/qa/

インターネットをご利用でない場合は、FAX または郵便で、下記にお問い合わせください。

　　　〒 160-0006　東京都新宿区舟町 5
　　　(株)翔泳社　愛読者サービスセンター
　　　FAX 番号：03-5362-3818
　　　電話でのご質問は、お受けしておりません。

※本書に記載された URL 等は予告なく変更される場合があります。
※本書の出版にあたっては正確な記述につとめましたが、著者や出版社などのいずれも、本書の内容に対してなんらかの保証をするものではなく、内容やサンプルに基づくいかなる運用結果に関してもいっさいの責任を負いません。
※本書に掲載されているサンプルプログラムやスクリプト、および実行結果を記した画面イメージなどは、特定の設定に基づいた環境にて再現される一例です。
※本書に記載されている会社名、製品名はそれぞれ各社の商標および登録商標です。

はじめに

　2014年春に『Java逆引きレシピ』の第1版が発売されてからはや5年が経ちました。当時はラムダ式など多くの新機能が搭載されたJava 8が登場したばかりでしたが、あれから5年が経ってJava 8は広く普及しましたが、KotlinやScalaといった、JVM言語と呼ばれる、JavaVM上で動作するJava以外のプログラミング言語の台頭も目立った5年間でした。これら新たなプログラミング言語と比べ、Javaの記述の冗長さや、リリースサイクルの長さによる改善の遅れなども指摘されるようになりました。

　また、2018年はJavaの開発元であるOracle社が、それまで無償で提供していたJDKの商用利用を有償化すると踏み切ったことで一部のJavaユーザの間で混乱が広がりました。確かにOracle社が提供するJDKの商用利用は有償となりましたが、JDKはOpenJDKと呼ばれるオープンソースコミュニティで開発されており、OpenJDKをベースに無償のJDKを提供するコミュニティやベンダが複数登場しています。むしろ選択肢は以前より広がったといってもいいでしょう。

　2019年現在、Javaは9、10を経て、11が最新バージョンとなっています。Javaは改善速度向上のため、半年ごとにバージョンアップを行なうという新たなリリースモデルを採用するようになりました。実際Java 9～11で多くの新機能が導入され、改善が進んでいます。一方で、長期にわたって安定した環境が利用できるという点もJavaの大きなアドバンテージです。そのため、半年ごとにバージョンアップを行ないつつ、Java 11、17のように3年ごとにリリースされるバージョンに対して長期サポートを提供することで、Java言語の改善速度を高めつつ、安定したバージョンを利用できるというのが現在のJavaの状況となっています。

　本書はJava 6～8をカバーしていた第1版の内容を見直し、加筆修正を行なったものです。Javaの基本構文はもちろんのこと、膨大な標準APIの中から特に利用頻度の高いものをピックアップして目的・用途別にまとめました。また、JUnitによるユニットテストについては最新のJUnit 5をサポートし、Java 9～11で追加された新機能については最終章にまとめています。Javaでプログラミングを本格的に始めようという方はもちろんのこと、Java 9以降で導入された新機能をキャッチアップしたいという方のお役にも立てるのではないかと思います。

　第1版の前書きでもまったく同じことを書きましたが、登場から23年、Javaは現在も進化を続けています。本書がJavaをより深く活用していただくための一助となることを願ってやみません。

著者一同

本書の対象と構成

本書はJavaでのプログラミングの際に「本当に必要な知識とテクニック」を、目的別にまとめたものです。目次から「やりたいこと」を探し、該当のレシピを参照することで「どうやって実現するのか」を調べることができます。初心者がつまずきやすいポイントについても丁寧に解説しているほか、類似の機能やAPIの使い分けについても説明しています。

本書は、Java 6〜11の各バージョンに対応しており、どのバージョンのJavaでどの機能を利用可能か、すぐに判別できます。ただし、Java 9および10についてはすでにサポートも切れており、今後新たに利用される機会は少ないと思われるため、特に必要な場合を除き11と区別せずに記述しています。また、Java 9〜11以降での追加・変更については第11章にまとめて記載していますので、それらの情報が必要な場合は第11章を参照していただければと思います。

本書の構成

Javaでのプログラミングには、Eclipseなどの統合開発環境を用いるのが一般的です。「第1章 Java開発の準備」では、JDK（Java Development Kit）やEclipseのインストール方法、基本的な使用方法を説明しています。

「第2章 Javaの基本」「第3章 クラスとインターフェース」では、Javaの基本的な構文から文字列処理、正規表現、クラスやインターフェースの定義方法など、Javaでのプログラミングにおいて必要となる基礎知識をまとめています。また、Java 8で追加された機能や構文については特に重点的に解説しています。

「第4章 コレクション」では、配列、ListやMap、SetといったJavaの基本的なコレクションに加え、Java 8で追加されたStreamを取り上げています。「第5章 日付操作」でもjava.util.Dateやjava.util.Calendarといった従来の日付操作用のAPIとJava 8で追加されたjava.timeパッケージ（Date and Time API）の両方を紹介しています。

プログラムからデータの保存や読み込みを行なうためにファイルにアクセスする必要がある場合もあるでしょう。ファイル入出力に関するトピックは「第6章 ファイルと入出力」にまとめています。ここで旧来のjava.ioパッケージと、Java 7で導入されたjava.nio.

fileパッケージ（NIO2）によるファイル操作・入出力の方法を説明しています。

「第7章 並行プログラミング」では、マルチスレッドプログラミングに使用する機能を紹介しています。スレッドの基本的な使い方からロックやスレッドプール、マルチコアを活用するためのFork/Join Frameworkなど多岐にわたるトピックをカバーしています。

「第8章 JDBC」では、JavaでRDBMSを使用するためのAPIについてまとめています。近年はO/Rマッピングフレームワークが普及しており直接JDBCを使う機会は少ないかもしれませんが、データベースにアクセスするちょっとしたツールが必要な場合や、O/Rマッピングフレームワークを使用するうえでの基礎知識として役立てることができるでしょう。

Javaでは、ユニットテストのためのテスティングフレームワークとしてJUnitが広く利用されています。「第9章 JUnit」では、JUnit 5を使用したユニットテストに関するトピックをまとめています。JUnit 5のさまざまなルールやルールのカスタマイズ方法、従来利用されていたJUnit 4との違いについても説明しています。

「第10章 ネットワーク、ユーティリティ、システム」には、通信や外部コマンドの実行、ログ出力などここまでの章では取り上げられなかったさまざまなAPIに加え、Java VMの監視やヒープの解析といった高度なトピックも含んでいます。

「第11章 これからのJava」では 今後のJavaのリリースポリシーや、Java 9 〜 11で追加・変更された機能のうち特に日常的なJavaプログラミングに影響があると思われるものをまとめています。Javaの最新情報をキャッチアップしたいという方はこの章を参照してください。

誌面の構成

本書では各章で扱うレシピを以下のように掲載しています。各レシピはカテゴリごとに分けられ、項目から引きやすいようにキーワードを入れています。また、レシピに関連する項目は 関連 という形で入れています。本文中でも関連する項目は レシピXXX という形で参照できるようにしています。補足や注意事項などは NOTE や COLUMN で紹介しています。

ⓐ 目的のレシピをすぐに引けるように、見出しには通し番号が付いています。
ⓑ レシピ内で解説する、重要なキーワード（機能や関数名など）が一目でわかります。
ⓒ 関連するレシピとページがわかります。
ⓓ このレシピを利用する場面の一例を紹介します。
ⓔ Javaの対応バージョンを表わしています。
ⓕ サンプルや設定ファイルのコード、構文などを記載しています。
ⓖ NOTEやCOLUMNの囲みでは補足情報や関連する内容を紹介します。

本書の表記

紙面の都合によりコードを途中で折り返す場合があります。その場合には、⏎ を行末に付けて示します。

サンプルプログラムについて

本書のサンプルプログラムは、下記のサイトからダウンロードできます。

URL https://www.shoeisha.co.jp/book/download/9784798158440

動作環境

本書の記述およびサンプルプログラムは、以下の動作環境で確認しています。

・Windows 10
・JDK 1.8.0 / JDK 11
・Eclipse 2018-09 Pleiades All in One

CONTENTS

はじめに ……………………………………………………………… iii
本書の対象と構成 …………………………………………………… iv
誌面の構成 …………………………………………………………… vi
サンプルプログラムについて ……………………………………… vii

第1章　Java開発の準備 …………………………………………… 001

1.1　セットアップ ………………………………………………… 002
001　JDKのセットアップ ………………………………………… 002
002　Eclipseのセットアップ ……………………………………… 005

1.2　実行 …………………………………………………………… 007
003　Javaプログラムを作って実行したい ……………………… 007
004　Javaプログラムをデバッグしたい ………………………… 013
005　クラスパスを指定したい …………………………………… 015
006　実行時のメモリを指定したい ……………………………… 018
007　JARファイルを作りたい …………………………………… 020
008　コマンドラインでコンパイル・実行したい ……………… 021

第2章　Javaの基本 ………………………………………………… 023

2.1　パッケージとインポート …………………………………… 024
009　パッケージを宣言したい …………………………………… 024
010　パッケージ、クラスをインポートしたい ………………… 025
011　staticメンバをインポートしたい ………………………… 027

2.2 変数とデータ型 …… 028

- 012 Javaのデータ型について知りたい …… 028
- 013 Javaのリテラルについて知りたい …… 029
- 014 数値の計算を行ないたい …… 030
- 015 ビット演算を行ないたい …… 032
- 016 2つの値を比較したい …… 035
- 017 「条件式？式1：式2」ってなに？ …… 037
- 018 &&、||と&、|の違いを知りたい …… 038
- 019 オブジェクトの型を調べたい …… 039
- 020 変数の型を変換したい …… 040
- 021 ラッパークラスってなに？ …… 042
- 022 null ってなに？ …… 044
- 023 Optional ってなに？ …… 046

2.3 コメント …… 049

- 024 ソースにコメントを記述したい …… 049
- 025 Javadocを記述したい …… 050
- 026 Javadocを生成したい …… 054

2.4 制御構文 …… 056

- 027 ifで条件分岐したい …… 056
- 028 switchで条件分岐したい …… 058
- 029 forで繰り返し処理を行ないたい …… 060
- 030 whileで繰り返し処理を行ないたい …… 061
- 031 繰り返し処理を途中で終了したい …… 063

2.5　例外処理 …………………………………………………………… 065

- 032　例外を処理したい ……………………………………………………… 065
- 033　複数の例外をまとめてキャッチしたい ……………………………… 067
- 034　例外をスローしたい …………………………………………………… 068
- 035　リソースを確実にクローズしたい …………………………………… 070
- 036　スタックトレースの情報を取得したい ……………………………… 072

2.6　ラムダ ………………………………………………………………… 073

- 037　ラムダ式ってなに？ …………………………………………………… 073
- 038　汎用的な関数型インターフェースを使いたい ……………………… 076
- 039　独自の関数型インターフェースを定義したい ……………………… 078
- 040　ラムダ式を受け取るメソッドを定義したい ………………………… 079
- 041　ラムダ式の代わりにメソッドを渡したい …………………………… 080

2.7　文字列操作 …………………………………………………………… 081

- 042　文字列を連結したい …………………………………………………… 081
- 043　文字列の長さを調べたい ……………………………………………… 083
- 044　文字列の一部を切り出したい ………………………………………… 084
- 045　文字列を分割したい …………………………………………………… 085
- 046　文字列を比較したい …………………………………………………… 086
- 047　文字列を置換したい …………………………………………………… 087
- 048　特定の文字列で開始・終了しているかを調べたい ………………… 088
- 049　特定の文字列が含まれているか知りたい …………………………… 089
- 050　大文字と小文字を変換したい ………………………………………… 090
- 051　文字列の前後の空白を削除したい …………………………………… 091
- 052　文字列に変数を埋め込みたい ………………………………………… 092
- 053　文字コードを変更したい ……………………………………………… 094

	054	文字列を数値に変換したい	096

2.8 正規表現 — 097

	055	文字列が正規表現に一致するか調べたい	097
	056	文字列を正規表現で検索したい	099
	057	文字列を正規表現で置換したい	101

2.9 数値処理 — 103

	058	数値処理をしたい	103
	059	数値を任意の形式にフォーマットしたい	105
	060	乱数を生成したい	107
	061	丸め誤差の発生しない計算を行ないたい	108
	062	符号なしの整数を扱いたい	110

第3章 クラス・インターフェース — 113

3.1 クラスとインターフェース — 114

	063	クラスを使いたい	114
	064	インターフェースを使いたい	117
	065	インターフェースにメソッドを実装したい	119
	066	ネストしたクラスを使いたい	121
	067	匿名クラスを使いたい	124
	068	クラスを継承したい	126
	069	抽象クラスを使いたい	129
	070	メソッドをオーバーライド、オーバーロードしたい	131
	071	staticメンバを使いたい	133
	072	イニシャライザを使いたい	134
	073	可変長引数を定義したい	136

3.2　アクセス修飾子 … 137
- 074　Javaのアクセス修飾子について知りたい … 137

3.3　列挙型 … 138
- 075　列挙型を使いたい … 138
- 076　enum定数ごとにメソッドをオーバーライドしたい … 141
- 077　列挙型に効率の良いコレクションを使いたい … 142

3.4　ジェネリクス … 144
- 078　Javaのバージョンによるジェネリクスの違いを知りたい … 144
- 079　ジェネリクスを定義したい … 146
- 080　型パラメータに制限を付けたい … 147
- 081　ワイルドカードってなにに使うの？ … 148
- 082　型パラメータの可変長引数を安全に使いたい … 150

3.5　アノテーション … 152
- 083　標準アノテーションを知りたい … 152
- 084　独自アノテーションを作成したい … 154

3.6　リフレクション … 159
- 085　Classインスタンスを取得したい … 159
- 086　リフレクションでクラスのメンバの情報を取得したい … 161
- 087　リフレクションでインスタンスを生成したい … 164
- 088　リフレクションでメソッドやフィールドを呼び出したい … 165
- 089　リフレクションでジェネリクスの情報を取得したい … 167
- 090　リフレクションでアノテーションの情報を取得したい … 170

3.7	シリアライズ	174
091	インスタンスをシリアライズ・デシリアライズしたい	174
092	独自のシリアライズ・デシリアライズ処理をしたい	176

第4章 コレクション 179

4.1	導入	180
093	コレクションについて知りたい	180

4.2	配列	182
094	配列を使いたい	182
095	配列の長さを調べたい	184
096	配列の要素を繰り返し処理したい	185
097	配列をコピーしたい	186
098	配列をソートしたい	188
099	配列に特定の要素が含まれているか調べたい	190
100	配列を比較したい	191

4.3	List	192
101	Listを使いたい	192
102	Listに要素を追加したい	196
103	Listの要素を取得したい	197
104	Listの要素を変更したい	198
105	Listの要素を削除したい	199
106	Listの要素を繰り返し処理したい	201
107	Listの要素数を調べたい	202
108	Listをソートしたい	203

	109	Listに特定の要素が含まれるか調べたい	204
	110	2つのListを連結したい	205
	111	Listと配列を相互に変換したい	206
4.4	**Set**		**207**
	112	Setを使いたい	207
	113	Setに要素を追加したい	210
	114	Setの要素を削除したい	211
	115	Setの要素を繰り返し処理したい	213
	116	Setの要素数を調べたい	214
	117	Setに特定の要素が含まれるか調べたい	215
	118	2つのSetを連結したい	216
4.5	**Map**		**217**
	119	Mapを使いたい	217
	120	Mapに要素を追加したい	220
	121	Mapの値を取得したい	223
	122	Mapのキーを取得したい	224
	123	Mapの要素を取得したい	225
	124	Mapの要素を削除したい	226
	125	Mapの要素数を調べたい	227
	126	Mapに特定のキーが含まれるか調べたい	228
	127	Mapに特定の値が含まれるか調べたい	229
4.6	**Stream**		**230**
	128	Streamを使いたい	230
	129	Streamで数値を扱いたい	233

130	Streamの長さを調べたい ································· 234
131	Streamから重複する要素を排除したい ······················ 235
132	Streamの要素を繰り返し処理したい ························ 236
133	Streamの要素をフィルタリングしたい ······················ 237
134	Streamを連結したい ···································· 238
135	Streamの要素を変換したい ······························· 239
136	Streamの要素が条件に一致しているか調べたい ················ 240
137	Streamの要素を集計したい ······························· 241
138	Streamの要素をソートしたい ····························· 242
139	Streamの要素をグルーピングしたい ························ 243
140	Streamをコレクションに変換したい ························ 244
141	無限の長さを持つStreamを生成したい ······················ 245
142	Streamの要素を並列に処理したい ·························· 246

第5章　日付操作 ··· 247

5.1　導入 ·· 248

143	Javaでの日付操作について知りたい ························· 248
144	現在の日付を取得したい ·································· 250
145	現在日時をUNIX時間で取得したい ·························· 251
146	年月日などを取得・設定したい ····························· 252
147	日付を文字列にフォーマットしたい ·························· 254
148	文字列を日付に変換したい ································· 255
149	日付の計算を行ないたい ·································· 256
150	日付の前後関係を調べたい ································· 257
151	月の最終日を調べたい ···································· 258
152	曜日を取得したい ······································· 259

5.2 Date and Time API ……………………………………………… 260

- 153 Date and Time APIで現在日時を取得したい …………………… 260
- 154 Date and Time APIで特定日時の日付を取得したい …………… 262
- 155 Date and Time APIで日付を再設定したい ……………………… 264
- 156 Date and Time APIで年月日などを取得したい ………………… 265
- 157 Date and Time APIの日時オブジェクトを相互変換したい ……… 266
- 158 Date and Time APIの日付を文字列にフォーマットしたい ……… 267
- 159 Date and Time APIで日時の計算を行ないたい ………………… 270
- 160 Date and Time APIで日付の前後関係を調べたい ……………… 272
- 161 Date and Time APIで月の最終日を調べたい …………………… 273
- 162 文字列をDate and Time APIのオブジェクトに変換したい ……… 274
- 163 Date and Time APIで特定の期間を表したい …………………… 275
- 164 Date and Time APIで2つの日付の間隔を調べたい …………… 276
- 165 DateオブジェクトをDate and Time APIの日付に変換したい …… 277
- 166 Date and Time APIをDateオブジェクトの日付に変換したい …… 278

第6章 ファイル・入出力 …………………………………………… 279

6.1 導入 ………………………………………………………………… 280

- 167 Javaでのファイル操作について知りたい ………………………… 280

6.2 ファイル …………………………………………………………… 283

- 168 ファイルやディレクトリが存在するか調べたい …………………… 283
- 169 ファイルかディレクトリかを調べたい ……………………………… 284
- 170 ファイルやディレクトリを削除したい ……………………………… 285
- 171 ファイルを移動したい ……………………………………………… 286
- 172 ファイルのサイズを調べたい ……………………………………… 287

	173	ファイルの最終更新日時を調べたい ・・・・・・・・・・・・・・・・・・・・・・・・・・・・・・・・・ 288
	174	ファイルの属性を調べたい ・・・ 289
	175	ファイルの属性を設定したい ・・・ 290
	176	ファイルの絶対パスを取得したい ・・・・・・・・・・・・・・・・・・・・・・・・・・・・・・・・・・・・・ 291
	177	親ディレクトリを取得したい ・・・ 292
	178	ディレクトリ内のファイル一覧を取得したい ・・・・・・・・・・・・・・・・・・・・・・・・・ 293
	179	空のファイルを作成したい ・・・ 295
	180	一時ファイルを作成したい ・・・ 296
	181	ディレクトリを作成したい ・・・ 297
6.3	パス ・・ 298	
	182	パスを絶対パスに変換したい ・・・ 298
	183	親ディレクトリのパスを取得したい ・・・・・・・・・・・・・・・・・・・・・・・・・・・・・・・・・・ 299
	184	パスに対する相対パスを解決したい ・・・・・・・・・・・・・・・・・・・・・・・・・・・・・・・・・・ 300
	185	パスからファイルを作成したい ・・・・・・・・・・・・・・・・・・・・・・・・・・・・・・・・・・・・・・ 301
	186	パスからディレクトリを作成したい ・・・・・・・・・・・・・・・・・・・・・・・・・・・・・・・・・・ 302
	187	パスからリンクを作成したい ・・・ 303
	188	パスが存在するかどうかを調べたい ・・・・・・・・・・・・・・・・・・・・・・・・・・・・・・・・・・ 304
	189	パスが示すファイルやディレクトリを削除したい ・・・・・・・・・・・・・・・・・・・・ 305
	190	パスが示すファイルやディレクトリを移動したい ・・・・・・・・・・・・・・・・・・・・ 306
	191	パスが示すファイルやディレクトリをコピーしたい ・・・・・・・・・・・・・・・・・・ 307
	192	パスから一時ファイルやディレクトリを作成したい ・・・・・・・・・・・・・・・・・・ 309
	193	パスが示すファイルやディレクトリの属性を取得・設定したい ・・・・・・・ 310
	194	パスが示すディレクトリ内のファイル一覧を取得したい ・・・・・・・・・・・・・ 316
	195	ディレクトリ内のファイルを再帰的に処理したい ・・・・・・・・・・・・・・・・・・・・ 317
	196	パスが示すファイルを読み込みたい ・・・・・・・・・・・・・・・・・・・・・・・・・・・・・・・・・・ 319
	197	パスが示すファイルを 1 行ずつ読み込みたい ・・・・・・・・・・・・・・・・・・・・・・・・ 320

- 198　パスが示すファイルに書き出したい ·· 321
- 199　パスからストリームやチャネルを取得したい ···································· 322
- 200　ファイルやディレクトリの変更を監視したい ···································· 324

6.4　入出力 ··· 325

- 201　Javaでの入出力について知りたい ·· 325
- 202　コンソールにメッセージを出力したい ··· 327
- 203　コンソールからの入力を受け取りたい ··· 329
- 204　ファイルの内容をバイト配列で読み込みたい ·································· 330
- 205　バイト配列をファイルに書き出したい ··· 331
- 206　ファイルの内容を文字列で読み込みたい ·· 332
- 207　文字列をファイルに書き出したい207 ·· 334
- 208　ファイルの任意の部分に対する入出力を行ないたい ························· 335
- 209　クラスパスからファイルを読み込みたい ·· 337
- 210　プロパティファイルの内容を読み込みたい ····································· 338
- 211　チャネルを使ってファイルの入出力を行ないたい ···························· 341
- 212　ファイルをロックしたい212 ··· 344
- 213　ファイルをzipファイルに圧縮・展開したい ··································· 345

第7章　並行プログラミング ·· 347

7.1　導入 ·· 348

- 214　Javaの並行処理について知りたい ·· 348

7.2　スレッド ·· 350

- 215　スレッドで非同期処理を行ないたい ··· 350
- 216　スレッドで発生した実行時例外をハンドリングしたい ······················ 352

	217	マルチスレッドを排他制御したい	353
	218	マルチスレッドで同期を取りながら実行したい	355
	219	別スレッドが終了するまで待機したい	357
	220	スレッドの処理を一時停止したい	358
	221	スレッドに割り込みたい	359
	222	マルチスレッドで1つのフィールドにアクセスしたい	360

7.3 タイマー … 361

| | 223 | 特定の時間に一度だけ処理を実行したい | 361 |
| | 224 | 一定間隔で繰り返し処理を実行したい | 363 |

7.4 Concurrency Utilities … 365

	225	タスクを単一のスレッドで実行したい	365
	226	タスクをスケジューリングして実行したい	366
	227	スレッドプールを利用してタスクを実行したい	368
	228	非同期処理から結果を返したい	370
	229	呼び出し元をブロックせずに非同期処理を行ないたい	372
	230	複数のタスクの戻り値を早く終わった順に取得したい	376
	231	スレッドの同時実行数を制御したい	378
	232	スレッド間で相互にデータの受け渡しをしたい	380
	233	他の処理が完了するまでスレッドを待機したい	382
	234	別スレッドからのデータを受け取るまで待機したい	385
	235	別スレッドがデータを受け取るまで待機したい	387
	236	Lockでマルチスレッドを排他制御したい	389
	237	Lockで待ち合わせるスレッドの条件を指定したい	391
	238	参照・更新処理をマルチスレッドで行ないたい	392
	239	ロックを使わずにマルチスレッドでの読み取り処理を行ないたい	393
	240	値の取得や更新をアトミックに行ないたい	395

7.5 Fork/Join Framework ……………………………………… 398
- 241 Fork/Join Framework ってなに？ ……………………………… 398
- 242 マルチコアを活用してタスクを細粒度で並列実行したい ………… 400

第8章 JDBC ……………………………………………………… 403

8.1 基本的なデータベース操作 ……………………………………… 404
- 243 データベースに接続したい ……………………………………… 404
- 244 データベースを検索したい ……………………………………… 407
- 245 データベースに登録・更新・削除を行ないたい ………………… 410
- 246 トランザクションを制御したい ………………………………… 412

8.2 高度なデータベース操作 ……………………………………… 414
- 247 ファイルをデータベースに格納したい …………………………… 414
- 248 データベースからファイルを取得したい ………………………… 416
- 249 データベースのエラーコードに応じた処理をしたい …………… 418
- 250 ストアドプロシージャを呼び出したい …………………………… 419
- 251 大量のデータをまとめて登録・更新したい ……………………… 423
- 252 データベースのメタデータを取得したい ………………………… 425

第9章 Junit ……………………………………………………… 427

9.1 導入 …………………………………………………………… 428
- 253 JUnit ってなに？ ………………………………………………… 428
- 254 テストを作成して実行したい …………………………………… 430

9.2 テストケース … 434

- 255 プログラムの実行結果を確認したい … 434
- 256 複数のassert文をまとめて処理したい … 438
- 257 例外が発生することを確認したい … 439
- 258 テストの前後に処理を行ないたい … 440
- 259 テストクラスの実行前後に一度だけ処理を行ないたい … 441
- 260 テストを一時的にスキップしたい … 442
- 261 前提条件によってテストケースの実行有無を制御したい … 443
- 262 OSによってテストケースの実行有無を制御したい … 444
- 263 Javaのバージョンによってテストケースの実行有無を制御したい … 445
- 264 システムプロパティによってテストケースの実行有無を制御したい … 446
- 265 環境変数によってテストケースの実行有無を制御したい … 447
- 266 テストメソッドの表示名を設定したい … 448
- 267 テストメソッドをグループ化したい … 449
- 268 テストメソッド名を取得したい … 451
- 269 テストのタイムアウト値を設定したい … 452

9.3 テストスイート … 453

- 270 複数のテストクラスをまとめて実行したい … 453
- 271 グルーピングしたテストケースを実行したい … 455
- 272 実行するテストケースをパッケージで絞り込みたい … 456
- 273 実行するテストケースを正規表現で指定したい … 457

第10章　ネットワーク、システム、ユーティリティ ……………………… 459

10.1 ネットワーク …………………………………………………………… 460
- 274　URL の情報を取得したい ……………………………………………… 460
- 275　Web サーバにリクエストを送信したい ……………………………… 461
- 276　TCP 通信を行なうクライアントを実装したい ……………………… 464
- 277　TCP 通信を行なうサーバを実装したい ……………………………… 465
- 278　チャネルを使って TCP 通信を行ないたい ………………………… 468
- 279　ノンブロッキングな TCP サーバを実装したい …………………… 469

10.2 ユーティリティ ………………………………………………………… 472
- 280　メッセージを国際化したい …………………………………………… 472
- 281　ハッシュ値を求めたい ………………………………………………… 474
- 282　暗号化したい …………………………………………………………… 475
- 283　UUID を生成したい …………………………………………………… 477
- 284　経過時間を測定したい ………………………………………………… 478
- 285　外部コマンドを実行したい …………………………………………… 479
- 286　ログを出力したい ……………………………………………………… 481
- 287　URL エンコード・デコードをしたい ………………………………… 485
- 288　Base64 エンコード・デコードをしたい …………………………… 486

10.3 システム ………………………………………………………………… 487
- 289　システムプロパティを取得したい …………………………………… 487
- 290　環境変数を取得したい ………………………………………………… 489
- 291　空きメモリを調べたい ………………………………………………… 490
- 292　メモリ使用状況を監視したい ………………………………………… 491
- 293　スレッドダンプを取得したい ………………………………………… 494
- 294　ヒープダンプを取得したい …………………………………………… 496

第11章　これからのJava … 501

11.1　リリースポリシーの変更 … 502
- **295**　Java 9以降の概要が知りたい … 502

11.2　モジュールシステム … 504
- **296**　モジュールシステムってなに？ … 504
- **297**　モジュールシステムの利用方法を知りたい（Eclipse） … 506
- **298**　モジュールシステムの利用方法を知りたい（コマンドラインツール） … 510

11.3　新しい構文 … 513
- **299**　ローカル変数の型推論について知りたい … 513
- **300**　@SafeVarargsアノテーションの新機能を知りたい … 515
- **301**　try-with-resources文の新機能を知りたい … 516
- **302**　ジェネリクスを使った匿名クラスの型パラメータを省略したい … 517
- **303**　インターフェースにprivateメソッドを定義したい … 518

11.4　APIの拡張 … 519
- **304**　@Deprecatedに追加された属性を知りたい … 519
- **305**　Optionalの拡張について知りたい … 522
- **306**　コレクションの拡張について知りたい … 525
- **307**　Reactive Streamsを使いたい … 533
- **308**　CompletableFutureの拡張について知りたい … 536
- **309**　HTTP/2やWebSocketに対応した HTTPクライアントAPIを使いたい … 538
- **310**　Process APIの改善点を知りたい … 540

11.5 ツール ………………………………………………………………… 542
311 jshell: The Java Shell (REPL)について知りたい ……………… 542

11.6 その他 ………………………………………………………………… 544
312 Dockerコンテナのための改善を知りたい ……………………… 544
313 ResourceBundleのデフォルトファイルエンコーディングの
変更点を知りたい …………………………………………………… 546
314 SHA-3暗号化ハッシュをサポート ……………………………… 547
315 ラッパークラスの生成方法の変更点を知りたい ……………… 548
316 単一ソースファイルをjavaコマンドで直接実行したい …………… 550

索引 ………………………………………………………………… 551

COLUMN

もう一つのJava IDE、「IntelliJ IDEA」 ･････････････････････････････････････ 006
Eclipseの便利なショートカット ･･ 012
Eclipseが使用するメモリサイズを指定する ･･････････････････････････････ 019
文字列比較のNullPointerExceptionを回避する ･･････････････････････････ 045
ブロックと変数のスコープ ･･･ 057
Java 7以降での例外の再スロー ･･ 069
ラムダ式から参照可能な外部変数 ･･･････････････････････････････････････ 075
文字コードの指定にStandardCharsetsを使う ････････････････････････････ 095
Stringクラスだけで手軽に正規表現を使う ･･･････････････････････････････ 102
ラムダ式の交差型キャスト ･･･ 112
thisとは？ ･･ 116
finalとは？ ･･･ 117
superとは？ ･･ 127
リフレクションとは？ ･･･ 160
スレッドセーフなコレクションクラス ････････････････････････････････････ 181
空のコレクションが必要な場合 ･･･ 195
Arrays#asList()で簡単にListを生成する ････････････････････････････････ 206
イミュータブルなAPIとは？ ･･･ 249
Windowsで有効なドライブを取得する ･･････････････････････････････････ 294
toString()メソッドの重要性 ･･･ 328
Java 8以降で数値の更新をアトミックに行なう ･･･････････････････････････ 397
JUnit 5とJUnit 4との比較 ･･ 437
プロキシ経由での通信 ･･･ 462
Javaのロギングライブラリ ･･･ 484
ログメッセージ出力時のパフォーマンス ･････････････････････････････････ 484
GCを強制的に実行する ･･ 490
Java Mission Control ･･ 500

PROGRAMMER'S RECIPE

第 01 章

Java開発の準備

001 JDKのセットアップ

| JDK | コマンドライン | | 6 | 7 | 8 | 11 |

| 関　連 | 002 Eclipseのセットアップ　P.005 |
| 利用例 | コマンドラインでJavaによる開発を行なう場合 |

　JavaのプログラミングにはJDK（Java Development Kit）が必要です。ここでは、無償で利用可能なAdoptOpenJDKの、Windows環境でのセットアップ方法を紹介します。

　AdoptOpenJDKは次のURLからダウンロードできます（図1.1）。

https://adoptopenjdk.net/

　バージョンとJVMを選択して［Latest release］というボタンをクリックすると、ダウンロードが始まります。JVMは「Hotspot」と「OpenJ9」が選択できますが、通常は「Hotspot」を選択するとよいでしょう。

図1.1　AdoptOpenJDKのWebサイト

zipファイルがダウンロードされるので、適当なディレクトリに展開したのち、コマンドラインから簡単に使えるよう環境変数を設定します。まずはコントロールパネルを開き、[システムとセキュリティ] → [システム] から [システムの詳細設定] を選択して、「システムの詳細設定」ダイアログ（図1.2）を開きます。

図1.2　システムの詳細設定

ここで [環境変数] をクリックし、[システム環境変数] の中から [Path] をダブルクリックして [新規] で次の値を追加します（図1.3）。

```
<AdoptOpenJDKを展開したディレクトリ>\bin
```

また、設定したパスは上から順に優先されますので、[上へ] ボタンで一番先頭に移動しておくとよいでしょう。

図1.3　環境変数Pathの設定

> **NOTE**
>
> **MacやLinuxの場合のJDKのインストール方法**
>
> 　MacやLinuxでもWindowsの場合と同様、AdoptOpenJDKのWebサイトからダウンロードしたアーカイブファイルを適当な場所に展開し、binディレクトリを環境変数PATHに追加することでインストールできます。

　AdoptOpenJDKはJava 8以降のみの提供となっています。これより古いバージョンのJDKが必要な場合はPleiades All in One レシピ002 にはJDKが含まれているパッケージも用意されており、これを使用することでJDKと日本語化済みのEclipseを一度にインストールすることができます。手軽にJavaの開発環境を整えたい場合はこちらを利用するとよいでしょう。

002 Eclipseのセットアップ

| Eclipse | Pleiades | Pleiades All in One | | 6 | 7 | 8 | 11 |

| 関 連 | 001　JDKのセットアップ　P.002 |
| 利用例 | 統合開発環境を使用してJavaによる開発を行ないたい場合 |

　EclipseはJava向けの統合開発環境として広く利用されており、プラグインによる拡張が可能で、使用するフレームワークなどに合わせてカスタマイズができるという特徴があります。Eclipseはそのままでも日本語を扱うことができますが、メニューなどは日本語化されていません。Eclipseを日本語化し、なおかつ利用頻度の高い便利なプラグインやJDKなどを同梱したPleiades All in Oneというパッケージが存在します。

http://mergedoc.osdn.jp/

　Pleiades All in Oneを使用することで別途JDKをインストールすることなく手軽にJavaの開発環境を整えることができます（Pleiades All in OneはWindows版とMac版が提供されています）。

Pleiades All in Oneのインストール

　最初にPleiades All in Oneをダウンロードします。執筆時最新のEclipse 2018-09からJava Full Editionを選択します。インストールする環境に適したパッケージ（Windows 32bit、Windows 64bitまたはMac 64bit）をダウンロードしてください。

http://mergedoc.osdn.jp/index.html#/pleiades_distros2018.html

　Windowsの場合はダウンロードしたzipファイルを適当な場所に展開すれば、インストールは完了です。展開したフォルダ内のeclipseフォルダにあるeclipse.exeをダブルクリックするとEclipseが起動します。Macの場合はダウンロードしたzipファイルを展開するとdmgファイルが現れるので、このファイルをダブルクリックでマウントしてインストールを行ないます。
　Eclipseでは起動時にワークスペース（Eclipseのプロジェクトやファイルなどの保存先）を任意のパスに指定します（図1.4）。チェックボックスをオンにしてデフォルトに設定をすると、次回から表示されなくなります。

図1.4 ワークスペースの選択

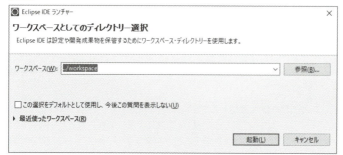

COLUMN　もう一つのJava IDE、「IntelliJ IDEA」

　最近はEclipseだけでなくIntelliJ IDEAというIDEも人気です。IntelliJ IDEAはもともとチェコに本社を置くJetBrains社が提供する有償の製品でシンプルかつ気の利いた操作性で人気を博していました。現在IntelliJはPHP、JavaScript、Python、C/C++などさまざまなプログラミング言語をサポートする製品群を擁していますが、基本的なJava開発をサポートするCommunity Editionがオープンソース化され無料で利用できるようになっているので、まずはこちらを試してみるとよいでしょう。

図1.A IntelliJ IDEA

003 Javaプログラムを作って実行したい

| Eclipse | プロジェクト | ソースファイル | | 6 | 7 | 8 | 11 |

関連	002 Eclipseのセットアップ　P.005 004 Javaプログラムをデバッグしたい　P.013 009 パッケージを宣言したい　P.024 063 クラスを使いたい　P.114
利用例	EclipseでJavaプログラムを実行する場合

　Eclipseを使ってJavaプログラミングをするには、最初にプロジェクトを作成します。プロジェクトとは、その名のとおりJavaプログラムをある程度の集合で管理するための単位です。

　Eclipseを起動し、メニューから［ファイル］→［新規］→［Java プロジェクト］を選択します。新規Javaプロジェクト作成ウィザードでは、「プロジェクト名」に任意の名称を設定します（図1.5）。「実行環境JREの使用」には、使いたいJREのバージョンを指定します。

図1.5　新規Javaプロジェクト作成 (1)

[次へ］を選択すると、ソースフォルダや出力フォルダ、ライブラリの設定ができます（図1.6）。実行環境として Java 9 以降を選択した場合は［module-info.java ファイルの作成］というチェックボックスがチェックされた状態になっています。これは Java 9 で導入されたモジュールシステムに対応したプロジェクトを作成するためのオプションですので、不要であれば外してください（詳細については レシピ296・297 を参照してください）。

図1.6　新規 Java プロジェクト作成 (2)

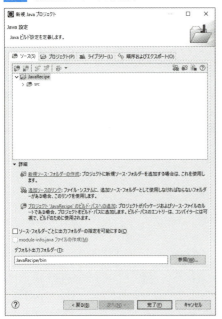

　最後に［完了］を選択すると、Java パースペクティブ（Java プログラミングをするときのデフォルトパースペクティブ）を表示するか確認されるので、［OK］をクリックしてください。これで Java プロジェクトは完成です（図1.7）。

図1.7 パースペクティブ

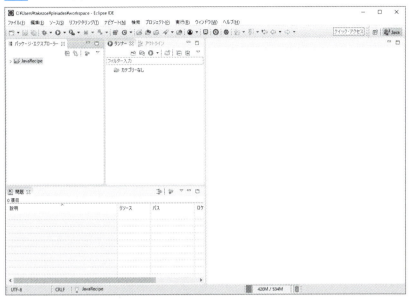

　続いて、ソースファイルを作成します。作成したJavaプロジェクトを右クリックして、[新規] → [クラス] を選択します。

　「名前」に適当な名称（例：HelloWorld）を指定し（図1.8）、「どのメソッド・スタブを作成しますか？」で、[public static void main(String[] args)] にチェックを入れて、[完了] を選択します。「パッケージ」は必ずしも入力する必要はありませんが、Javaではパッケージなしのクラスの作成は推奨されていないため、入力していない場合は警告が表示されます。通常はパッケージを入力してクラスを作成するようにしましょう。

図1.8 新規クラス作成

「完了」をクリックすると、次のコードが出力されます。

●Eclipseが生成したコード

```
public class HelloWorld {

    public static void main(String[] args) {
        // TODO 自動生成されたメソッド・スタブ

    }

}
```

Eclipseが生成したコードを次のように編集してください。

●編集後のコード

```
public class HelloWorld {

    public static void main(String[] args) {
        System.out.println("Hello World!");
    }

}
```

　コードを実行するには、左上の「パッケージ・エクスプローラー」から作成したJavaファイルを右クリックして［実行］→［Java アプリケーション］を選択します。
　右下の［コンソール］ペインに、図1.9のように出力されます。

図1.9　Javaの実行

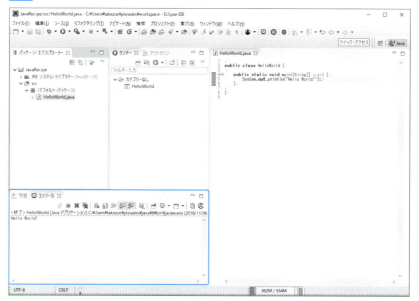

COLUMN　Eclipseの便利なショートカット

　Eclipseでは、プログラミングに欠かせない便利なキーボードショートカットがたくさんあります。ここでは特によく使うものをいくつか紹介します（表1.A）。Eclipseの操作で困ったら、[Ctrl] + [Shift] + [L]で定義済みショートカットの一覧表示を確認するとよいでしょう。

表1.A　Eclipseショートカット

ショートカットキー	機能
[Ctrl] + [Shift] + [L]	定義済みショートカットの一覧表示
[Ctrl] + [Space]	クラスや変数などの自動補完
[Ctrl] + [Shift] + [O]	importの自動編成
[Ctrl] + [Shift] + [F]	ソースコードのフォーマット
[Ctrl] + [L]	指定行へジャンプ
[Ctrl] + [F]	キーワード検索
[Ctrl] + [J]	インクリメンタル検索
[Ctrl] + [O]	ソースのアウトラインをポップアップ表示
[Ctrl] + [T]	型の親子関係をポップアップ表示
[Ctrl] + [E]	開いているエディタを一覧表示
[F3]	宣言を開く
[Ctrl] + [Shift] + [T]	型を検索して開く
[Ctrl] + [Shift] + [R]	ファイル名を検索して開く
[Ctrl] + [Alt] + [H]	メソッドの呼び出し元を開く
[Ctrl] + [1]	クイックフィックス（問題のあるコードの自動修正）
[Ctrl] + [/]	選択範囲をコメントアウト
[Alt] + [Shift] + [R]	選択したクラスや変数をリネーム
[Alt] + [←]、[Alt] + [→]	直前の位置に戻る・進む

004 Javaプログラムをデバッグしたい

| Eclipse | デバッガ | | 6 | 7 | 8 | 11 |

| 関連 | 003 Javaプログラムを作って実行したい P.007 |
| 利用例 | Eclipseを使ってデバッグする場合 |

　Eclipseには、GUIで使える高機能なデバッガが搭載されています。
　プログラムコード中で停止したい行を選択し、メニューから［実行］→［ブレークポイントの切り替え］を選択します。または、Javaエディターの停止したい行番号をダブルクリックします。ブレークポイントの設定に成功すると、青い丸印がJavaエディター上に表示されます（図1.10）。

図1.10 ブレークポイントの設定

```
HelloWorld.java 
1
2  public class HelloWorld {
3
4      public static void main(String[] args) {
5          System.out.println("Hello World!");
6      }
7
8  }
9
```

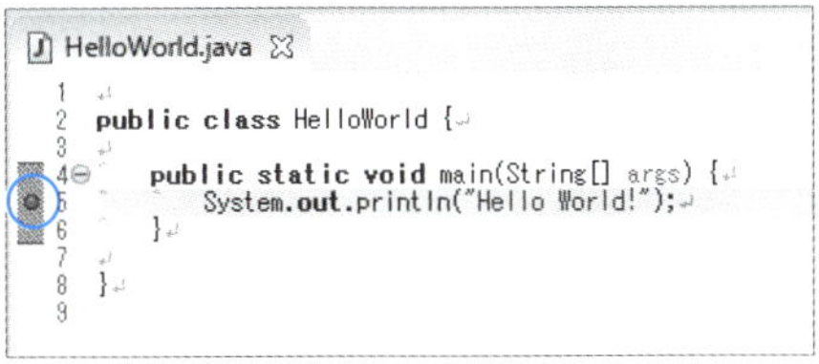

　デバッグしたいJavaプログラムを右クリックして［デバッグ］→［Java アプリケーション］を選択すると、デバッグパースペクティブへの切り替え確認が表示されるので［OK］をクリックしてください。デバッグパースペクティブ（図1.11）では、スレッドの実行状況の確認をしたり、変数の中身を確認したり、ブレークポイントの一覧を確認したり、ステップイン・ステップオーバーなど、デバッグに便利な機能を使うことができます。

図1.11 デバッグパースペクティブ

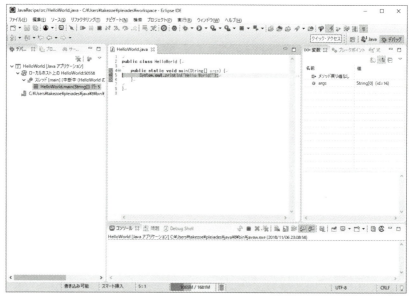

また、表1.1のようなキーボードショートカットでデバッガの操作を行なうこともできます。

表1.1 Eclipseデバッグショートカット

コマンド	ショートカットキー	機能
再開	[F8]	実行を再開する
ステップイン	[F5]	1行ずつ実行する。メソッド呼び出しの場合、メソッドの中に移動する
ステップオーバー	[F6]	1行ずつ実行する。メソッド呼び出しがあると、メソッドを実行して、次の行へ移動する
ステップリターン	[F7]	実行中のメソッドを実行して、呼び出し元のメソッドに戻り停止する
指定行まで実行	[Ctrl] + [R]	エディタ上のカーソルの位置まで実行して停止する

005 クラスパスを指定したい

| Eclipse | クラスパス | | 6 | 7 | 8 | 11 |

| 関連 | — |
| 利用例 | 外部ライブラリや別プロジェクトを参照する場合 |

　プロジェクト名を右クリックして［プロパティー］を選択し、プロジェクトのプロパティーより［Javaのビルド・パス］を選択すると、プロジェクトのクラスパスに関する設定を行なうことができます。

ソースフォルダを設定する（「ソース」タブ）

　プロジェクト内でコンパイル対象に追加したいソースフォルダを指定します（図1.12）。

図1.12　ソースフォルダの指定

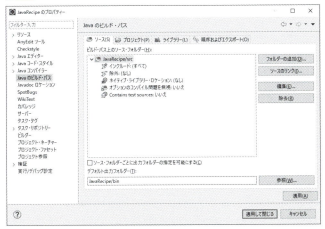

別プロジェクトを参照する（「プロジェクト」タブ）

　別のプロジェクトのソースやライブラリを参照する場合、ここで対象のプロジェクトを追加します（図1.13）。ただし、参照先のプロジェクトでソースやライブラリがエクスポートされている必要があります。

図1.13 プロジェクトの指定

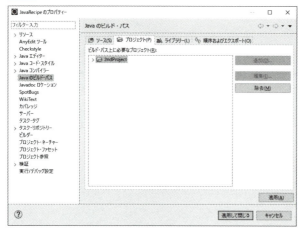

ライブラリを設定する(「ライブラリー」タブ)

外部のJARファイルやEclipseに組み込まれているライブラリをプロジェクトのクラスパスに追加します(図1.14)。

図1.14 ライブラリの指定

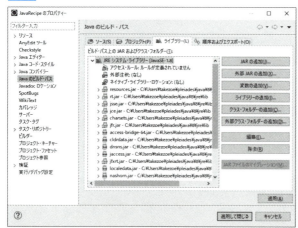

1.2 実行

エクスポートを設定する（「順序およびエクスポート」タブ）

プロジェクト内のソースやライブラリを別のプロジェクトから参照できるようにします（図1.15）。

図1.15　エクスポートの指定

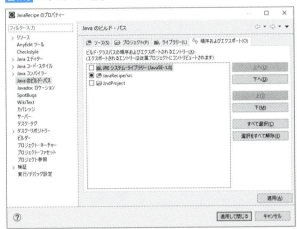

006 実行時のメモリを指定したい

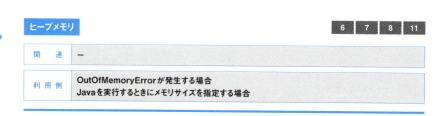

ヒープメモリ			6	7	8	11
関　連	—					
利用例	OutOfMemoryErrorが発生する場合 Javaを実行するときにメモリサイズを指定する場合					

　Javaでは、Javaプロセスが使うことができるメモリサイズを指定できます。使うことができるメモリサイズを超えると、OutOfMemoryErrorが発生します。EclipseでJavaプロセスの実行時メモリを指定するには、実行したいプログラムを右クリックして[実行]→[実行の構成]を選択し、「引数」タブの「VM引数」に指定します（図1.16）。

　指定できる引数には表1.2のようなものがあります。

図1.16　実行時のメモリ指定

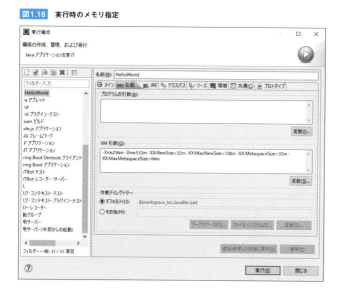

1.2 実行

表1.2 メモリを指定するVM引数

値	説明
-Xms<値>	ヒープメモリ（オブジェクトなどが格納される領域）の初期容量を指定する
-Xmx<値>	ヒープメモリの最大容量を指定する
-XX:NewSize=<値>	New領域（オブジェクトが最初に生成されたときに配置される領域）の初期容量を指定する
-XX:MaxNewSize=<値>	New領域の最大容量を指定する
-XX:PermSize=<値>	Permanent領域（クラス定義やメソッド情報が格納される領域）の初期容量を指定する（Java 7まで）
-XX:MaxPermSize=<値>	Permanent領域の最大容量を指定する（Java 7まで）
-XX:MetaspaceSize=<値>	Metaspace領域（クラス定義やメソッド情報が格納される領域）の初期容量を指定する（Java 8以降）
-XX:MaxMetaspaceSize=<値>	Metaspace領域の最大容量を指定する（Java 8以降）

> **NOTE**
>
> **Permanent領域とMetaspace領域の違い**
>
> Java 8ではPermanent領域がなくなり、代わりにJavaヒープ領域ではなく、Metaspaceと呼ばれるネイティブ領域に格納されます。Metaspace領域はPermanent領域と異なり、デフォルトでは無制限にメモリを使用しますので、必要に応じて上限を設定するとよいでしょう。

COLUMN　Eclipseが使用するメモリサイズを指定する

EclipseもJavaで作成されているためメモリサイズを指定できます。eclipse.exeと同じディレクトリにeclipse.iniというファイルがあり、このファイルに次のように指定することでEclipseが使うメモリを増やすことができます。

●eclipse.iniの設定

```
-vmargs
-Xms512m
-Xmx1024m
```

Eclipseの動作が遅い場合など、Eclipseのメモリサイズを増やすと快適に使えるようになる可能性があるため、試してみてください。

007 JARファイルを作りたい

JAR

関連	005 クラスパスを指定したい P.015
利用例	作成したプログラムをライブラリやアプリケーションとして配布する場合 作成したプログラムをJARファイルとしてまとめる場合

　Javaでは、作成したプログラムをJAR（Java ARchive）として1つのファイルにまとめることができます。JARとしてまとめて、クラスパスを設定すると、別のJavaプログラムから利用したりできます。

　JARファイルを作成するには、JARファイルにまとめたいプロジェクトを右クリックして、［エクスポート］→［Java］→［JARファイル］を選択します。JARエクスポートウィザード（図1.17）で「JARファイル」のエクスポート先を指定すれば、JARファイルを出力できます。

図1.17　JARファイルの作成

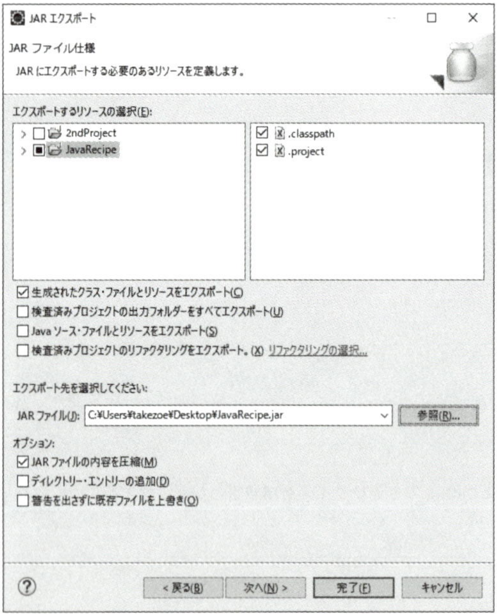

008 コマンドラインでコンパイル・実行したい

`javac` | `java` | `-cp`   6 7 8 11

関連	001 JDKのセットアップ P.002
利用例	コマンドラインでJavaプログラムを実行する場合

　EclipseなどをつかわずにコマンドラインでJavaプログラムを実行するには、コンパイルと実行の2つのステップが必要です。

コンパイルする

　まず、コマンドプロンプトを開き、コンパイルしたい.javaファイルがある階層まで移動し、次のようにコンパイルを実行します。コンパイルに成功すると、実行した階層に.javaファイルと同じ名称の.classファイルが生成されます。

●単一ファイルのコンパイル

```
> javac HelloWorld.java
```

　複数のファイルを同時にコンパイルしたり、ワイルドカードを指定してコンパイルすることもできます。

●複数ファイルのコンパイル

```
> javac HelloWorld.java HelloJava.java
```

●ワイルドカードでのコンパイル

```
> javac *.java
```

実行する

　mainメソッドが定義してある.classファイルがある階層に移動して、次のように実行します。

●Javaプログラムのコマンドラインでの実行

```
> java HelloWorld
```

レシピ003 と同様にHelloWorldプログラムの実行に成功すると、コマンドプロンプトやターミナルに次のように出力されます。

```
Hello World!
```

クラスパスを設定する

レシピ007 で作成したJARファイルやサードパーティのライブラリを使ってコンパイル・実行する場合は、-cpオプションをつけてクラスパスを設定します。

複数のクラスパスを設定する場合は、Windowsの場合「;」（セミコロン）、MacまたはLinuxの場合「:」（コロン）を区切り文字に使います。また、ワイルドカードを使って指定することもできます。

コンパイル時と実行時の両方に設定が必要です。

●コンパイル時のクラスパスの設定

```
>javac -cp C:¥Users¥lino¥lib¥ojdbc7.jar;C:¥Users¥lino¥mylib¥* HelloWorld.java
```

●実行時のクラスパスの設定

```
>java -cp C:¥Users¥lino¥lib¥ojdbc7.jar;C:¥Users¥lino¥mylib¥* HelloWorld
```

PROGRAMMER'S RECIPE

第 02 章

Javaの基本

009 パッケージを宣言したい

`package`

| 6 | 7 | 8 | 11 |

関連	010 パッケージ、クラスをインポートしたい　P.025
	011 staticメンバをインポートしたい　P.027

利用例	クラスを分類する場合

　`package`キーワードを使います。
　Javaでは、パッケージを使用してクラスを分類できます。例えば、sampleパッケージにHelloWorldクラスが定義されていた場合、sample.HelloWorldのようにパッケージとクラス名をつなげたものを完全修飾名と呼び、HelloWorldを単純名と呼びます。パッケージは、sample.hogeのようにネストさせることもできます。
　パッケージは、`package`キーワードを使ってソースファイルの先頭で宣言します。

● パッケージの宣言

```
package sample.hoge

class HelloWorld {
    ⋮
}
```

　なお、パッケージとソースファイルのディレクトリ階層は、一致させておく必要があります。例えば、ソースファイルをsrcディレクトリ配下に配置している場合、上記のsample.hoge.HelloWorldクラスは、src/sample/hogeディレクトリにHelloWorld.javaというファイル名で作成する必要があります。

010 パッケージ、クラスをインポートしたい

import

| 関連 | 009 パッケージを宣言したい　P.024 |
| | 011 staticメンバをインポートしたい　P.027 |

| 利用例 | クラスを単純名で使用する場合 |

importキーワードを使います。

Javaでは、同一パッケージ以外のクラスを使う場合は完全修飾名で記述する必要がありますが、importキーワードを使うことで、単純名で記述できるようになります。

●インポートしていない場合

```
package sample;

public class Sample {
    public static void main(String[] args){
        // 完全修飾名で記述する必要がある
        java.util.List<String> list = new java.util.ArrayList<>();
            ⋮
    }
}
```

●インポートしている場合

```
package sample;

import java.util.List;
import java.util.ArrayList;

public class Sample {
    public static void main(String[] args){
        // インポートしているので単純名で記述できる
        List<String> list = new ArrayList<>();
            ⋮
    }
}
```

また、*（ワイルドカード）を使い、パッケージのクラスをまとめてインポートすることも可能です。

●ワイルドカードを使ったインポート

```
// java.utilパッケージのすべてのクラスをインポート
import java.util.*;
```

NOTE

java.langはインポート不要

　java.langパッケージのクラスは常にインポートされた状態となっているため、明示的にインポート文を記述しなくても、単純名のみでクラスを指定できます。

```
// java.lang.String
String s = "文字列";
// java.lang.Integer
Integer i = Integer.valueOf(10);
```

NOTE

クラス名が重複する場合

　java.util.Dateとjava.sql.Dateのように、パッケージ名が異なるものの単純名が重複するクラスを同時に使う場合には注意が必要です。次のように2つのクラスをインポートしても、どちらのクラスを使えばよいかわからないためコンパイルエラーになってしまいます。

```
import java.util.Date;
import java.sql.Date;
　⋮
// コンパイルエラーになる
Date date = new Date(System.currentTimeMillis());
```

　このような場合は、インポートするのは片方のクラスだけにし、もう片方のクラスは完全修飾名で指定するようにします。

```
import java.util.Date;
　⋮
// java.util.Date
Date date = new Date(System.currentTimeMillis());
// 完全修飾名で記述
java.sql.Date sqlDate = new java.sql.Date(System.currentTimeMillis());
```

011 staticメンバをインポートしたい

import static　　　　　　　　　　　　　　　6　7　8　11

関連	009　パッケージを宣言したい　P.024
	010　パッケージ、クラスをインポートしたい　P.025

利用例	staticメソッドなどをメソッド名のみで呼び出す場合

import staticキーワードを使用します。

クラスに定義されたstaticメソッドやstaticフィールド（レシピ071）は、通常「クラス名.メソッド名」で参照します。しかし、import staticキーワードでstaticメンバをインポートすることで、クラス名を省略して、メソッド名やフィールド名のみで参照できます。

●staticインポートしない場合

```
// staticメソッドの呼び出し
long value = Math.round(d);
// staticフィールドの参照
long area = r * r * Math.PI;
```

●staticインポートした場合

```
import static java.lang.Math.round;
import static java.lang.Math.PI;

// staticメソッドの呼び出し
long value = round(d);
// staticフィールドの参照
long area = r * r * PI;
```

また、クラスのインポートと同様、*（ワイルドカード）を使ってstaticメンバをまとめてインポートすることもできます。

●ワイルドカードを使用したstaticインポート

```
// java.lang.Mathのすべてのstaticメンバをインポート
import static java.lang.Math.*;
```

012 Javaのデータ型について知りたい

基本型 | **参照型**　　　　　　　　　　　　　　　6　7　8　11

関　連	013　**Javaのリテラルについて知りたい**　P.029
利用例	データを定義する場合

Javaのデータ型は、参照型と基本型に大別されます。

参照型は参照（C言語でいうところのポインタのようなもの）を保持する型で、クラスやインターフェースのインスタンス（オブジェクト）を扱うためのものです。

基本型は値を保持する型で、表2.1のものがあります。

表2.1 基本型

型	説明	デフォルト値	値の範囲
boolean	論理型	false	trueまたはfalse
char	文字	¥u0000	¥u0000 ～ ¥uFFFF
byte	符号付き整数（8ビット）	0	-128 ～ 127
short	符号付き整数（16ビット）	0	-32768 ～ 32767
int	符号付き整数（32ビット）	0	-2147483648 ～ 2147483647
long	符号付き整数（64ビット）	0	-9223372036854775808 ～ 9223372036854775807
float	浮動小数点（32ビット）	0	-
double	浮動小数点（64ビット）	0	-

013 Javaのリテラルについて知りたい

リテラル　　　　　　　　　　　　　　　　　　　　　　6　7　8　11

関　連	012　Javaのデータ型について知りたい　P.028
利用例	ソースコードに値を記述する場合

次のように、ソースコード中に直接記述された値のことをリテラルと呼びます。

```
// 整数リテラル
int i = 1;
// 真偽リテラル
boolean b = true;
// 文字列リテラル
String s = "文字列";
```

リテラルには表2.2のものがあります。

表2.2　リテラル

リテラル	型	説明
123	int	10進数の整数リテラル
040	int	8進数の整数リテラル（先頭に0をつける）
0x20	int	16進数の整数リテラル（先頭に0xまたは0Xをつける）
0b0101	int	2進数リテラル（先頭に0bまたは0Bをつける）Java7以降
123l	long	整数リテラル（末尾にlまたはLをつける）
3.14f	float	浮動小数点リテラル（末尾にfまたはFをつける）
3.14	double	浮動小数点リテラル（小数はデフォルトでdouble型になる）
3d	double	浮動小数点リテラル（末尾にdまたはDをつける）
true	boolean	真偽リテラル（trueまたはfalse）
'c'	char	文字リテラル（シングルクォートで囲む）
"文字列"	String	文字列リテラル（ダブルクォートで囲む）
null	-	nullリテラル

> **NOTE**
>
> **数値リテラル**
>
> Java7以降では、数値リテラルを_（アンダースコア）で区切ることができます。桁数の大きな数値を3桁ごとに区切るなど、わかりやすく記述できます。
>
> ```
> int a = 10_000_000; // => 10000000
> ```

014 数値の計算を行ないたい

算術演算子	6 7 8 11
関連	—
利用例	入力値を元に演算するなど数値計算を行なう場合

算術演算子を使用します。算術演算子には、表2.3のものがあります。

表2.3 算術演算子

演算子	記述例	説明
+	a + b	aとbを足す
-	a - b	aからbを引く
*	a * b	aにbを掛ける
/	a / b	aをbで割る
%	a % b	aをbで割った余り
++	a++	aに1を足す
--	b--	aから1を引く

異なる型同士で演算を行なった場合、計算結果はより広い範囲の値を表せる型になります。

●異なる型同士の演算

```
// intとlongの計算結果はlongになる
long a = 1 + 2L;

// intとdoubleの計算結果はdoubleになる
double b = 10 * 1.1d;
```

++はインクリメント演算子、--はデクリメント演算子と呼ばれ、変数の値を1加算または減算します。演算結果を別の変数に代入する場合、++、--を変数の前に書くか後ろに書くかで値が変わるので注意が必要です。

2.2 変数とデータ型

●インクリメント演算子、デクリメント演算子

```
int a = 1;

// aの値を1増やす (a = a + 1 と同じ)
a++;              // => 2

// bにaの値を代入した後、aの値を1増やす
int b = a++;      // => 2

// aの値を1増やした後、cにaの値を代入する
int c = ++a;      // => 4
```

この他に計算と変数への代入を同時に行なう、再帰代入演算子という演算子もあります（表2.4）。

表2.4　再帰代入演算子

演算子	記述例	説明
+=	a += b	aにbを足した値をaに代入する
-=	a -= b	aからbを引いた値をaに代入する
*=	a *= b	aにbを掛けた値をaに代入する
/=	a /= b	aをbで割った値をaに代入する
%=	a %= b	aをbで割った余りをaに代入する

●再帰代入演算子を使う

```
int a = 1;

// aの値を10増やす (a = a + 10と同じ)
a += 10;

// aの値を5減らす (a = a - 5と同じ)
a -= 5;
```

015 ビット演算を行ないたい

ビット演算子 | シフト演算子　　　6　7　8　11

関　連	—
利用例	ビット演算やシフト演算を行なう場合

整数型（int、long、short、byte、char）に対して、ビット演算子を使ってビット演算を行なうことができます。ビット演算子には、表2.5のものがあります。

表2.5　ビット演算子

演算子	記述例	説明
&	a & b	aとbの両方が1の場合は1、どちらか片方が0の場合は0（AND）
|	a | b	aとbのいずれか1の場合は1、両方とも0の場合は0（OR）
^	a ^ b	aとbの片方が1でもう片方が0の場合は1、両方1もしくは0の場合は0（XOR）
~	~a	1を0に、0を1にビットを反転する（NOT）

次にビット演算の例を示します。ビット演算の結果は必ずintになります。ただし、右辺か左辺いずれかの型がlongの場合は、結果もlongになります。

●ビット演算

```java
// 2進数表記からint型の値を生成
int a = Integer.parseInt("00000000000000000000000000000100", 2);
int b = Integer.parseInt("00000000000000000000000000000101", 2);

// AND演算
int and = a & b;
// 2進数表記で表示
System.out.println(Integer.toBinaryString(and)); // => 100

// OR演算
int or = a | b;
// 2進数表記で表示
System.out.println(Integer.toBinaryString(or)); // => 101

// XOR演算
int xor = a ^ b;
// 2進数表記で表示
System.out.println(Integer.toBinaryString(xor)); // =>1
```

```
// NOT演算
int not = ~ a;
// 2進数表記で表示
System.out.println(Integer.toBinaryString(not));
    // => 11111111111111111111111111111011
```

この例では、それぞれ図2.1のような演算が行なわれています。

図2.1 ビット演算

AND演算

a	00000000000000000000000000000**100**
b	00000000000000000000000000000**101**
結果	00000000000000000000000000000**100**

両方が1のビットが1になる

OR演算

a	00000000000000000000000000000**100**
b	00000000000000000000000000000**101**
結果	00000000000000000000000000000**101**

どちらか片方でも1のビットが1になる

XOR演算

a	00000000000000000000000000000**100**
b	00000000000000000000000000000**101**
結果	00000000000000000000000000000000**1**

片方が0、片方が1のビットのみ1になる

NOT演算

a	00000000000000000000000000000100
結果	11111111111111111111111111111011

すべてのビットの0と1を反転する

また、シフト演算子を使用してビットのシフトを行なうことができます。シフト演算子には、表2.6のものがあります。

表2.6 シフト演算子

演算子	記述例	説明
<<	a << b	aをbビット左にシフトする。右側は0で埋める
>>	a >> b	aをbビット右にシフトする。左側はシフト前の最上位ビットで埋める
>>>	a >>> b	aをbビット右にシフトする。左側は0で埋める

次にシフト演算の例を示します。ビット演算同様、シフト演算の結果も必ずintになります。ただし、左辺の型がlongの場合は、longになります。

●シフト演算

```java
// 2進数表記からint型の値を生成
int a = Integer.parseInt("00100000000000000000000000010000", 2);

// 左に2ビットシフト
int b = a << 2;
System.out.println(Integer.toBinaryString(b)); // => 10000000000000000000000001000000

// 右に2ビットシフト
int c = b >> 2;
System.out.println(Integer.toBinaryString(c)); // => 11100000000000000000000000010000

// さらに右に2ビットシフト
int d = c >>> 2;
System.out.println(Integer.toBinaryString(d)); // => 111000000000000000000000000100
```

この例では、それぞれ図2.2のような演算が行なわれています。

図2.2 シフト演算

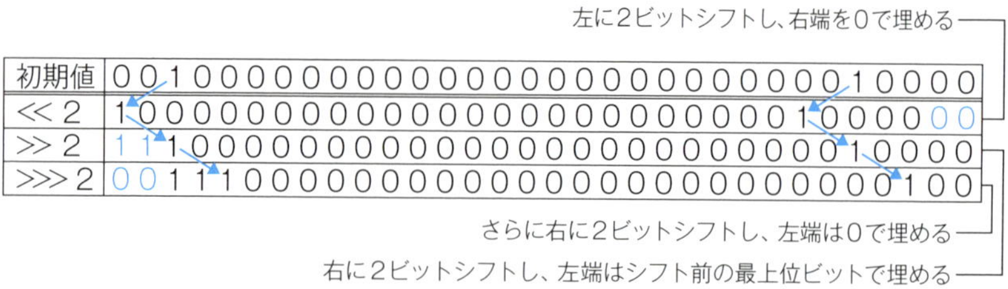

初期値	00100000000000000000000000010000	
<< 2	10000000000000000000000001000000	左に2ビットシフトし、右端を0で埋める
>> 2	11100000000000000000000000010000	右に2ビットシフトし、左端はシフト前の最上位ビットで埋める
>>> 2	00111000000000000000000000000100	さらに右に2ビットシフトし、左端は0で埋める

016 2つの値を比較したい

比較演算子　　　　　　　　　　　　　　　6　7　8　11

関連	—
利用例	2つの値が等しいかどうかを調べる場合 数値の大小を調べる場合

　比較演算子を使います。==と!=はすべての値に対して使用できますが、大小の比較を行なう比較演算子は数値にしか使用できません。比較演算子には、表2.7のものがあります。

表2.7　比較演算子

演算子	記述例	説明
==	a == b	aとbが等しい場合true
!=	a != b	aとbが等しくない場合true
<	a < b	aがbより小さい場合true
>	a > b	aがbより大きい場合true
<=	a <= b	aがbと同じか小さい場合true
>=	a >= b	aがbと同じか大きい場合true

● 基本型の比較

```java
int i1 = 123;
int i2 = 123;
int i3 = 456;

if(i1 == i2){
    System.out.println("i1とi2は等しい");
}

if(i1 != i3){
    System.out.println("i1とi3は等しくない");
}

if(i1 < i3){
    System.out.println("i3はi1より大きい");
}
```

　基本型の場合は比較演算子で値の比較が可能ですが、参照型の場合、==や!=は参照が

等しいかどうかの比較になります。値の比較を行なうには、equals()やcompareTo()などのメソッドを使う必要があります。

equals()メソッドは、値が等しい場合にtrueを、等しくない場合にfalseを返します。また、compareTo()メソッドの戻り値は、次のようになります。

- 引数のほうが大きい場合　➡　負の値
- 引数と等しい場合　➡　0
- 引数のほうが小さい場合　➡　正の値

● 文字列の比較

```java
String s1 = "123";
String s2 = new String("123");

// 参照が等しいかどうかを比較
if(s1 == s2){
    System.out.println("s1とs2の参照が等しい");
}

// 値が等しいかどうかを比較
if(s1.equals(s2)){
    System.out.println("s1とs2の値が等しい");
}

// 値の大小を比較
int result = s1.compareTo(s2);
if(result == 0){
    System.out.println("値が等しい");
} else if(result < 0){
    System.out.println("s1はs2より小さい");
} else if(result > 0){
    System.out.println("s1はs2より大きい");
}
```

NOTE

参照型とnullとの比較

参照型とnullとの比較は、==演算子、!=演算子を使って行なうことができます。

```java
String s = …
if(s == null){
    System.out.println("sはnullです");
}
```

017 「条件式 ? 式1 : 式2」ってなに?

三項演算子　　　6　7　8　11

関　連	027　ifで条件分岐したい　P.056
利用例	条件に応じて値を変える場合

三項演算子と呼び、条件式に応じて値を変更したい場合に使います。

構文　三項演算子

条件式 ? trueの場合の値 : falseの場合の値

三項演算子と同様の処理を、if文を使って記述することもできますが、三項演算子を使ったほうがシンプルに記述できます。

●三項演算子とif文の比較

```java
// 三項演算子の場合
String s = age >= 20 ? "成人" : "未成年";
System.out.println(s);

// if文の場合
String s = null;
if(age >= 20){
    s = "成人";
} else {
    s = "未成年";
}
System.out.println(s);
```

ただし、複雑な条件や、条件がネストするような場合は、三項演算子を使うとソースコードの可読性が損なわれる可能性があるため、場合に応じて使い分けるようにしましょう。

018 &&、||と&、|の違いを知りたい

論理演算子　　　　　　　　　　　　　　　　　　　　6　7　8　11

関　連	027　ifで条件分岐したい　P.056
利用例	if文で複数の条件を記述する場合

条件式を記述する場合に、複数の条件の組み合わせに&&、&、||、|といった論理演算子を使います。論理演算子には、表2.8のものがあります。

表2.8　論理演算子

演算子	記述例	説明
&	a & b	aとbの両方がtrueの場合true（AND）
|	a | b	aとbのいずれかがtrueの場合true（OR）
^	a ^ b	aとbの片方がtrue、もう片方がfalseの場合true（XOR）
!	a	aがtrueの場合false、falseの場合true（NOT）
&&	a && b	aとbの両方がtrueの場合true（AND）
||	a || b	aとbのいずれかがtrueの場合true（OR）

ANDとORには、それぞれ&&と&、||と|の2種類の論理演算子があります。&&と||は、左辺によって条件式の結果が決まる場合には右辺を評価しません。&と|は、左辺によって条件式の結果が決まる場合でも必ず右辺を評価します。

● &&、||と&、|の違い

```
String value = …

// 文字列がnullだった場合にもvalue.length() != 0が実行されてしまうため、
// NullPointerExceptionが発生してしまう
if(value != null & value.length() != 0){
    …
}

// 文字列がnullだった場合にはvalue.length() != 0は実行されないので
// NullPointerExceptionは発生しない
if(value != null && value.length() != 0){
    …
}
```

019 オブジェクトの型を調べたい

instanceof 6 7 8 11

関連	020 変数の型を変換したい　P.040
利用例	オブジェクトの型によって処理を分ける場合 キャスト可能かどうかを調べる場合

instanceof演算子で、オブジェクトが特定の型であるかどうかを調べることができます。instanceof演算子は、指定した型、またはそのサブクラス、サブインターフェースの場合にtrueを返します。また、nullに対しては、falseを返します。

●変数の型を調べる

```
Object obj1 = "abc";
Object obj2 = new ArrayList<>();
Object obj3 = null;

// obj1がStringかどうかを調べる
if(obj1 instanceof String){
    // obj1がStringの場合のみ実行
    String str = (String) obj1;
    ⋮
}

// obj2がjava.util.Listかどうかを調べる
// 実際のオブジェクトはArrayListだが、ArrayListはListの実装クラスなのでtrueになる
if(obj2 instanceof List){
    ⋮
}

// obj3はnullなのでfalseを返す
if(obj3 instanceof Object){
    ⋮
}
```

020 変数の型を変換したい

| キャスト | アップキャスト | ダウンキャスト | | 6 | 7 | 8 | 11 |

関連	012 Javaのデータ型について知りたい　P.028 019 オブジェクトの型を調べたい　P.039
利用例	数値の型を変換する場合 参照型を実装クラスの型で扱う場合

変数が基本型であるか、参照型であるかによって変換方法が異なります。

基本型の変換

数値型同士では、より広い範囲を表す型の変数にはそのまま代入できます。

● より広い範囲の型への変換

```
int a = 10;

// int型はlong型に代入可能
long b = a;
```

逆に、より狭い範囲を示す型に代入するには、次のように変数の前に( )で型名を記述する必要があります。これをキャストと呼びます。

● より狭い範囲の型への変換

```
long a = 10;

// long型をint型に代入するにはキャストが必要
int b = (int) a;

double c = 1.5;
int d = (int) c; // 小数部が切り捨てられ1になる

long e = 2147483648L;
int f = (int) e; // 桁あふれによって-2147483648になる
```

小数型を整数型に変換すると、小数部は切り捨てられます。また、変換先の型で扱えない値を代入した場合、エラーにはならずに桁あふれを起こすため、注意が必要です。

参照型の変換

参照型は、継承しているクラスや実装しているインターフェースの型の変数に代入できます。このように参照型をより抽象的な型に変換することをアップキャストと呼びます。

●参照型のアップキャスト

```
ArrayList<String> arrayList = new ArrayList<>();

// ArrayListはListインターフェースを実装しているのでそのまま代入可能
List<String> list = arrayList;
```

逆に、より具体的な型に変換する場合は、変換先の型を( )で指定する必要があります。これをダウンキャストと呼びます。ただし、変換できない型にキャストしようとした場合は、ClassCastExceptionが発生します。

●参照型のダウンキャスト

```
// List型の変数だが実態はArrayList
List<String> list = new ArrayList<>();

// ListをArrayListに変換する場合はキャストが必要
ArrayList<String> arrayList = (ArrayList<String>) list;

// ArrayListをLinkedListには変換できないのでClassCastExceptionが発生する
LinkedList<String> linkedList = (LinkedList<String>) list;
```

また、次のようにClassオブジェクトのcast()メソッドを使ってダウンキャストを行なうこともできます。

●Class#cast()メソッドによるキャスト

```
Object obj = Integer.valueOf(1);
Integer i = Integer.class.cast(obj);
```

021 ラッパークラスってなに？

| ラッパークラス | オートボクシング | アンボクシング | | 6 | 7 | 8 | 11 |

関連	012 Javaのデータ型について知りたい　P.028
利用例	基本型の値をコレクションに格納する場合

　Javaでは、数値や真偽値はオブジェクトではなく基本型として扱われます。しかし、ListやMapなどのコレクションクラスにはオブジェクトしか格納できません。このような場合のために基本型をラップするためのクラスが用意されており、これらをラッパークラスと呼びます。

● ラッパークラスで基本型をラップする

```java
// 基本型
int i = 10;
// ラッパークラスでラップ
Integer obj = Integer.valueOf(i);

// ラップしたオブジェクトをListに追加
List<Integer> list = new ArrayList<>();
list.add(obj);

// ラッパーから基本型を取り出す
int i2 = obj.intValue();
```

　基本型とそれに対応するラッパークラスを表2.9に示します。

表2.9　基本型とラッパークラス

基本型	ラッパークラス
int	java.lang.Integer
long	java.lang.Long
double	java.lang.Double
float	java.lang.Float
short	java.lang.Short
boolean	java.lang.Boolean
char	java.lang.Character

　なお、実際には基本型とラッパークラスとの変換は、上記のように明示的にコードを記述しなくても必要に応じて自動的に行なわれます。基本型からラッパークラスへの自動変

換をオートボクシングと呼び、ラッパークラスから基本型への自動変換をアンボクシングと呼びます。

例えば、次のコード例では、基本型の変数i1をListに追加し、取り出した値を同じく基本型の変数i2に代入しています。しかし、実際にはi1をListに追加する際にintからIntegerへの変換が、Listから取り出してi2に代入する際にIntegerからintへの変換が自動的に行なわれているのです。

●オートボクシング、アンボクシング

```
List<Integer> list = new ArrayList<>();
int i1 = 0;

// 自動的にIntegerにラップして格納される
list.add(i1);

// 自動的にIntegerからint値が取り出される
int i2 = list.get(0);
```

> **NOTE**
>
> **コレクションのremove()メソッドに注意**
>
> オートボクシングは便利な機能ですが、ListなどでInteger型の要素を扱う場合、remove()メソッドの呼び出しには注意が必要です。
>
> コレクションのremove()メソッドには、指定したオブジェクトを削除するものと、指定したインデックスの要素を削除するものの2種類があり、❶のように引数にint型の値を指定した場合は後者のメソッドが呼び出されるためです。値を指定して削除するには、❷のように明示的にInteger型でラップして引数に渡す必要があります。
>
> ●remove()メソッドの呼び出し
>
> ```
> int i = 1;
>
> List<Integer> list = new ArrayList<>();
> // 値が1の要素を追加
> list.add(i);
>
> // 1番目の要素を削除                                        ❶
> list.remove(i);
> // 値が1の要素を削除                                        ❷
> list.remove(Integer.valueOf(i));
> ```
>
> コレクションだけでなく、引数に基本型とそのラッパークラスを取ることができる同名のメソッドが存在する場合にも同じことが当てはまるので注意してください。

022 nullってなに?

| null | NullPointerException | | 6 | 7 | 8 | 11 |

| 関連 | 023 Optionalってなに? P.046 |
| 利用例 | 値が存在しないことを表す場合 |

　nullは、参照型の変数の値が存在しないことを示す特別な値です。参照型の変数に明示的にnullを代入した場合はもちろんですが、初期化されていないフィールドもnullになります。

● 参照型の変数がnullになる場合

```java
// 明示的にnullを代入
String str = null;

public class NullSample {
    // 明示的に初期化していないフィールドもnullになる
    private String str;

}
```

　なお、ローカル変数を初期化していない場合は、コンパイルエラーになります。明示的に値を代入するか、nullで初期化する必要があります。

● ローカル変数の場合

```java
// ローカル変数を初期化していない場合はコンパイルエラーになる
String str;

// 値を指定して初期化
String str = "abc";
// nullで初期化
String str = null;
```

　nullの変数に対してメソッドを呼び出そうとすると、NullPointerExceptionが発生します。そのため、nullが渡される可能性がある場合は、メソッドを呼び出す前にnullでないことのチェックを行なう必要があります。

2.2 変数とデータ型

●メソッドの呼び出し前にnullかどうかをチェックする

```
// nullになる可能性のある変数
String str = …

// メソッドを呼び出す前にnullでないことを確認
if(str != null){
    String upper = str.toUpperCase();
    System.out.println(upper);
}
```

COLUMN　文字列比較のNullPointerExceptionを回避する

文字列の比較 レシピ046 にはequals()メソッドを使いますが、このとき次のように記述すると、strがnullの場合にNullPointerExceptionが発生してしまいます。

```
String str = …
if(str.equals("Java")){
    ⋮
}
```

そのため、strがnullになる可能性がある場合は、次のようにnullチェックが必要になります。

```
if(str != null && str.equals("Java")){
    ⋮
}
```

ただし、次のように文字列リテラルに対してequals()メソッドを呼び出すように変更することで、nullチェックを行なわなくてもNullPointerExceptionの発生を回避できます（equals()メソッドは、引数がnullの場合はfalseを返します）。

```
if("Java".equals(str)){
    ⋮
}
```

023 Optional ってなに?

Optional

| 関連 | 022 nullってなに? P.044 |
| | 037 ラムダ式ってなに? P.073 |

| 利用例 | nullを使わずに値が存在しないことを表す場合 |

　OptionalはJava 8で導入されたコンテナクラスで、存在するかどうかわからない値を表現するためのものです。

　Java 7までは、値が存在しないことを示すためにnullが使われてきました。しかし、オブジェクトの参照がnullの場合、nullチェックを怠ると意図しないNullPointerExceptionが発生してしまうという問題があります。このようなケースでjava.util.Optionalを使うことで、値が存在しない可能性があることを明示でき、意図しないエラーを防ぐことができます。

　なお、int、long、doubleといった基本型を扱う場合は、OptionalInt、OptionalLong、OptionalDoubleといった専用のクラスが用意されています。ラッパー型への変換を避けることができるため、Optionalを使うよりも効率的です。

Optionalの基本的な使い方

　Optionalオブジェクトを生成するには、値の有無に応じて次のようにします。

●Optionalオブジェクトの生成

```java
// 値を持つOptionalオブジェクト(of()メソッドにはnullを渡すと例外がスローされる)
Optional<String> exist = Optional.of("123");

// 値を持たない空のOptionalオブジェクト
Optional<String> empty = Optional.empty();

// 値がnull以外の場合は値を持つOptional、nullの場合は空のOptionalを生成する
String value = …
Optional<String> optional = Optional.ofNullable(value);
```

　Optionalからは、get()メソッドで値を取得できます。ただし、値が存在しない場合、get()メソッドはNoSuchElementExceptionをスローします。そのため、値が存在するかどうかわからない場合は、orElse()メソッドやorElseGet()メソッドで値が存在しなかった場合のデフォルト値を指定したり、orElseThrow()メソッドで任意の例外をスローできます。

2.2 変数とデータ型

●**Optionalから値を取得する**

```
Optional<String> optional = …

// 値が存在しない場合はNoSuchElementExceptionがスローされる
String value1 = optional.get();

// 値が存在しない場合は空文字列を返す
String value2 = optional.orElse("");

// 値が存在しない場合はラムダ式の結果を返す
String value3 = optional.orElseGet(() -> {
  return new SimpleDateFormat("yyyyMMddHHmmSS").format(new Date());
});

// 値が存在しない場合は例外をスローする
String value4 = optional.orElseThrow(() -> new Exception("値がありません"));
```

また、次のようにして、値がある場合だけ処理を行なうこともできます。

●**値がある場合だけ処理をする**

```
// 値が存在するかどうかを判定して処理を行なう
if(optional.isPresent()){
    System.out.println(optional.get());
}

// 値がある場合だけラムダ式の処理を行なう
optional.ifPresent(s -> {
    System.out.println(s);
});
```

Optionalのフィルタリングと変換

Optionalには、この他にもいくつかの便利なメソッドが用意されています。

例えば、filter()メソッドを使うと、Optionalの値が指定した条件を満たさない場合に空のOptionalに変換できます。これを利用して、Optionalの値が特定の条件を満たす場合のみ処理を行なうプログラムを次のように記述できます。

●**Optionalの値が条件を満たす場合のみ処理を行なう**

```
// Optionalを生成
String value = …
Optional<String> optional = Optional.ofNullable(value);

// 値の長さが10文字以上の場合のみ処理を行なう
optional.filter(s -> s.length() >= 10).ifPresent(s -> {
    System.out.println(s);
});
```

2.2 変数とデータ型

map()メソッドを使うと、Optionalの値を変換した、新しいOptionalオブジェクトを生成できます。引数に指定したラムダ式がnullを返す場合は、空のOptionalを返します。

●Optionalの値を変換する

```
// Optionalを生成
String value = …
Optional<String> optional = Optional.ofNullable(value);

// Optionalに格納されている値を大文字に変換
Optional<String> mapped = optional.map(s -> s.toUpperCase());
```

flatMap()メソッドはmap()メソッドに似ていますが、引数に渡すラムダ式はOptionalを返すようにします。ラムダ式の返したOptionalがflatMap()メソッドの戻り値となりますが、空のOptionalに対してflatMap()メソッドを呼び出した場合は、map()メソッドと同様にラムダ式は実行されず、空のOptionalが戻り値となります。この性質を利用することで、複数のOptionalから値を取り出す処理を次のように記述できます。

●複数のOptionalに対して処理を行なう

```
Optional<String> userName = …
Optional<String> password = …

boolean isValid = userName.flatMap(u -> {         ──①
    return password.map(p -> {                    ──②
        return u.equals("sa") && p.equals("sa");  ──③
    });
}).orElse(false);                                 ──④
```

①のflatMap()メソッドでuserNameから、②のmap()メソッドでpasswordから値を取り出し、③でユーザ名とパスワードが正しいかどうかのチェックを行なっています。map()メソッドはこの判定結果をOptional<Boolean>で返し、外側のflatMap()メソッドはmap()メソッドの戻り値をそのまま返します。最終的に④のorElse()メソッドでOptionalから判定結果を取り出していますが、userNameとpasswordのいずれかが空だった場合、flatMap()メソッドの戻り値は空のOptionalになるので、orElse()メソッドにデフォルト値として指定されたfalseが返されます。

ここで①のflatMap()メソッドの代わりにmap()メソッドを使うと、戻り値はOptional<Optional<Boolean>>のように二重にラップされてしまい、値の取り出しも面倒になってしまいます。しかし、flatMap()メソッドを使うことで、上記のようにシンプルに記述できます。

024 ソースにコメントを記述したい

関連	—
利用例	ソースコード中に説明を記述する場合

コメントには、1行コメントと複数行コメントの2種類があります。

1行コメントは、//で始まり、行末までがコメントになります。複数行のコメントは、/*と*/で囲まれた範囲がコメントになります。

● コメント

```
public void hello(){
    // 1行コメント
    System.out.println("Hello World");

    /*
    複数行コメント
    System.out.println("Hello World");
    */
}
```

MEMO

025 Javadocを記述したい

| Javadoc | /** */ | | 6 | 7 | 8 | 11 |

| 関連 | 026 Javadocを生成したい P.054 |
| 利用例 | APIリファレンスを生成する場合 |

　/**と*/で囲まれた範囲がJavadocコメントになります。Javadocコメントをクラスやフィールド、メソッドなどに記述しておくと、その情報からHTML形式のAPIリファレンスを生成できます。

●Javadocの記述例

```java
/**
 * クラスの説明を記述します。
 *
 * <pre>
 * JavadocにはHTMLタグを使用できます。
 * </pre>
 *
 * @author Takako Shimamoto
 */
public class JavadocSample {
    /**
     * フィールドの説明を記述します。
     */
    private String field;

    /**
     * メソッドの説明を記述します。
     *
     * @param parameter 引数の説明
     * @return 戻り値の説明
     * @throws IOException 例外の原因の説明
     */
    public String method(String parameter) throws IOException {
        ︙
    }
}
```

　Javadocの最初の文は、生成したリファレンスの見出しになります。最初の文とは、次のいずれかの条件を満たす必要があります。

- 句点（。）、感嘆符、疑問符があるまで
- ピリオド（.）＋ 空白文字、改行、タグがあるまで

Javadocで利用可能なタグ

Javadocコメントでは、@で始まるタグでパラメータや戻り値などの説明を記述できます。利用可能なタグには、表2.10のようなものがあります。

表2.10 Javadocで利用可能なタグ

タグ	説明	使用箇所	複数使用
@author	作成者の名前を記述する	クラス、パッケージ	○
@version	現在のバージョンを記述する	クラス、パッケージ	○
@see	関連する項目を記述する	クラス、パッケージ、メソッド、フィールド	○
@since	初めて導入されたバージョンを記述する	クラス、パッケージ、メソッド、フィールド	○
@deprecated	非推奨の項目であることを示す	クラス、メソッド、フィールド	×
@param	メソッドの引数や型パラメータを記述する	クラス、メソッド	○
@return	戻り値の説明を記述する	メソッド	×
@throws	メソッドが投げる例外を記述する	メソッド	○
@serial	シリアライズ可能なフィールドの説明を記述する	フィールド	×
@serialField	serialPersistentFieldsを使ってシリアライズするフィールドの説明を記述する	フィールド	○
@serialData	シリアライズ処理（writeExternal()メソッドなど）の説明を記述する	メソッド	×
{@link}	インラインリンクを表示する	クラス、パッケージ、メソッド、フィールド	○
{@literal}	リテラルテキストを表示する	クラス、パッケージ、メソッド、フィールド	○
{@code}	リテラルテキストをコードフォントで表示する	クラス、パッケージ、メソッド、フィールド	○
{@docRoot}	ルートディレクトリへの相対パスを表わす	クラス、パッケージ、メソッド、フィールド	○
{@value}	定数値で置き換える	クラス、パッケージ、メソッド、フィールド	○
{@inheritDoc}	インタフェースまたはスーパークラスのコメントをコピーする	メソッド、@param、@return、@throws	○

@で始まるタグはブロックタグと呼び、説明に続き、行の先頭（アスタリスク（*）、空白、

開始区切り文字（/**）は除く）に記述する必要があります。{ }で囲まれているタグはインラインタグと呼び、説明やブロックタグの文中どこにでも記述できます。

● **タグの記述例**

```java
import java.io.File;

/**
 * タグの記述例を書いたクラスです。
 * 詳細は<a href="{@docRoot}/copyright.html">Copyright</a>を参照してください。
 *
 * @param <E> 型パラメータの説明      // 意味が明白なため省略されることも多い
 * @author Takako Shimamoto
 * @version 1.1
 * @see java.util.List#contains(Object)
 * @see File#toURI( )
       // 同一パッケージまたはインポートされたクラスはパッケージ名を省略
 * @see #method(String)           // 自クラスのメンバはパッケージ名とクラス名を省略
 * @since 1.0
 */
public class JavadocSample<E> implements … {
    /**
     * メッセージは{@value}        // => メッセージは"Hello"
     */
    private static final String MESSAGE = "Hello";

    /**
     * 以下のように定数を指定することも可能。
     * @return メッセージは{@value #MESSAGE}   // => メッセージは"Hello"
     */
    public String message() {
      return MESSAGE;
    }

    /**
     * {@inheritDoc}
     */
    public void write() {
    }

    /**
     * …
     * @deprecated 推奨されていません。1.1以降は{@link #output(int)}に置き換えられました。
     */
    @Deprecated
    public void out() {
    }
```

```
    /**
     * パッケージ{@code java.nio.file}をコードフォントで表示。
     * {@code index < 0}のように不等号をそのまま記述可能。
     * {@literal @}や{@literal <p>}は自動的にエスケープされる。
     */
    public void output(int index) {
    }
}
```

> **NOTE**
>
> **コメントファイル**
>
> APIリファレンスは、Javadocコメントの他にも「コメントファイル」と呼ばれるファイルの内容も反映して生成されます（表2.A）。
>
> **表2.A** コメントファイル
>
> | 種類 | 説明 |
> | --- | --- |
> | 概要コメントファイル | リファレンスの概要ページに表示する内容を記述したHTMLファイル。任意の名前・場所に作成可能だが、通常は「overview.html」をソースディレクトリのルートに配置する |
> | パッケージコメントファイル | パッケージの説明を記述した.javaファイル。「package-info.java」を該当パッケージに配置する |
> | その他ファイル | 任意の画像ファイルなどをパッケージ/doc-filesディレクトリに配置すると、そのパッケージのクラスはJavadocコメントで次のように記述することでファイルへのリンクを表示できる

`<img src="doc-files/Button.gif">` |
>
> パッケージコメントファイルは、パッケージの宣言にJavadocコメントを記述したものです。
>
> ●package-info.java
>
> ```
> /**
>  * サンプルコードを格納するパッケージです。
>  */
> package sample;
> ```

026 Javadocを生成したい

javadocコマンド		6 7 8 11
関　連	025　Javadocを記述したい　P.050	
利用例	APIリファレンスを生成する場合	

　JDKに同梱されているJavadocというツールを使います。例えば、sample.hogeパッケージのAPIリファレンスを生成する場合は、次のコマンドを実行します。

```
> javadoc sample.hoge
```

　しかし、javadocコマンドには多数のオプションが用意されており（-helpオプションで一覧を確認可能）、詳細な設定を行なうとなるとコマンドを記述するだけでも大変です。そこでEclipseを使うことで、コマンドよりも容易にJavadocを生成できます。

EclipseでJavadocを生成する

次の手順で生成できます。

1. メニューから［ファイル］→［エクスポート］を選択後、［Java］→［Javadoc］を選択し［次へ］ボタンを押す
2. javadocコマンドのパス、Javadocの生成対象およびその可視性を選択し［次へ］ボタンを押す（図2.3）
3. 必要に応じて文書タイトル（概要ページの先頭に表示される）を入力し［次へ］ボタンを押す
4. ［追加のJavadocオプション］にソースファイルの文字コードを指定し［完了］ボタンを押す（図2.4）

　コンソールにエラーが表示されることなくdocディレクトリが生成されていれば成功です。

図2.3 Javadocの生成 (1)

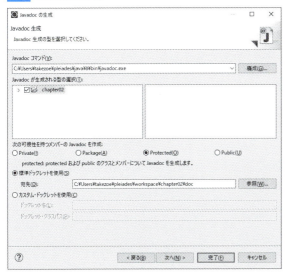

図2.4 Javadocの生成 (2)

027 ifで条件分岐したい

| if | else if | else | | 6 | 7 | 8 | 11 |

関連	—
利用例	条件の真偽によって処理を変える場合

if、else if、elseを使って、条件がtrueの場合のみ実行したい処理をそれぞれのブロック内に記述します。

構文 if文

```
if(条件1) {
    条件1がtrueの場合の処理
} else if(条件2){
    条件2がtrueの場合の処理
} else {
    それ以外の場合の処理
}
```

次は、さまざまなif文の例です。

●if文の例

```
int i = 10;

// iが10より小さい場合
if(i < 10) {
    System.out.println("10より小さい");

// それ以外の場合
} else {
    System.out.println("10以上");
}

// elseは省略可能
if(i < 10) {
    System.out.println("10より小さい");
}

// 条件が複数の場合、最初にtrueとなった1ブロックのみ実行される
if(i < 20 && i % 2 == 0) {
    System.out.println("20より小さいかつ偶数");    ←実行
} else if(i < 20) {
    System.out.println("20より小さい");    ←実行されない
} else {
```

```
    System.out.println("それ以外");  ← 実行されない
}
```

if、else if、elseで呼び出す式が1つの場合は、{ }を省略できます。

```
if(i < 10) System.out.println("10より小さい");
```

COLUMN　ブロックと変数のスコープ

　{ }で囲まれた範囲のことをブロックと呼びます。ブロック内に宣言した変数のスコープはブロック内に制限されるので、ブロック外からは参照できません。ブロック外に宣言した変数は、ブロック内からでも参照できます。

●変数のスコープ
```
// ブロック外で宣言した変数
String name = "Takako";

if(name != null){
    // ブロック外で宣言した変数nameをブロック内で参照可能
    String message = "Hello " + name + "!";
    ︙
}

// ブロック内で宣言した変数をブロック外で参照することはできない
System.out.println(message); // => コンパイルエラー
```

　なお、次のように、if文やfor文でなくても任意の範囲を{ }で囲むことでブロックを定義できます。変数名が衝突しないようにスコープを限定したい場合に便利です。

●ブロックで変数のスコープを限定する
```
{
    String name = "Takako";
    System.out.println("Hello " + name + "!");
}
{
    // 上のスコープと同じ名前の変数を使用できる
    String name = "Naoki";
    System.out.println("Hello " + name + "!");
}
```

028 switchで条件分岐したい

| switch | case | default | | 6 | 7 | 8 | 11 |

| 関連 | ― |
| 利用例 | 式の値によって処理を変える場合 |

switchを使って値が一致する場合のみ実行したい処理を記述します。

構文 switch文

```
switch(式){
case 値1:
    式が値1と一致した場合の処理
    break;

case 値2:
    式が値2と一致した場合の処理
    break;

default:
    それ以外の場合の処理
}
```

式には、整数や列挙型 レシピ075 の値を指定しますが、Java 7以降であれば文字列を指定することもできます。

● switch文の例

```
int i = 10;

switch(i){
// i = 10の場合
case 10:
    System.out.println("10");
    break;

// それ以外の場合
default:
    System.out.println("10以外");
}
```

```
// defaultは省略可能
switch(i){
case 10:
    System.out.println("10");
    break;
}

// breakを省略すると次のcase文を実行する
switch(i){
// i = 5またはi = 10の場合
case 5:
case 10:
    System.out.println("5または10");
    break;
default:
    System.out.println("それ以外");
}
```

> **NOTE**
>
> **式がnullの場合はif、else switchを使うと安全**
>
> 前述のとおり、switch文の式には列挙型や文字列（Java 7以降）を指定できますが、この式がnullの場合はNullPointerExceptionが発生します。
>
> ```
> String str = null;
>
> // NullPointerExceptionになる
> switch(str){
>     case "hoge":
>     ⋮
> }
> ```
>
> このような場合は、nullチェックを行なうif文とelse switch文を組み合わせて使うとよいでしょう。
>
> ```
> if(str == null){
>     …nullの場合の処理…
>
> } else switch(str){
>     case "hoge":
>     ⋮
> }
> ```

029 forで繰り返し処理を行ないたい

for	6 7 8 11
関連	ー
利用例	コレクションの要素を順次処理する場合

繰り返す回数が決まっている場合は、for文を使います。

構文 for文

```
for(初期化; 条件; 更新){
    処理
}
```

●3回ループする

```
for(int i = 0; i < 3; i++){
    System.out.println(i + "番目の処理");
}
```

List、Mapといったコレクションや配列の要素を順次処理する場合は、拡張for文が便利です。

構文 拡張for文

```
for(型 変数名 : コレクションや配列){
    処理
}
```

●Listの要素を順次処理する

```
List<String> list = …

// for文の場合
for(int i = 0; i < list.size(); i++){
    System.out.println(list.get(i));
}
// 拡張for文の場合
for(String str : list){
    System.out.println(str);
}
```

forで呼び出す式が1つの場合は、{ }を省略できます。

```
for(String str : list) System.out.println(str);
```

030 whileで繰り返し処理を行ないたい

| while | do ~ while | | 6 | 7 | 8 | 11 |

| 関　連 | — |
| 利用例 | ストリームの内容を最後まで読み込む場合 |

条件がtrueの間繰り返し処理を行なう場合は、while文を使います。

構文 while文

```
while(条件) {
    条件がtrueの間実行する処理
}
```

●iが5より小さい間ループする

```
int i = 0;

while(i < 5) {
    i = (int)(Math.random()*10);
}
```

最低1回は必ず処理するdo ~ while文

for文やwhile文はまず条件を評価するため、最初に条件がfalseとなった場合は一度もループ処理を実行しません。これに対してまず処理を実行し、その後に条件を評価しループするかどうかを決める場合はdo ~ while文を使います。

構文 do ~ while文

```
do {
    条件がtrueの間実行する処理
} while(条件);
```

●println()メソッドを実行後、条件がfalseなのでループを終了

```
int i = 0;

do {
    System.out.println("1回は必ず実行");

} while(i > 0);
```

while、do ～ whileで呼び出す式が1つの場合は、{}を省略できます。

●while文

```
while(i < 5) i = (int)(Math.random() * 10);
```

●do ～ while文

```
do
    System.out.println("1回は必ず実行");
while(i > 0);
```

> **NOTE**
>
> **ループ処理の誤動作を回避する**
>
> 　{}を省略することに慣れてしまうと、つい次のように定義してしまうことがあります。
>
> ```
> int i = 0;
>
> // 無限ループになる
> while(i < 5)
>     System.out.println("ループ処理");
>     i++;
> ```
>
> 　一見するとwhile文でiをインクリメントしているように見えますが、実はwhile文の処理は標準出力に出力するコードのみです。つまり、iが5より小さい間ループするつもりで処理を書いたにもかかわらず、iがインクリメントされないため無限ループ（常に条件がtrueでループし続ける状態）になってしまいます。
>
> 　上記のコードはwhile文に{}を書くだけで意図した動作になります。
>
> ```
> // 5回ループする
> while(i < 5){
>     System.out.println("ループ処理");
>     i++;
> }
> ```
>
> 　このような問題を回避する意味でも、for文やwhile文を定義する際は、なるべく{}を省略しないよう習慣付けるのがよいでしょう。

031 繰り返し処理を途中で終了したい

| break | continue | | 6 | 7 | 8 | 11 |

関連	029 forで繰り返し処理を行ないたい　P.060
	030 whileで繰り返し処理を行ないたい　P.061

利用例	コレクションの最後の要素まで処理する必要がない場合
	コレクションのある要素だけ処理をスキップする場合

breakキーワードを使うことで、ループ処理を途中で終了できます。

●breakでループを途中で終了する

```
List<String> list = Arrays.asList("Scala", "Java", "Groovy");

for(String str : list) {
    // 「Java」が見つかった場合にfor文を抜ける
    if("Java".equals(str)) {
        break;
    }
    System.out.println(str);    // => Scala
}
```

ループ処理の一部をスキップしたい場合は、continueキーワードを使います。

●continueで処理をスキップする

```
for(String str : list) {
    // 「Java」が見つかった場合はループの先頭に戻り処理を続ける
    if("Java".equals(str)) {
        continue;
    }
    System.out.println(str);    // => Scala、Groovy
}
```

ラベル

ループ処理がネストしている場合にbreakやcontinueキーワードを使うと、一番近いループ処理に対してのみ作用します。

● ラベルなしのループ

```
for(…){ ──────────────────────────────── ❶
    for(…){ ( ────────────────────────── ❷
        if(…) {
            break;   ←❷のループを抜ける。❶のループは続行する
        }
    }
}
```

上記のように内側のループに書かれたbreakによって外側のループを抜けたい場合は、ラベルを使って終了させたいループを明示的に指定する必要があります。

● ラベルありのループ

```
// 「ラベル名:」でループにラベルを付けておく
outer:
for(…){ ──────────────────────────────── ❶
    for(…){
        if(…) {
            // 終了したいループのラベル名を指定する
            break outer;   ←❶のループを抜ける
        }
    }
}
```

032 例外を処理したい

`try | catch | finally`　　　6　7　8　11

関 連	―
利用例	例外が発生したときの処理を記述する場合

Javaで例外処理を行なうには、try 〜 catch 〜 finally文を使います。

構文 try 〜 catch 〜 finally文

```
try {
    例外が発生する可能性のある処理
} catch(例外の型 変数名) {
    例外が発生したときに実行する処理
} finally {
    例外発生有無にかかわらず最後に必ず実行する処理
}
```

catchブロックは複数、finallyブロックは1つのみ定義できます。なお、catchとfinallyブロックは、どちらか一方のみ定義されていれば問題ありません。

● try 〜 catch 〜 finally文の例

```
try {
    new File("test.txt").createNewFile();

// IOExceptionが発生した場合
} catch(IOException e) {
    System.out.println("ファイル生成に失敗しました: " + e.getMessage());
}

// catchブロックが複数の場合、最初に型が一致した1ブロックのみ実行される
try {
    new File("test.txt").createNewFile();   ← IOException発生

    …例外が発生するとここの処理は実行されない…

} catch(IOException e) {
    System.out.println("IOException発生");   ← 実行

} catch(Exception e) {
    System.out.println("Exception発生");   ← 実行されない
}
```

```
// catchブロックを省略した場合、例外はそのままスローされる
try {
    new File("test.txt").createNewFile();

} finally {
    System.out.println("ここは必ず実行する");
}
```

例外の種類

Javaの例外には、コンパイル時にチェックされる検査例外と、実行時に発生する実行時例外の2種類があります（図2.5）。通常、例外処理は検査例外に対して行ないます。

図2.5　Javaの例外

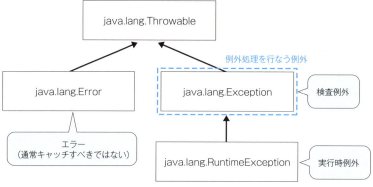

実行時例外は、コードのミス（バグ）により発生することがほとんどです。また、エラーは、システムが異常な状態で実行不能なときに発生します。よって、これらの例外を例外処理により対処することは一般的には好ましいこととはいえません。

033 複数の例外をまとめてキャッチしたい

| try | catch | マルチキャッチ | | 6 | 7 | 8 | 11 |

関連	032 例外を処理したい　P.065
利用例	複数の例外で同じ例外処理を行なう場合

　Java 7以降であれば、|を使って、1つのcatchブロックで複数の例外をまとめてキャッチできます。

●複数の例外をまとめてキャッチする

```
try {
    Date date = new SimpleDateFormat("yyyyMMdd").parse("20140401");

    new File(String.format("新規ファイル%s.txt", date.getTime())).createNewFile();

// ParseExceptionまたはIOExceptionが発生した場合
} catch(ParseException | IOException e) {
    System.out.println("例外発生: " + e.getMessage());
}
```

　複数の例外をマルチキャッチした場合、catchブロックの変数eは列挙したクラスすべてに共通するスーパークラスになります。つまり、上記のコードの場合、変数eの型はExceptionになります。

> **NOTE**
>
> **継承関係にあるクラスはマルチキャッチできない**
> 　継承関係にあるクラスを1つのcatchブロックに列挙することはできません。例えば、次のコードの場合、FileNotFoundExceptionはIOExceptionのサブクラスなので、コンパイルエラーになります。
>
> ```
> try {
>     ⋮
> } catch(FileNotFoundException | IOException e) { // コンパイルエラー
>     ⋮
> }
> ```

034 例外をスローしたい

| throw | throws | | 6 | 7 | 8 | 11 |

| 関連 | ― |
| 利用例 | 呼び出し元へ例外を通知する場合 |

throwキーワードを使います。スローする例外が検査例外の場合は、該当メソッド（またはコンストラクタ）の定義にthrowsキーワードを使って例外クラスを記述します。

●検査例外をスローする

```
// throwsキーワードの後にIOExceptionを記述
public void createFile() throws IOException {
    File file = new File("test.txt");

    if(file.createNewFile()){
        System.out.println("ファイルを作成しました。");
    } else {
        // ファイルの作成に失敗した場合はIOExceptionをスロー
        throw new IOException("ファイルの作成に失敗しました。");
    }
}
```

スローする例外が複数ある場合は、throwsにカンマ区切りで記述します。

●複数の例外をスローする

```
// 呼び出し元はParseExceptionもしくはIOExceptionをキャッチする
public void createFile() throws ParseException, IOException {
    …ParseExceptionまたはIOExceptionをスロー…
}
```

throwsにスーパークラスの例外を1つ記述することで、サブクラスの例外をすべて網羅してくれます。

例えば、throwsにExceptionを記述すれば、すべての検査例外を網羅できます。しかしその場合、呼び出し元ではスーパークラスであるExceptionをキャッチする必要が生じます。すると、実際にどのような例外がスローされたのかが不明確となり、適切な例外処理を行なうことが難しくなってしまうこともあるため、注意が必要です。

```
// 呼び出し元はExceptionをキャッチする
public void createFile() throws Exception {
    …ParseExceptionまたはIOExceptionをスロー…
}
```

COLUMN　Java 7以降での例外の再スロー

　例外が発生したとき、メソッド独自の例外処理を行なった後に呼び出し元へ通知するため、再度スローすることがあります。Java 7以降は、tryブロックで発生した例外をそのまま再スローする場合に限って、スローする例外を厳格にthrowsへ記述できます。

```
// throwsにParseExceptionとIOExceptionを記述できる
public void method() throws ParseException, IOException {
    try {
        …ParseExceptionまたはIOExceptionをスロー…

    } catch (Exception e) {
        …例外処理を行なう…

        // そのまま再スロー
        throw e;
    }
}
```

　Java 6の場合、上記のコードはコンパイルエラーになります。Exceptionでキャッチしてそのまま再スローしているため、throwsはExceptionにする必要があります。

035 リソースを確実にクローズしたい

| finally | try-with-resources | | 6 | 7 | 8 | 11 |

| 関　連 | 032 例外を処理したい　P.065 |
| 利用例 | ストリームをクローズする場合 |

Java 6とJava 7以降でクローズ処理が異なります。
Java 6では、finallyブロックにクローズ処理を記述します。

●リソースをクローズする（Java 6）

```
InputStream in = null;

try {
    in = new FileInputStream("test.txt");

    …InputStreamからの読み込み処理…

} finally {
    // InputStreamを確実にクローズする
    if(in != null) {
        try {
            in.close();
        } catch(IOException e) {
        }
    }
}
```

Java 7以降は、try-with-resources文を使ってシンプルに記述できます。上記のコードをtry-with-resources文で書き換えると、次のようになります。

●リソースをクローズする（Java 7以降）

```
try(InputStream in = new FileInputStream("test.txt")) {
    …InputStreamからの読み込み処理…
}
```

try-with-resources文では、tryブロック中での例外発生有無にかかわらずリソースがクローズされることが保証されています。また、try-with-resources文には、複数のリソースを宣言することもできます。クローズ処理は、宣言とは逆の順に実行されます。

```
// 複数宣言する場合はセミコロンで区切る
// OutputStream → InputStream の順にクローズする
try(InputStream in = new FileInputStream("test.txt");
    OutputStream out = new FileOutputStream("test2.txt")){
    …InputStreamの内容をOutputStreamに書き出す処理…
}
```

try-with-resources文でcatchやfinallyブロックを使う

通常の例外処理と同様、try-with-resources文にcatchブロックやfinallyブロックを定義できます。

● try-with-resources文にcatchとfinallyブロックを定義（Java 7以降）

```
try(InputStream in = new FileInputStream("test.txt")) {
    :
} catch (IOException e) {
    e.printStackTrace();
} finally {
    System.out.println("処理終了");
}
```

ただし、catchブロックおよびfinallyブロックは、try-with-resources文の処理が完了後に実行されます。つまり、宣言したリソースをクローズした後に実行されます。

NOTE

tryブロックとクローズの両方で例外が発生した場合

例外がtryブロックの中（例えばファイル読み込み時）で発生し、かつリソースをクローズする際にも発生した場合、tryブロックで発生した例外のみスローされます。クローズに伴って発生した例外は無効化されており、この情報はgetSuppressed()メソッドを呼び出すことで取得できます。

```
try(InputStream in = new FileInputStream("test.txt")) {
    :
} catch (IOException e) {
    for (Throwable t : e.getSuppressed()) {
      t.printStackTrace();
    }
}
```

036 スタックトレースの情報を取得したい

| getStackTrace | StackTraceElement | | 6 | 7 | 8 | 11 |

関　連	—
利用例	スタックトレースから独自のフォーマットでログを出力する場合

　Throwable#printStackTrace()メソッドは、スタックトレースをストリームへ書き出すことしかできません。スタックトレースの情報を取得して任意の処理を行ないたい場合は、Throwable#getStackTrace()メソッドを使います。

●例外からスタックトレース情報を取得する

```
try{
   ⋮
} catch (Exception e) {
   for(StackTraceElement element : e.getStackTrace()) {
      element.getClassName();   // クラス名（完全修飾名）
      element.getMethodName();  // メソッド名
      element.getFileName();    // ファイル名
      element.getLineNumber();  // 行番号
   }
}
```

> **NOTE**
>
> **スレッドからスタックトレース情報を取得**
> 　スタックトレースは、アプリケーションのデバッグのために有用な情報です。例えば、メソッドの呼び出し元を特定したいときや、非同期に実行されている処理の情報を知りたいときなどがあります。Thread#getStackTrace()メソッドを使えば、デバッグ情報としてスタックトレースを取得できます。
>
> ●スレッドからスタックトレース情報を取得する
>
> ```
> // 現在実行中のスレッドのスタックトレース
> StackTraceElement[] elements = Thread.currentThread().getStackTrace();
> for(StackTraceElement element : elements) {
>    ⋮
> }
> ```

037 ラムダ式ってなに?

| ラムダ | -> | 関数型インターフェース |

関　連	—
利用例	匿名クラスやコレクション操作を簡潔に記述する場合

ラムダ式はJava 8で導入された新機能で、Javaで関数を記述するためのものです。

構文　ラムダ式の構文

```
// 関数の処理を1行で記述する場合
(引数のリスト) -> 式

// 関数の処理を複数行で記述する場合
(引数のリスト) -> {
    関数の処理
    return 値;
}
```

1行で記述した場合は、その式の結果がラムダ式の戻り値になります。しかし、ラムダ式の本体を{}で囲む場合は、ラムダ式から戻り値を返すためにreturn文が必要になります。ラムダ式は、以下のような用途に使用できます。

匿名クラスの代わりに使用する

Java 8からは、Comparatorインターフェースのように、実装すべきメソッドが1つのインターフェースのことを関数型インターフェースと呼びます。この関数型インターフェースを実装したクラスの代わりにラムダ式を使用できます。

例えば、コレクションのソートに使用するjava.util.Comparatorは、Java 7までは次のように匿名クラスを使って実装するのが一般的でした。

●コレクションをソートする (匿名クラス)

```java
List<String> list = Arrays.asList("Java", "Scala", "Groovy");
list.sort(new Comparator<String>(){
    @Override
    public int compare(String s1, String s2){
        return s1.length() - s2.length();
    }
});
```

Java 8からは、ラムダ式を使用することで、この処理を次のように記述できます。

●コレクションをソートする（ラムダ式）

```
List<String> list = Arrays.asList("Java", "Scala", "Groovy");
list.sort((String s1, String s2) -> s1.length() - s2.length());
```

> **NOTE**
>
> **ラムダ式の引数**
>
> ラムダ式の引数の型が自明な場合は、次のように型を省略することもできます。
>
> ```
> list.sort((s1, s2) -> s1.length() - s2.length());
> ```
>
> また、引数が1つの場合は、引数リストの()を省略することもできます。
>
> ```
> list.forEach(s -> System.out.println(s));
> ```

コレクションの要素に対する操作

Java 8からは、コレクションAPIにも変更が加えられており、コレクションの各要素に対する操作をラムダ式で行なうことができるようになっています。

次のサンプルは、コレクションの各要素を標準出力に出力するコードを、Java 7までの方法とJava 8以降のラムダ式を使って記述したものです。

●コレクションの要素を標準出力に出力する

```
List<String> list = Arrays.asList("Java", "Scala", "Groovy");

// Java 7以前の場合
for(String s: list){
    System.out.println(s);
}

// Java 8以降の場合
list.forEach(s -> System.out.println(s));
```

コレクションAPIでのラムダ式の使用方法については、第4章を参照してください。

COLUMN　ラムダ式から参照可能な外部変数

匿名クラス レシピ067 の場合と同様、本来ラムダ式の内部からはfinal修飾子の付いた外部変数しか参照できません。しかしJava 8からは、値の書き換えが行なわれない変数については実質的にfinalとして扱われるため、final修飾子が付いていなくても参照することが可能です。

● ラムダ式や匿名クラスから外部の変数を参照する（Java 8以降）

```java
public void outer(String message) {
    Runnable r = () -> {
        // ラムダ式の中からouterメソッドの引数を参照可能
        System.out.println(message);
    }

    Runnable runnable = new Runnable() {
        @Override
        public void run() {
            // Java 8以降ではouterメソッドの引数がfinalでなくてもアクセス可能
            System.out.println("メッセージ: " + message);
        }
    };
}
```

ただし、値の再代入を行なっている変数についてはfinalとして扱うことができないため、ラムダ式や匿名クラスの内部から参照するとコンパイルエラーになります。

● 外部変数を参照できない例

```java
public void outer(String message) {
    Runnable r = () -> {
        // ラムダ式の中からouterメソッドの引数を参照
        System.out.println(message);
    }
    // 引数に再代入しているのでコンパイルエラーになる
    message = "hoge";
}
```

038 汎用的な関数型インターフェースを使いたい

Function | BiFunction　　　　　　　　　　　　　　6　7　8　11

関連	037 ラムダ式ってなに？　P.073
	039 独自の関数型インターフェースを定義したい　P.078

利用例	独自の関数型インターフェースを定義せずにラムダ式を受け取るメソッドを定義する場合

　java.util.functionパッケージには、汎用的な関数型インターフェースが用意されています。1つまたは2つの引数を受け取って処理を行なうラムダ式であれば、これらのインターフェースを使用できます。

　java.util.functionパッケージで提供されている関数型インターフェースを表2.11に示します。これらのインターフェースのうち、BiFunctionなど先頭に「Bi」が付いているものは、引数が2つの関数型インターフェースです。

表2.11 java.util.functionパッケージの関数型インターフェース

インターフェース名	メソッド	説明
Function<T, R>	R apply(T)	1つの引数を受け取って結果を返す関数
BiFunction<T, U, R>	R apply(T, U)	2つの引数を受け取って結果を返す関数
UnaryOperator<T>	T apply(T)	単項演算子
BinaryOperator<T>	T apply(T, T)	二項演算子
Predicate<T>	boolean test(T)	1つの引数を受け取る条件式
BiPredicate<T, U>	boolean test(T, U)	2つの引数を受け取る条件式
Supplier<T>	T get()	引数を取らず、値を供給するだけの関数
Consumer<T>	void accept(T)	1つの引数を受け取って処理を行なう関数（戻り値なし）
BiConsumer<T, U>	void accept(T, U)	2つの引数を受け取って処理を行なう関数（戻り値なし）

　例えば、文字列を引数に取りjava.util.Dateに変換して返す関数は、次のようにFunctionインターフェースを使います。

● Functionインターフェースを使う

```java
// 文字列を引数に取りjava.util.Dateに変換して返す関数
Function<String, Date> toDate = s -> {
    try {
        return new SimpleDateFormat("yyyy/MM/dd").parse(s);
    } catch(ParseException ex){
        return null;
    }
};

// 関数を直接呼び出す場合はapply()メソッドを使用する
System.out.println(toDate.apply("2013/09/28"));
```

引数と戻り値の型が同じ場合は、UnaryOperatorインターフェースを使うことができます。

●UnaryOperatorインターフェースを使う

```java
// 文字列を大文字に変換する関数
UnaryOperator<String> toUpper = s -> s.toUpperCase();

// 関数を直接呼び出す場合はapply()メソッドを使用する
String s = toUpper.apply("java");
```

戻り値がない関数の場合は、Consumerインターフェースを使います。

●Consumerインターフェースを使う

```java
// java.util.Dateを文字列にフォーマットして出力する関数
Consumer<Date> print = date -> {
    String s = new SimpleDateFormat("yyyy/MM/dd").format(date);
    System.out.println(s);
};

// 関数を直接呼び出す場合はaccept()メソッドを使用する
print.accept(new Date());
```

特定の条件に一致するかどうかを調べる関数など、戻り値がbooleanの場合はPredicateインターフェースを使います。

●Predicateインターフェースを使う

```java
// 文字列が"Java"で始まるかどうかを調べる関数
Predicate<String> condition = s -> s.startsWith("Java");

// 関数を直接呼び出す場合はtest()メソッドを使用する
boolean result = condition.test("JavaScript");
```

039 独自の関数型インターフェースを定義したい

| ラムダ | 関数型インターフェース | @FunctionalInterface | | 6 | 7 | 8 | 11 |

関連	037 ラムダ式ってなに?　P.073
	038 汎用的な関数型インターフェースを使いたい　P.076

利用例	3つ以上の引数を取るラムダ式を使う場合

　java.util.functionパッケージで定義されている汎用的な関数型インターフェース レシピ038 ではカバーできない場合（3つ以上の引数を取るラムダ式を使いたい場合など）、独自の関数型インターフェースを定義できます。関数型インターフェースは「インターフェースであり、実装しなくてはいけないメソッドが1つだけである」必要があります。

　例えば、int型の引数を3つ取り、int型で計算結果を返す関数型インターフェースは、次のように記述します。

●独自の関数型インターフェースを定義

```java
@FunctionalInterface
public interface TriFunction {

    public int apply(int a, int b, int c);

}
```

このインターフェースを使ってラムダ式を記述すると、次のようになります。

```java
TriFunction function = (a, b, c) -> a + b + c;
```

> **NOTE**
>
> **@FunctionalInterfaceアノテーション**
> 　Java 8で追加された@FunctionalInterfaceは、インターフェースが関数型インターフェースであることを示すためのアノテーションです。このアノテーションをインターフェースに付与しておくことで、関数型インターフェースの規則に従っていない場合、コンパイルエラーにすることができます（@FunctionalInterfaceアノテーションを付与していなくても、関数型インターフェースの規則に従っていれば、ラムダ式を使用することは可能です）。

040 ラムダ式を受け取るメソッドを定義したい

ラムダ | 関数型インターフェース

関連	037 ラムダ式ってなに? P.073
	038 汎用的な関数型インターフェースを使いたい P.076
	039 独自の関数型インターフェースを定義したい P.078

利用例	処理を呼び出し側で決定する場合

メソッドの引数として関数型インターフェースを受け取るようにします。
例えば、java.sql.Connectionオブジェクトの引数が1つあり、データベース処理を行なう関数を受け取るメソッドは、次のように定義します。

●関数型インターフェースを受け取るメソッド

```
public DatabaseManager {
    public static void execute(Consumer<Connection> consumer) throws SQLException {
        // コネクションを取得
        try(Connection conn = getConnection()){
            try {
                // 引数で受け取った関数型インターフェースを呼び出し
                consumer.accept(conn);
                // 処理が正常に終了したらコミット
                conn.commit();

            } catch(Exception ex){
                // 例外が発生した場合はロールバック
                conn.rollback();
                throw ex;
            }
        }
    }
      ⋮
}
```

このメソッドは、ラムダ式を引数に指定して呼び出すことができます。

●引数にラムダ式を指定

```
DatabaseManager.execute((conn) -> {
    ･･･データベース処理･･･
});
```

041 ラムダ式の代わりに メソッドを渡したい

ラムダ | メソッド参照 | ::   6 7 8 11

関連	037 ラムダ式ってなに? P.073
利用例	既存のメソッドをコレクションの要素に適用する場合

　引数と戻り値の型がラムダ式と同じであれば、ラムダ式の代わりにメソッド参照を用いることができます。

構文 メソッド参照の構文

▼staticメソッドの場合

```
// staticメソッドの場合
クラス名::staticメソッド名

// インスタンスメソッドの場合
インスタンス名::インスタンスメソッド名
```

　コレクションの要素に対する操作をラムダ式とメソッド参照を使って記述すると、次のようになります。

●ラムダ式とメソッド参照

```java
List<String> list = Arrays.asList("Java", "Scala", "Groovy");

// ラムダ式で記述した場合
list.forEach((s) -> System.out.println(s));

// メソッド参照を使用した場合
list.forEach(System.out::println);
```

042 文字列を連結したい

| String | StringBuffer | StringBuilder | 6 7 8 11 |

| 関連 | — |
| 利用例 | 入力文字を元にしたメッセージ表示など、文字列を連結したい場合 |

＋演算子を使って連結する方法と、StringBuilderやStringBufferを使う方法があります。

＋演算子を使って連結する

＋演算子を使って文字列を連結するには、次のようにします。

●＋演算子を使って連結する

```
String str = "Hello " + "World!";
```

ただし、JavaのStringはイミュータブルであるため、＋演算子を使って連結するたびに新しいStringオブジェクトが生成されてしまいます（イミュータブルについては、第5章のCOLUMN「イミュータブルなAPIとは？」を参照）。そのため、＋演算子による文字列連結は、処理効率が悪いだけでなく、ループ中などで繰り返し連結を行なうとGCが頻発したり、OutOfMemoryErrorが発生してしまうこともあります。

●効率の悪い文字列連結処理

```
String str = "";
for(long i = 0; i < Long.MAX_VALUE; i++){
    str = str + " ";
}
```

このような場合は、次のStringBuilderやStringBufferを使って連結処理を行なうとよいでしょう。

> **NOTE**
>
> **コンパイル時に最適化される文字列連結**
> 冒頭の例のようなリテラル同士の連結処理は、コンパイル時に1つの文字列に最適化されるため、＋演算子を使っていても効率が悪いということはありません（むしろStringBuilderなどを使ったほうが効率が悪くなってしまいます）。注意が必要なのは、変数とリテラルや、変数同士の文字列連結です。

StringBuilder、StringBufferを使って連結する

StringBuilderやStringBufferは、append()メソッドで文字列を連結できます。また、toString()メソッドでStringオブジェクトに変換できます。

●StringBuilderを使って連結する

```java
StringBuilder sb = new StringBuilder();
sb.append("Hello ");
sb.append("World!");

String str = sb.toString();
```

> **NOTE**
>
> **StringBuilderとStringBufferの違い**
> StringBuilderは、スレッド同期化処理がされない代わりに、StringBufferよりも高速に動作します。複数のスレッドから操作される可能性がある場合は、StringBuilderではなく、StringBufferを使ってください。

String#join()メソッドを使って連結する

Java 8以降では、String#join()メソッドを使うと、配列（可変長引数でも指定可能）やListに格納された文字列を指定した区切り文字で連結できます。

●joinを使って連結する

```java
// 可変長引数で指定した文字列を連結
String str1 = String.join("-", "Java", "Recipe", "is", "Great");
    // -> Java-Recipe-is-Great

// Listに格納された文字列を連結
List<String> list = Arrays.asList("Java", "8", "is", "great!");
String str2 = String.join(" ", list); // -> Java 8 is great!
```

043 文字列の長さを調べたい

| String | length | getBytes | | 6 | 7 | 8 | 11 |

| 関連 | 053 文字コードを変更したい P.094 |
| 利用例 | 文字列が指定した長さを超えていないか調べる場合 |

String#length()メソッドを使います。
Javaでは文字列をUnicodeとして扱っているため、日本語のようなマルチバイト文字列も1文字としてカウントされます。

●文字列の長さを調べる

```
String str = "こんにちわ世界";

// 文字列の長さを取得
int len = str.length(); // => 7
```

ただし、Unicodeにはサロゲートペアという2バイト以上のバイト数で1文字を表す文字が存在します。文字列がサロゲートペアを含む場合、length()メソッドは正しい文字数を返しません。この場合、代わりにcodePointCount()メソッドを使う必要があります。

●サロゲートペアを含む文字列の長さを調べる

```
String str = "丈";

// length()メソッドで文字数を取得
int len1 = str.length();                          // => 2
// codePointCount()メソッドで文字数を取得
int len2 = str.codePointCount(0, str.length()); // => 1
```

また、文字列のバイト長を調べたい場合は、String#getBytes()メソッドを使って一度バイト配列に変換し、配列の長さを調べることで、文字列のバイト長を取得できます。

●文字列のバイト長を調べる

```
String str = "こんにちわ世界";

// 文字列のバイト長を取得する（Windows-31Jの場合）
int sjisLength = str.getBytes(Charset.forName("Windows-31J")).length; // => 14
// 文字列のバイト長を取得する（UTF-8の場合）
int utf8Length = str.getBytes(StandardCharsets.UTF_8).length;         // => 21
```

上記のサンプルのように、文字列をバイト配列に変換する際は文字コードを指定する必要があります。文字コードの指定方法については レシピ053 を参照してください。

044 文字列の一部を切り出したい

| String | substring | 6 7 8 11 |

| 関連 | — |
| 利用例 | 文字列からプレフィックスやサフィックスを取り除く場合 |

String#substring()メソッドを使います。

第1引数のみ指定した場合、指定したインデックス以降の文字列（指定したインデックスの文字を含む）を返します。第2引数を指定した場合は、第1引数で指定したインデックスから第2引数で指定したインデックスまでの文字列（指定したインデックスの文字を含まない）を返します。なお、インデックスは1文字目を0として指定します。

● 文字列の一部を切り出す

```java
String source = "こんにちわ世界";

// 6文字目以降を切り出す
String result1 = source.substring(5); // => "世界"

// 3文字目から5文字目までを切り出す
String result2 = source.substring(2, 5); // => "にちわ"
```

MEMO

045 文字列を分割したい

`String | split`   6 7 8 11

関連	056 文字列を正規表現で検索したい P.099 094 配列を使いたい P.182
利用例	文字列を特定の区切り文字で分割する場合

String#split()メソッドを使います。

引数に指定した正規表現に沿って分割し、配列として返します。また、第2引数には、分割後の配列の最大の要素数を指定できます。この場合、文字列は先頭から指定された要素数になるまで分割され、それ以降の部分は配列の最後の要素に格納されます。

なお、split()メソッドで文字列を分割した場合、通常は配列の末尾には空文字列は含まれません。最大要素数を指定していた場合は、末尾の要素が空文字列だった場合でも分割後の配列に含まれます。

●文字列を分割する
```
String source = "A,B,C,";

// カンマで分割
String[] result1 = source.split(",");    // => {"A", "B", "C"}

// カンマで2つに分割
String[] result2 = source.split(",", 2); // => {"A", "B,C,"}

// カンマで4つに分割
String[] result3 = source.split(",", 4); // => {"A", "B", "C", ""}
```

なお、第2引数に0を指定した場合は、分割後の配列の最大数の制限がなくなります。また、第2引数に負の値を指定した場合は、最大数の制限はなく、さらに分割後の配列の末尾が空文字列だったときでも分割後の配列に含まれます。

●第2引数に0または負の値を指定した場合
```
// 第2引数に0を指定（第2引数なしの場合と同じ）
String[] result4 = source.split(",",  0); // => {"A", "B", "C"}

// 第2引数に負の値を指定（分割数の制限なしかつ末尾の空文字列を含む）
String[] result5 = source.split(",", -1); // => {"A", "B", "C", ""}
```

046 文字列を比較したい

| String | equals | equalsIgnoreCase | | 6 | 7 | 8 | 11 |

関　連	—
利用例	文字列が一致しているか比較する場合

String#equals()メソッドを使います。
　一致していればtrueを、一致していなければfalseを返します。また、大文字小文字を無視して比較したい場合は、String#equalsIgnoreCase()メソッドを使います。

● 文字列を比較する

```java
String source = "Hello";

// 文字列が等しいか調べる
boolean result1 = source.equals("Hello"); // => true

// 大文字小文字を無視して等しいかを調べる
boolean result2 = source.equalsIgnoreCase("hello"); // => true
```

> **NOTE**
>
> **文字列の比較に==は使わない**
> 　文字列の内容の比較に==を使わないようにしましょう。文字列で==を使った比較をすると、Stringオブジェクトの比較（参照が等しいかどうか）を行ないます。一部、Java言語仕様（https://docs.oracle.com/javase/specs/jls/se11/html/jls-3.html#jls-3.10.5）により、==での比較は、値が同じであれば参照が異なっていてもtrueを返すことがあります。しかし、言語仕様に精通していないと思わぬ挙動となってしまうことがあるため、文字列に内容が一致しているかどうか知りたいときには、必ずequals()メソッドを使いましょう。

2.7 文字列操作

047 文字列を置換したい

| String | replace | | 6 | 7 | 8 | 11 |

関　連	057　文字列を正規表現で置換したい　P.101
利用例	特定の文字列を別の文字列で置き換える場合

String#replace()メソッドを使います。
対象の文字列にある第1引数の文字列を、第2引数の文字列ですべて置換します。

● 文字列を置換する

```
String source = "Hello World. World is Wonderful.";

// "World" を "Universe" に変換
String result = source.replace("World", "Universe");
    // => "Hello Universe. Universe is Wonderful."
```

replace()メソッドの引数にStringではなくcharを渡すと、第1引数の文字を第2引数の文字ですべて置換します。

● 文字を置換する

```
String source = "Tooth";

// oをeに置換
String result = source.replace('o','e'); // => "Teeth"
```

048 特定の文字列で開始・終了しているかを調べたい

| String | startsWith | endsWith | | 6 | 7 | 8 | 11 |

関連	—
利用例	文字列が調べたい文字列で始まっているか確認する場合 文字列が調べたい文字列で終わっているか確認する場合

引数に指定した文字列で始まっているかを調べる場合はString#startsWith()メソッドを、終わっているかを調べる場合はString#endsWith()メソッドを使います。

●文字列が期待する文字列で始まっているか、終わっているか

```java
String source = "Hello World.";

// 文字列が"Hello"で始まっているか？
boolean result1 = source.startsWith("Hello"); // => true

// 文字列が"World"で終わっているか？
boolean result2 = source.startsWith("World"); // => false

// 文字列が"World."で終わっているか？
boolean result3 = source.endsWith("World."); // => true
```

049 特定の文字列が含まれているか知りたい

| String | indexOf | lastIndexOf | | 6 | 7 | 8 | 11 |

関連	―
利用例	文字列の中で、調べたい文字列が何文字目から始まっているか知りたい場合 文字列に、期待する文字列が含まれているか知りたい場合

　String#indexOf()メソッドを使うと、前方から文字列を検索し、最初にヒットした文字列のインデックスを返します。ヒットしない場合は、-1を返します。第2引数を指定した場合、指定したインデックス以降の文字列を検索します。

　また、String#lastIndexOf()メソッドは、後方から文字列を検索し、最初にヒットした文字列のインデックスを返します。第2引数を指定した場合、指定したインデックス以前の文字列を検索します。

● 文字列に特定の文字列が含まれているかを調べる

```
String source = "Hello World. World is Wonderful.";

// "World"が最初に登場するインデックス
int result1 = source.indexOf("World"); // => 6

// "World"が8文字目以降で最初に登場するインデックス
int result2 = source.indexOf("World", 7); // => 13

// "Java"が最初に登場するインデックス
int result3 = source.indexOf("Java"); // => -1（登場しない）

// "World"を後方から検索して最初に登場するインデックス
int result4 = source.lastIndexOf("World"); // => 13

// "World"が12文字目以前で最後に登場するインデックス
int result5 = source.lastIndexOf("World", 12); // => 6
```

050 大文字と小文字を変換したい

| String | toUpperCase | toLowerCase | | 6 | 7 | 8 | 11 |

関連	—
利用例	文字列をすべて小文字または大文字に統一する場合

大文字に統一する場合はString#toUpperCase()メソッドを、小文字に統一する場合はString#toLowerCase()メソッドを使います。

●文字列の大文字／小文字を統一する

```java
String source = "Hello World.";

// 大文字に変換
String result1 = source.toUpperCase(); // => "HELLO WORLD."

// 小文字に変換
String result2 = source.toLowerCase(); // => "hello world."
```

MEMO

051 文字列の前後の空白を削除したい

| String | trim | | | 6 | 7 | 8 | 11 |

関 連	ー
利用例	文字列の前後にある無駄な空白を削除する場合

String#trim()メソッドを使います。

文字列の前後にある半角スペース、タブ、改行を削除できます（全角スペースは削除されません）。ただし、削除されるのは前後の空白のみで、文字列中の空白は削除しません。

● 文字列の前後の空白を削除する

```
// 前後の空白を削除
String result = "    Hello World.   ".trim(); // => "Hello World."
```

MEMO

052 文字列に変数を埋め込みたい

| String | format | | 6 | 7 | 8 | 11 |

| 関連 | 147 | 日付を文字列にフォーマットしたい | P.254 |
| 利用例 | メッセージの一部を後から置換して完成させる場合 | | |

　String#format()メソッドを使うと、C言語のprintf関数のように書式付き文字列を使ったフォーマット文字列を作ることができます。

　指定できるフォーマットには、表2.12のようなものがあります。これらの書式文字列の前に"%"を付けて文字列に記述しておくと、その位置に変数の値がフォーマットされて埋め込まれます。また、大文字と小文字が指定できる書式文字列で大文字を指定した場合、toUpperCase()メソッドで大文字に変換された値が埋め込まれます。

表2.12 formatに指定できる主な書式

書式	分類	説明
bまたはB	真偽値	boolean型を指定する
hまたはH	16進数	16進数を指定する
sまたはS	文字列	文字列を指定する
cまたはC	文字	文字を指定する
d	整数	10進整数として書式設定される
o	整数	8進整数として書式設定される
xまたはX	整数	16進整数として書式設定される
eまたはE	浮動小数点	浮動小数点10進数として書式設定される
f	浮動小数点	10進数として書式設定される
gまたはG	浮動小数点	四捨五入されて書式設定される
aまたはA	浮動小数点	指数付きで書式設定される
tまたはT	日時・時刻	日時や時刻を書式設定するときに、文字の前に指定する
B	日付	ロケール固有の月の完全な名前（Januaryなど）
A	日付	ロケール固有の曜日の完全な名前（Sundayなど）
Y	日付	年
m	日付	月
d	日付	日
k	時刻	24時間制の時
l	時刻	12時間制の時
M	時刻	分
S	時刻	秒
%	パーセント	パーセントを表示する
n	改行	改行文字を表示する

書式付き文字列では、引数をインデックスで指定することもできます。1つ目の引数は1$、2つ目の引数は2$のように指定します。＜を使うと直前の引数を指定できます。

● 文字列に変数を埋め込む

```
String str = "String";
boolean b = true;
int i = 127;
Date now = new Date();

// 文字列を埋め込み
String result1 = String.format("文字列の書式: %s", str);
        // => "文字列の書式: String"

// 真偽値を埋め込み
String result2 = String.format("booleanの書式大文字: %B", b);
        // => "booleanの書式大文字: TRUE"

// 整数を埋め込み、4つ目は5桁で0を埋める。
String result3 = String.format("整数の書式: %d %o %x %05d", i, i, i, i);
        // => "整数の書式: 127 177 7f 00127"

// 浮動小数を埋め込み、%1$などで絶対引数インデックスを指定
String result4 = String.format(
    "浮動小数点の書式: %4$e %3$f %2$g %1$a", 127.01, 127.02, 127.03, 127.04);
        // => "浮動小数点の書式:
        //     1.270400e+02 127.030000 127.020 0x1.fc0a3d70a3d71p6"

// 日付を埋め込み、%<で相対インデックスを指定して直前の引数と同じものを利用
String result5 = String.format(
    "日時の書式: %tY年 %<tB %<td日 %<tk時 %<tM分 %<tS秒", now);
        // => "日時の書式: 2013年 8月 04日 15時 30分 18秒"
```

053 文字コードを変更したい

`String` | `getBytes` | `Charset`   6 7 8 11

関　連	—
利用例	文字コードを統一させる場合

文字列の文字コードを変換するには、String#getBytes()メソッドを使ってバイト配列に一旦変換する必要があります。このとき、文字コードを直接指定する方法と、文字コードを表すjava.nio.charset.Charsetオブジェクトで指定する方法の2通りがあります。

●文字コードを変換する

```java
// 文字コードを直接指定してバイト配列を取得
try {
    byte[] bytes = "こんにちわ　世界".getBytes("UTF8");
} catch (UnsupportedEncodingException e) {
    e.printStackTrace();
}

// Charsetで文字コードを指定してバイト配列を取得
Charset cs = Charset.forName("UTF-8");
byte[] bytes = "こんにちわ　世界".getBytes(cs);
```

文字コードを直接指定するgetBytes()メソッドは、不正な文字コードを指定するとjava.io.UnsupportedEncodingExceptionをスローします。この例外は検査例外なので、上記のサンプルのように適切な例外処理を行なう必要があります。これに対しCharsetを使う場合、Charset#forName()メソッドに不正な文字コードを指定すると、java.nio.charset.UnsupportedCharsetExceptionがスローされます。この例外は実行時例外なので、明示的にtry～catchを行なう必要はありません。

Javaで扱うことができる代表的な文字コードには、表2.13のようなものがあります。

表2.13　指定できる主な文字コード

名称	説明
UTF-8	8ビットUnicode
UTF-16	16ビットUnicode オプションバイト順マークのバイト順
UTF-16BE	16ビットUnicodeビッグエンディアンバイト順
UTF-16LE	16ビットUnicodeリトルエンディアンバイト順
Shift_JIS	Windowsなどで多く用いられる日本語文字エンコード
windows-31j	Windows系OSの標準文字エンコード 機種依存文字にも対応
EUC-JP	UNIX、Linuxで多く用いられる日本語文字エンコード
ISO-2022-JP	インターネット、e-mailなどで多く用いられる日本語文字エンコード

2.7 文字列操作

> **NOTE**
> **Javaで指定可能な文字コード**
> Javaで指定可能な文字コードの詳細については、以下を確認してください。
>
> https://docs.oracle.com/javase/jp/8/docs/technotes/guides/intl/encoding.doc.html

COLUMN　文字コードの指定にStandardCharsetsを使う

Java 7以降であれば、java.nio.charset.StandardCharsetsクラスに定義されている定数を使って安全に文字コード指定することもできます。ただし、指定できる文字コードは、UTF_8、UTF_16、UTF_16BE、UTF_16LE、US_ASCII、ISO_8859_1に限られます。

●StandardCharsetsで文字コードを指定する

```
byte[] bytes = "こんにちわ　世界".getBytes(StandardCharsets.UTF_8);
```

054 文字列を数値に変換したい

| String | parseInt | valueOf | | 6 | 7 | 8 | 11 |

関連	—
利用例	ファイルなどから読み込んだ文字列を数値に変換する場合

　Integer#parseInt()メソッド、Long#parseLong()メソッド、Double#parseDouble()メソッドなどを使うことで、文字列を数値に変換できます。逆に数値を文字列に変換する場合は、String#valueOf()メソッドを使います。

　なお、parseInt()などのメソッドに対して変換できない文字列を渡すと、実行時例外であるNumberFormatExceptionがスローされます。文字列が数値に変換できない可能性がある場合は、この例外をキャッチして例外処理を行なうことができます。

●文字列と数値を変換する

```
try{
    // 文字列を数値に変換する
    int i = Integer.valueOf("1");

} catch(NumberFormatException e){
    // 実行時エラー NumberFormatExceptionがスローされる
    e.printStackTrace();
}

// 数値を文字列に変換する
String str = String.valueOf(1);
```

055 文字列が正規表現に一致するか調べたい

`Pattern` | `Matcher` | `compile` | `matcher` | `matches`   6 7 8 11

関連	―
利用例	文字列に正規表現で表した文字列が存在するか知りたい場合

　Javaでも他の一般的なプログラミング言語と同じように正規表現を使うことができます。Javaで正規表現を使うときには、次の2つのクラスを使います。

- java.util.regex.Pattern …… 正規表現を文字列で指定して、正規表現自体を表すクラス
- java.util.regex.Matcher …… コンパイル済みのPatternオブジェクトを受け取り、検索結果を受け取るクラス

　Patternクラスに指定できる正規表現のうち、よく使われるものを表2.14に示します。

表2.14　よく使われる正規表現

正規表現構文	意味
文字	文字
^	行の先頭
$	行の末尾
¥A	文字列の先頭
¥z	文字列の末尾
.	任意の1文字
X*	文字の0回以上の並び
X?	文字の1または0回の並び
X+	文字の1回以上の並び
X{n}	文字のn回の並び
X{n,}	文字のn回以上の並び
X{n,m}	文字のn回以上m回以下の並び
[abc]	a、b、cのいずれか
[^abc]	a、b、cのいずれでもない（否定）
[a-zA-Z]	a〜z、A〜Zのいずれか（範囲）
¥d	数字
¥D	数字以外
¥s	空白文字
¥S	空白文字以外
[¥u3040-¥u309F]	ひらがな（¥u3040-¥u309F）のいずれか（範囲）
[¥u30A0-¥u30FF]	全角カタカナ（¥u30A0-¥u30FF）のいずれか（範囲）
[¥uFF65-¥uFF9F]	半角片仮名（¥uFF65-¥uFF9F）のいずれか（範囲）
[¥u0020-¥u007E¥uFF61-¥uFF9F]	半角英数記号と半角片仮名（¥uFF61 〜 ¥uFF64）と。「」、のいずれか（範囲）
[0-9]	数字の0〜9のいずれか（範囲）

Patternクラスは、compile()メソッドで生成します。compile()メソッドには、第2引数に表2.15のようなフラグを指定できます。

表2.15　compile時に指定できる主なフラグ

フラグ	意味
CASE_INSENSITIVE	大文字と小文字を区別しないマッチング
UNICODE_CASE	Unicodeに準拠した大文字と小文字を区別しないマッチング
MULTILINE	複数行モード（^と$は、それぞれ行末記号または入力シーケンスの末尾の直後または直前にマッチ）
DOTALL	DOTALLモード（.は行末記号を含む任意の文字にマッチ）
UNIX_LINES	Unixラインモード（行末記号以外は、.、^、$の動作で認識されない）
COMMENTS	パターン内で空白とコメントを使用できるようにする。このモードでは、空白は無視され、#で始まる埋め込みコメントは行末まで無視される

文字列が正規表現に一致するかどうかを調べたいときは、Matcherクラスのmatches()メソッドを使います。

●文字列が正規表現に一致するか調べる

```java
// 正規表現
Pattern pattern = Pattern.compile(".*many.*");

// Matcherオブジェクトを取得
Matcher matcher = pattern.matcher("Java Recipe has many Recipes!!");

// 文字列が正規表現に一致するかどうかを取得
boolean result = matcher.matches(); //=> true
```

> **NOTE**
>
> **正規表現のエスケープ**
>
> 正規表現では、*や?などの特殊文字を使ってパターンを指定しますが、これらの文字にマッチさせたい場合は¥でエスケープする必要があります。
>
> ```java
> // 行頭が[INFO]で始まっているかどうかを調べる正規表現
> Pattern pattern = Pattern.compile("^¥¥[INFO¥¥]");
>
> Matcher matcher = pattern.matcher("[INFO]info message");
> boolean result = matcher.find(); // => true
> ```
>
> また、次のように¥Qと¥Eで囲むことで、囲んだ部分をエスケープすることもできます。エスケープしなくてはならない文字が多い場合はこちらの方法が便利です。
>
> ```java
> Pattern pattern = Pattern.compile("^¥¥Q[INFO]¥¥E");
> ```

056 文字列を正規表現で検索したい

| Matcher | find | group |

| 関連 | 055 文字列が正規表現に一致するか調べたい　P.097 |
| 利用例 | 文字列に特定のパターンが含まれているかを調べる場合 |

Matcher#find()メソッドを使います。
find()メソッドは、文字列の先頭から検索を行ない、ヒットする場合はtrueを返します。また、呼び出すごとにヒットした箇所から後方へ検索し、それ以上ヒットする部分がなくなると、falseを返します。
また、Matcher#group()メソッドでヒットしている部分の文字列を取得できます。

● 正規表現で文字列を検索する

```
// 検索する正規表現
Pattern pattern = Pattern.compile("Recipe.");

// "Java Recipe has many Recipes!!"を検索
Matcher matcher = pattern.matcher("Java Recipe has many Recipes!!");

// 正規表現にヒットした単語の取り出し
// find()メソッドがfalseを返すまでループ
while (matcher.find()) {
    // group()メソッドを呼び出して、正規表現にヒットした文字列を取り出す
    String group = matcher.group();
    System.out.println(group); // => 一度目は"Recipe "、二度目は"Recipes"
}
```

正規表現では、( )で囲んだ範囲をグループ化できます。Matcher#group(int)メソッドに引数を渡すことで、特定のグループにマッチした部分を取り出すことができます。

● マッチした文字列の一部を取得

```
// 2つのグループを含む正規表現
Pattern pattern = Pattern.compile("(.*):(.*)");

// "Java Recipe : many Recipes!!"を検索
Matcher matcher = pattern.matcher("Java Recipe : many Recipes!!");

// 正規表現にヒットした単語の取り出し
if (matcher.find()) {
```

```
    // group()メソッドに0を渡すと全体を取得
    System.out.println(matcher.group(0)); // => "Java Recipe : many Recipes!!"
    // 1つ目のグループにマッチした部分を取得
    System.out.println(matcher.group(1)); // => "Java Recipe "
    // 2つ目のグループにマッチした部分を取得
    System.out.println(matcher.group(2)); // => " many Recipes!!"
}
```

> **NOTE**
>
> **行の先頭、末尾、文字列の先頭、末尾を意識しよう**
>
> 　Javaの正規表現において、行の先頭を表す^と末尾を表す$は、デフォルトでは対象の文字列全体の先頭と末尾にだけマッチします。ただし、PatternのフラグにMULTILINEを指定した場合は、行ごとに先頭と末尾にマッチするようになります。この場合、文字列全体の先頭もしくは末尾にマッチさせるには、\Aもしくは\zを使います。正規表現に改行が混ざる場合は、動作の違いを意識しましょう。
>
> ●MULTILINEオプションを付けたときの違い
>
> ```
> // 正規表現
> Pattern pattern2 = Pattern.compile("^many.*");
> // Matcherオブジェクトを取得、対象文字列は改行あり
> Matcher matcher2 = pattern2.matcher("Java Recipe has \nmany Recipes!!");
> System.out.println(matcher2.find()); // => false
> // 正規表現
> Pattern pattern = Pattern.compile("^many.*", Pattern.MULTILINE);
> // Matcherオブジェクトを取得、対象文字列は改行あり
> Matcher matcher = pattern.matcher("Java Recipe has \nmany Recipes!!");
> System.out.println(matcher.find()); // => true
> ```

057 文字列を正規表現で置換したい

`Matcher` | `appendReplacement` | `appendTail` | `find`
`replaceAll` | `replaceFirst`

6 7 8 11

関　　連	055 文字列が正規表現に一致するか調べたい　P.097
利 用 例	文字列の特定パターンに一致する部分を置換する場合

　正規表現で置換を行なうには、表2.16のMatcherクラスのメソッドを組み合わせて使います。

表2.16 Matcherクラスの置換のためのメソッド

メソッド	説明
Matcher appendReplacement(StringBuffer sb, String replacement)	検索にヒットするごとに文字を置換する場合に、find()メソッドと組み合わせて使う。第1引数に渡すStringBufferに、置換後の文字列が追加される
StringBuffer appendTail(StringBuffer sb)	appendReplacement()メソッドでの置換処理を行なった後、検索に最後にヒットした部分以降の文字列を、引数に渡すStringBufferに追加する
boolean find()	検索にヒットしたかどうか判定する場合に使う。find()メソッドは、boolean型で検索にヒットした場合はtrueを、しなかった場合はfalseを返す。また、find()メソッドを呼び出すごとに文字列がヒットした場合、次のシーケンスに移動する
String replaceAll(String replacement)	検索にヒットした文字列をすべて置換する
String replaceFirst(String replacement)	検索に最初にヒットした文字列を置換する
Matcher reset()	find()、replaceAll()、replaceFirst()メソッドの使用によって進んでしまったMatcherオブジェクトのシーケンスを初期化する

●正規表現を使った置換

```
// 置換後の文字列
String replaceString = "レシピ ";
// Patternをコンパイル
Pattern pattern = Pattern.compile("Recipe.");
// 検索結果をMatcherに格納
Matcher matcher = pattern.matcher("Java Recipe has many Recipes!!");
```

```java
// 最初にヒットした文字列だけを置換
String result1 = matcher.replaceFirst(replaceString);
System.out.println(result1); // => "Java レシピ has many Recipes!!"

// 移動したmatcherのシーケンスをリセット
matcher.reset();

// ヒットした文字列すべてを置換
String result2 = matcher.replaceAll(replaceString);
System.out.println(result2); // => "Java レシピ has many レシピ !!"

// 移動したmatcherのシーケンスをリセット
matcher.reset();

// ヒットするごとに処理を実施
StringBuffer replacedString = new StringBuffer();
while (matcher.find()) {
    // ヒットした対象を置換
    matcher.appendReplacement(replacedString, replaceString);
}
// 検索に最後にヒットした部分以降の検索対象文字列を結合
String result3 = matcher.appendTail(replacedString);
System.out.println(result3); // => "Java レシピ has many レシピ !!"
```

COLUMN　Stringクラスだけで手軽に正規表現を使う

　Stringクラスでは、String#replaceAll()メソッドやString#replaceFirst()メソッドを使うことで、手軽に正規表現を扱うことができます。置換文字列では、正規表現に一致した部分を$0などで参照できます。$0はマッチした文字列全体、$1や$2は正規表現のグループです。

●Stringクラスで手軽に正規表現を使う

```java
String target = "Java Recipe has many Recipes!!";
String result = target.replaceAll("Recipe.", "レシピ ");
System.out.println(result); // => "Java レシピ has many レシピ !!"

String result2 = target.replaceFirst("Recipe.", "レシピ ");
System.out.println(result2); // => "Java レシピ has many Recipes!!"

String result3 = target.replaceAll("Recipe","$0 is Great ");
System.out.println(result3);
    // => Java Recipe is Great has many Recipe is Great s!!
```

058 数値処理をしたい

`Math | abs | sqrt | pow | max | min | round | ceil | floor` 6 7 8 11

関連	—

利用例	絶対値や最大値・最小値を取得する場合 三角関数を使って計算する場合 平方根や累乗を計算する場合 最大値・最小値を計算する場合 小数の四捨五入・切り上げ・切り捨てを行なう場合

Mathクラスに定義されているstaticメソッド（表2.17）を使います。

表2.17 Mathクラスの主なメソッド

メソッド名	説明
abs	指定された値の絶対値を返す
acos	指定された値の逆余弦（アークコサイン）を返す
asin	指定された値の逆正弦（アークサイン）を返す
atan	指定された値の逆正接（アークタンジェント）を返す
cos	指定された角度の余弦（コサイン）を返す
cosh	double値の双曲線余弦を返す
sin	指定された角度の正弦（サイン）を返す
sinh	double値の双曲線正弦を返す
tan	指定された角度の正接（タンジェント）を返す
tanh	double値の双曲線正接を返す
toDegrees	ラジアンで計測した角度を、相当する度に変換する
toRadians	度で計測した角度を、相当するラジアンに変換する
sqrt	指定された値の平方根を返す
pow	第1引数を第2引数で累乗した結果をdoubleで返す
max	第1引数と第2引数を比較し、大きいほうを返す
min	第1引数と第2引数を比較し、小さいほうを返す
round	指定された値を四捨五入して返す
ceil	指定された値を切り上げて返す
floor	指定された値を切り捨てて返す
addExact (Java 8以降)	指定された値（intやlong）を加算し、オーバーフローする場合ArithmeticExceptionをスローする
subtractExact (Java 8以降)	指定された値（intやlong）を減算し、オーバーフローする場合ArithmeticExceptionをスローする
multiplyExact (Java 8以降)	指定された値（intやlong）を積算し、オーバーフローする場合ArithmeticExceptionをスローする
toIntExact (Java 8以降)	指定された値（long）をintに変換し、intがオーバーフローする場合ArithmeticExceptionをスローする

● 数値処理

```java
// 絶対値を計算する
int result1 = Math.abs(-12);         // => 12
double result2 = Math.abs(-12.34); // => 12.34

// 三角関数を計算する
double result1 = Math.sin(45);
double result2 = Math.cos(30);
double result3 = Math.tan(75);

// 平方根を求める
double result = Math.sqrt(9); // => 3.0

// 累乗を求める
double result = Math.pow(2, 3); // => 8.0

// 最大値を求める
int result = Math.max(5, 3); // => 5

// 最小値を求める
int result = Math.min(5, 3); // => 3

// 四捨五入する
double result1 = Math.round(0.49); // => 0
double result2 = Math.round(0.51); // => 1

// 切り上げする
double result = Math.ceil(1.09); // => 2.0

// 切り捨てする
double result = Math.floor(1.09); // => 1.0

// オーバーフローが予想される場合に加算する
int result = Math.addExact(Integer.MAX_VALUE, 1);
    // => ArithmeticException: integer overflowがスロー

// オーバーフローが予想される場合にlongをintに変換
int result = Math.toIntExact(Long.MAX_VALUE);
    // => ArithmeticException: integer overflowがスロー
```

059 数値を任意の形式にフォーマットしたい

| NumberFormat | DecimalFormat | | 6 | 7 | 8 | 11 |

関連	280 メッセージを国際化したい P.472
利用例	数値を3桁ごとにカンマ (,) で区切る場合 マイナスを-ではなく▲で表示する場合

通貨など一般的なフォーマットに整形するjava.text.NumberFormatクラスと、より柔軟に整形するjava.text.DecimalFormatクラスを使う2つの方法があります。

NumberFormatクラスを使う

標準的なフォーマットについては、表2.18のようにフォーマットを生成するメソッドが用意されています。これらのメソッドでNumberFormatオブジェクトを取得し、format()メソッドを呼び出すことで、フォーマットした文字列を取得できます。

表2.18 NumberFormatクラスで用意されているメソッド

メソッド名	説明
getInstance()	汎用数値フォーマット
getIntegerInstance()	汎用整数値フォーマット
getCurrencyInstance()	通貨フォーマット
getPercentInstance()	パーセントフォーマット

●NumberFormatで整形する

```
// 整数値をフォーマット
String result1 = NumberFormat.getIntegerInstance().format(1000000);
    // => "1,000,000"
// 通貨形式にフォーマット
String result2 = NumberFormat.getCurrencyInstance().format(1000000);
    // => " ￥1,000,000"
// パーセント形式にフォーマット
String result3 = NumberFormat.getPercentInstance().format(0.8); // => "80%"
```

また、メソッドの引数にjava.util.Localeオブジェクトを指定すると、指定されたLocaleが示す言語・地域のフォーマットルールに変更されます。例えば、Locale.USを指定すると、通貨フォーマットは＄表記となります。

```
Locale locale = Locale.US;
String result = NumberFormat.getCurrencyInstance(locale).format(1000000);
    // => "$1,000,000"
```

DecimalFormatクラスを使う

「6桁に満たないとき（例：" 123"）は、0を挿入して必ず6桁（例：" 000123"）にする」など、数値を任意の形式にフォーマットするにはDecimalFormatを使います。フォーマットルールには、表2.19のものが指定できます。

表2.19　DecimalFomartで指定できる主なフォーマット

文字	意味
0	数字
#	数字。ゼロの場合表示されない
,	数値の桁区切り文字
-	マイナス記号
;	正の数と、負の数のパターンを切り替える
'	特殊な文字を引用符で区切る。例えば、" #'#" を指定すると、123は" #123" にフォーマットされる。

フォーマットルールを指定したDecimalFormatオブジェクトを生成し、format()メソッドを呼び出すことで、数値をフォーマットルールに従ってフォーマットした文字列を取得できます。

●DecimalFormatで整形する

```
DecimalFormat zeroDF = new DecimalFormat("000,000");
String result1 = zeroDF.format(1234); // => "001,234"

DecimalFormat negativeDF = new DecimalFormat("###,###;▲###,###");
String result2 = negativeDF.format(-1234); // => "▲1,234"
```

060 乱数を生成したい

| Math | random | 6 7 8 11 |

| 関連 | ― |
| 利用例 | 乱数を発生させて一意なIDを振る場合 |

Math#random()メソッドを使います。このメソッドは、0～1のdouble値を返します。

初回にrandom()メソッドが呼び出されたときに疑似乱数ジェネレータが生成され、その後のrandom()メソッドの呼び出しに使われます。

●乱数を生成する
```
// 乱数が発生するため、実行ごとに結果は異なる。
double result1 = Math.random();
double result2 = Math.random();
```

> **NOTE**
>
> **セキュリティを意識したケースではSecureRandomを使おう**
>
> Mathクラスのrandom()メソッドでは、線形合同法というアルゴリズムを元に乱数を発生させています。そのため、出力される値からシードを予測し、次の値を推測することが可能です。より複雑な乱数を生成するには、java.security.SecureRandomクラスを使いましょう。
>
> ●SecureRandomを使った乱数生成
> ```
> // nextInt()メソッドでランダムな整数を取得
> Random r1 = new SecureRandom();
> int value1 = r1.nextInt();
> int value2 = r1.nextInt();
>
> // アルゴリズムを指定して乱数を生成
> Random r2 = SecureRandom.getInstance("SHA1PRNG");
> int value3 = r2.nextInt();
> int value4 = r2.nextInt();
>
> // Java 8からは一番安全なアルゴリズムを自動的に選択できる
> Random r3 = SecureRandom.getInstanceStrong();
> ```

061 丸め誤差の発生しない計算を行ないたい

BigDecimal	6 7 8 11
関　連	—
利 用 例	金利や金額など細かい数値計算が必要な場合

java.math.BigDecimalクラスを使います。

intやfloat、doubleなどのJavaの数値型は、内部では2進数として処理されています。そのため、「1.1 ＋ 2.2」などのように2進数では処理しきれない数値計算を行なった場合、丸め処理が行なわれます。この丸め処理によって生じる誤差を丸め誤差といいます。

金額の計算など誤差が許されないケースでは、BigDecimalを使うことで丸め誤差の発生を防ぐことができます。BigDecimalで四則演算を行なうには、表2.20のメソッドを使います。

表2.20　BigDecimalで四則演算を行なうためのメソッド

メソッド	説明
add(BigDecimal)	加算
subtract(BigDecimal)	減算
multiply(BigDecimal)	乗算
divide(BigDecimal)	除算

BigDecimal#divide()メソッドで小数の除算を行なう場合、第2引数で小数第何位までを有効とするか、第3引数で表2.21のように四捨五入するか切り捨てるかなどを指定できます。

表2.21　BigDecimal#divide()メソッドに指定するオプション

メソッド	説明
RoundingMode.CEILING	正の無限大に近づくように丸めるモード
RoundingMode.DOWN	0に近づくように丸めるモード
RoundingMode.FLOOR	負の無限大に近づくように丸めるモード
RoundingMode.HALF_UP	「もっとも近い数字」に丸めるモード。いわゆる四捨五入
RoundingMode.UNNECESSARY	丸めを行なわないモード。もし丸めが必要な場合はArithmeticExceptionをスローする
RoundingMode.UP	0から離れるように丸めるモード

2.9 数値処理

● BigDecimalを使って四則演算を行なう

```java
// BigDecimalのインスタンスを生成
BigDecimal bd = new BigDecimal("1.1");

// BigDecimalの足し算、引き算、掛け算
BigDecimal bdAdd      = new BigDecimal("2.2").add(bd);      // => 3.3
BigDecimal bdSubtract = new BigDecimal("2.2").subtract(bd); // => 1.1
BigDecimal bdMultiply = new BigDecimal("2.2").multiply(bd); // => 2.42

// 割り算は小数第5位で四捨五入
BigDecimal bdDivide = new BigDecimal("2.2")
    .divide(bd, 4, RoundingMode.ROUND_HALF_UP); // => 2.0000
```

> **NOTE**
>
> **BigDecimalとfloat、doubleの使い分け**
>
> BigDecimalを使うことで丸め誤差を防ぐことができますが、BigDecimalはfloatやdoubleでの計算と比較すると処理に時間がかかってしまうという欠点があります。そのため、計算の精度が求められる場合のみBigDecimalを使用する、といった使い分けが必要です。

062 符号なしの整数を扱いたい

| toUnsignedString | divideUnsigned | remainderUnsigned |
| parseUnsignedInt | parseUnsignedLong |

| 関　連 | 012 | Javaのデータ型について知りたい | P.028 |
| 利用例 | 大きな値の計算を行なう場合 |

　Java 8からは、intとlongを符号なしの整数として扱うためのメソッドが、IntegerクラスとLongクラスのstaticメソッドとして追加されています。
　通常のintは32ビット、longは64ビットを使って正負の数を表現し、これを符号付き整数といいます。これに対し、符号なし整数は、intの場合32ビット、longの場合64ビットすべてを使用して正の整数のみを表現します。正の整数に限ると、同じビット数でも符号付き整数よりも多くの範囲を扱うことができるため、大きな値の計算に使用できます。
　符号なし整数の四則演算のうち、加算・減算・乗算は、通常の整数と同じように組み込みの算術演算子を使って行ないます。値を表示する場合は、IntegerやLongクラスのtoUnsignedString()メソッドで文字列に変換したものを表示します。

●intやlongを符号なし整数として扱う

```java
// intの最大値（2147483647）に対して加算する
int a = Integer.MAX_VALUE + 1;

// そのまま表示すると桁あふれを起こし負の数として表示される
System.out.println(a); // => -2147483648

// Integer#toUnsignedString()で符号なし整数として表示すると正しい結果が表示される
System.out.println(Integer.toUnsignedString(a)); // => 2147483648

// longの最大値（9223372036854775807）に対して加算する
long b = Long.MAX_VALUE + 1;

// そのまま表示すると桁あふれを起こし負の数として表示される
System.out.println(b); // => -9223372036854775808

// Long#toUnsignedString()で符号なし整数として表示すると正しい結果が表示される
System.out.println(Long.toUnsignedString(b)); // => 9223372036854775808
```

除算および剰余については、IntegerクラスまたはLongクラスの、divideUnsigned()メソッドやremainderUnsigned()メソッドを使う必要があります。これは除算および剰余の演算では、計算対象の値を符号付き整数とみなすか、符号なし整数とみなすかで計算結果が変わってしまう場合があるためです。

●符号なし整数の除算と剰余

```java
int a, b = …

// 除算
int c = Integer.divideUnsigned(a, b);
// 剰余
int d = Integer.remainderUnsigned(a, b);
```

Integer#parseUnsignedInt()メソッドやLong#parseUnsignedLong()メソッドで、文字列を符号なし整数に変換することもできます。符号なし整数は正の数しか扱うことができないため、負の数を表す文字列を与えるとNumberFormatExceptionがスローされます。

●文字列を符号なし整数に変換

```java
// 文字列を符号なし整数としてintに変換
int a = Integer.parseUnsignedInt("2147483648");

// 文字列を符号なし整数としてlongに変換
long b = Long.parseUnsignedLong("9999999999999999999");

// 負の数を示す文字列を与えると例外が発生する
int c = Integer.parseUnsignedInt("-100"); // => NumberFormatException
```

> **NOTE**
>
> **符号付き整数の範囲内で計算する場合**
>
> Java 8以降での符号なし整数のサポートは、「符号付き整数と同じデータ型を使用し、整数型のオーバーフローを利用して表示時にだけ変換を行なう」というものです。そのため、変数が符号付きの整数を表しているのか、符号なし整数を表しているのかをプログラマが意識して使い分ける必要があります。
>
> MathクラスのaddExact()、subtractExact()、multiplyExact()、toIntExact()といったメソッド レシピ058 は、符号付き整数で表現できる範囲をオーバーフローした場合に例外をスローします。明示的に符号付き整数の表現できる範囲内で計算を行なうことを保証したい場合は、これらのメソッドを使うとよいでしょう。

COLUMN　ラムダ式の交差型キャスト

レシピ037 で説明したように、ラムダ式は次のように引数と戻り値の型が一致する関数型インターフェースのインスタンスとして扱うことができます。

```
Runnable runnable = () -> System.out.println("Hello World!");
```

次のようにラムダ式のキャストには&を使うことができ（&は複数指定可能）、ラムダ式に対して複数のインターフェースを追加できます。

```
// Serializableを実装することでシリアライズ可能なインスタンスになる
Object lambda1 = (Runnable & Serializable) () -> …

// デフォルトメソッドを含むインターフェースを実装
Object lambda2 = (Runnable & Type) () -> …
// キャストしてデフォルトメソッドを呼び出し
String typeName = ((Type) lambda2).getTypeName();
```

このように、ラムダ式のキャスト時に型を合成（実装）することを交差型キャストと呼びます。ただし、&で複数の型を指定する場合、同じシグネチャの関数型インターフェースである必要があります。そうでない場合は、コンパイルエラーになります。

MEMO

PROGRAMMER'S RECIPE

第 03 章

クラス・インターフェース

063 クラスを使いたい

| class | コンストラクタ | インスタンス | メソッド | フィールド | 6 | 7 | 8 | 11 |

| 関連 | — |
| 利用例 | Javaでプログラミングをする場合 |

classキーワードを使ってクラスを定義します。クラス内部には、メソッドやフィールドなどを定義します。クラスを構成する要素のうち、メソッドやフィールドのことをクラスのメンバと呼びます。

構文 クラスの定義

```
アクセス修飾子 class クラス名 {
    アクセス修飾子 型 フィールド名 = 値;

    アクセス修飾子 戻り値の型 メソッド名(引数の型 引数名, ...) {
        ... 処理 ...
        return 戻り値;
    }
}
```

● クラスの定義例

```java
public class HelloWorld {
    // 初期値ありのフィールド
    private String message = "Hello ";

    // 初期値なしのフィールドは、型に応じたデフォルト値となる
    private int f1;         // => 0
    private String f2;      // => null

    // 戻り値ありのメソッド
    public String getHello(String name) {
        // return文を使って戻り値を返す
        return message + name;
    }

    // 戻り値なしのメソッドは、戻り値の型にvoidを指定する
    public void printHello(String name) {
        // return文は省略可能
        System.out.println(message + name);
    }
}
```

3.1 クラスとインターフェース

定義したクラスを使うには、new演算子を使います。new演算子を使って生成したオブジェクトをインスタンスと呼びます。

● クラスを使う

```java
// クラスのインスタンス化
HelloWorld instance = new HelloWorld();

// メソッドを呼び出す
String result = instance.getHello("Takako");
instance.printHello("Takako");
```

コンストラクタ

インスタンスは「new クラス名()」のように生成しますが、このとき呼び出しているのがコンストラクタです。コンストラクタでは、主にクラスの初期化を行ないます。

構文 コンストラクタの定義

```
アクセス修飾子 クラス名(引数の型 引数名, ...) {
    ... 初期化処理 ...
}
```

● コンストラクタの定義例

```java
public class ConstructorSample {
    private String str;

    // 引数なしのコンストラクタ
    public ConstructorSample() {
        this("default");
    }

    // 引数ありのコンストラクタ
    public ConstructorSample(String str) {
        this.str = str;
    }
}
```

引数は、インスタンス生成時に指定したものがコンストラクタに渡されます。

```java
// 引数ありのコンストラクタを使ってインスタンス化
ConstructorSample instance = new ConstructorSample("引数あり");
```

> **NOTE**
>
> **デフォルトコンストラクタ**
>
> 先ほどのHelloWorldクラスにはコンストラクタを定義していませんが、インスタンスを生成できました。これは暗黙で引数なしのコンストラクタが用意されているためです。これをデフォルトコンストラクタと呼びます。デフォルトコンストラクタは、コンストラクタを1つも定義していない場合のみ作成されます。よって、1つでもコンストラクタを定義した場合、デフォルトコンストラクタは作成されません。

COLUMN　thisとは？

thisは自分自身のインスタンスを表します。例えば「this.フィールド名」で自分自身のフィールドを参照できます。また、コンストラクタ内では「this(引数)」のようにして、自分自身に定義されている別のコンストラクタを参照することもできます。

ただし、コンストラクタから別のコンストラクタを呼び出す場合は、コンストラクタの先頭で呼び出す必要があります。

●別のコンストラクタの呼び出し

```java
public class ConstructorSample {

    private String name;
    private String gender;

    public ConstructorSample(){
        // これはOK
        this("unknown", "unknown");
    }

    public ConstructorSample(String name){
        // 別のコンストラクタの呼び出し前に処理があるのでコンパイルエラー
        System.out.println(name);
        this(name, "unknown");
    }

    public ConstructorSample(String name, String gender){
        this.name = name;
        this.gender = gender;
    }

}
```

064 インターフェースを使いたい

interface	implements		6	7	8	11
関連	—					
利用例	—					

　interfaceキーワードを使ってインターフェースを定義します。インターフェース内部には、抽象メソッドと定数のみを定義できます。Java 8以降であれば、デフォルト実装したメソッドやstaticメソッドを定義することもできます レシピ065 。

構文 インターフェースの定義

```
アクセス修飾子 interface インターフェース名 {
    public static final 型 定数名 = 値;

    public 戻り値の型 メソッド名(引数の型 引数名, ...);
}
```

●インターフェースの定義例

```
public interface HelloWorld {
    // インターフェースのメンバは必ずpublic（publicは省略可能）
    // 定数のstatic finalも省略可能
    public static final String MESSAGE = "Hello ";

    public void hello(String name);
}
```

COLUMN　finalとは？

　フィールドにfinalを付けると定数として扱われ、一度値を代入すると変更できません。
　なお、finalはフィールド以外にも付けることができ、その動作を制限できます。クラスに付けた場合は、継承できないクラスになります レシピ068 。メソッドに付けた場合は、オーバーライドできないメソッドになります レシピ070 。ローカル変数やメソッドの引数に付けた場合は、フィールドの場合と同様、値の変更ができない変数になります。

インターフェースは、直接インスタンス化することはできません。定義したインターフェースを使うには、まずimplementsキーワードを使って実装クラスを定義し、実装クラスのインスタンスを生成します。

●インターフェースを使う

```java
// 実装クラスを定義
public class HelloWorldImpl implements HelloWorld {
    @Override
    public void hello(String name) {
        System.out.println(MESSAGE + name);
    }
}

// 実装クラスのインスタンス化
HelloWorld instance = new HelloWorldImpl();
instance.hello("Takako");
```

インターフェースの継承と複数実装

インターフェースは、他のインターフェースを複数継承して定義できます。

```java
// 継承元を複数指定する場合はカンマで区切る
public interface インターフェース名
    extends インターフェース名, インターフェース名…
```

また、実装クラスも複数のインターフェースを実装できます。

```java
public class クラス名 implements インターフェース名, インターフェース名…
```

065 インターフェースにメソッドを実装したい

interface | default | staticメソッド   6 7 8 11

関　連	064　インターフェースを使いたい　P.117
利用例	既存の実装クラスに影響がないように、メソッドを追加する場合 複数の実装クラスで、処理が同じメソッドを定義する場合

　Java 8以降では、インターフェースのメソッドには、defaultキーワードを使ってデフォルトの実装を定義できます。

●インターフェースのメソッドにデフォルト実装を定義する

```java
public interface HelloWorld {
    default public String hello(String name) {
        return "Hello " + name;
    }
}
```

このインターフェースの実装クラスでは、メソッドを実装する必要はありません。

●デフォルト実装のメソッドを使う

```java
// 実装クラス
public class HelloWorldImpl implements HelloWorld {
    ⋮
}

// デフォルト実装が呼ばれる
new HelloWorldImpl().hello("Takako");    // => Hello Takako
```

　実装クラスで処理を変えたい場合は、デフォルト実装をオーバーライドすることもできます。

●デフォルト実装のメソッドをオーバーライドする

```java
// 実装クラス
public class HelloWorldImpl implements HelloWorld {
    // デフォルト実装をオーバーライド
    @Override
    public String hello(String name) {
        // superを使ってデフォルト実装を呼び出す
        return String.format("*** %s ***", HelloWorld.super.hello(name));
```

```
    }
}
// オーバーライドした処理が呼ばれる
new HelloWorldImpl().hello("Takako");    // => *** Hello Takako ***
```

インターフェースを指定してデフォルト実装を呼び出す

複数のインターフェースを継承したり実装している場合、同じシグネチャのメソッドが複数のインターフェースで実装されているとコンパイルエラーになります。このような場合は、実装クラスでオーバーライドすることで、コンパイルエラーを回避できます。

●実行したいデフォルト実装を指定

```
interface A { default void method() ... }
interface B { default void method() ... }
class C implements A, B {
    @Override
    public void method() {
        // Aのデフォルト実装を呼び出す
        A.super.method();
    }
}
```

実装クラスでは、上記のサンプルのように明示的にインターフェースを指定することで特定のデフォルト実装を呼び出すことができますが、superに指定できるのは直接継承や実装しているインターフェースのみという点に注意が必要です。親のインターフェースが継承しているインターフェースは指定できません。

staticメソッドを定義

インターフェースには、staticメソッドを定義することもできます。そのインターフェースのインスタンスを生成するファクトリメソッドなどは、該当のインターフェースにstaticメソッドとして実装しておくとよいでしょう。

```
public interface Stream<T> extends BaseStream<T, Stream<T>> {
    public static<T> Builder<T> builder() {
        ⋮
    }
}
```

066 ネストしたクラスを使いたい

| インナークラス | staticなネストクラス | エンクロージング型 | | 6 | 7 | 8 | 11 |

| 関連 | — |
| 利用例 | エンクロージング型と関連したクラスを定義する場合 |

クラスの内部にクラス（ネストしたクラス）を定義できます。ネストしたクラスは、staticが付くかどうかで特徴が異なります。

インナークラス

staticの付いていないネストしたクラスをインナークラスと呼びます。インナークラスは、外部クラスのフィールドやメソッドへ直接アクセスできます。

●インナークラスの定義

```java
// 外部クラス（エンクロージング型）
public class Outer {
    private String outerField = "outer";

    // インナークラス（ネストした型）
    public class Inner {
        private String innerField = "inner";

        public String innerMethod() {
            // 外部クラスのメソッドやフィールドへ直接アクセス可能
            outerMethod();
            return outerField + innerField;
        }
    }

    public void outerMethod() {
        Inner inner = new Inner();

        // インナークラスのprivateフィールドへアクセス可能
        System.out.println(inner.innerField);
        System.out.println(inner.innerMethod());
    }
}
```

外部クラス以外からインナークラスのインスタンスを生成するには、次のようにします。

```
import Outer.Inner;

Outer outer = new Outer();
// 外部クラスのインスタンスからインナークラスをインスタンス化
Inner inner = outer.new Inner();
```

staticなネストクラス

　static付きのネストしたクラスをstaticなネストクラスと呼びます。staticなネストクラスは、外部クラスのフィールドやメソッドへ直接アクセスすることはできず、通常のクラスと同じ振る舞いとなります。

●staticなネストクラスの定義

```
// 外部クラス（エンクロージング型）
public class Outer {
    private String outerField = "outer";

    // staticなネストクラス（ネストした型）
    public static class Nested {
        private String nestedField = "nested";

        public String nestedMethod() {
            // 外部クラスのメソッドやフィールドには直接アクセス不可
//          outerMethod()       // エラー
//          return outerField;  // エラー
            return nestedField;
        }
    }

    public void outerMethod() {
        Nested nested = new Nested();

        // staticなネストクラスのprivateフィールドへアクセス可能
        System.out.println(nested.nestedField);
        System.out.println(nested.nestedMethod());
    }
}
```

　外部クラス以外からstaticなネストクラスのインスタンスを生成するには、次のようにします。

```
import Outer.Nested;

// 通常のクラスと同様にインスタンス化
Nested nested = new Nested();
```

> **NOTE**
>
> **ネストしたインターフェースと列挙型**
>
> 　クラスの内部にインターフェースや列挙型を定義することもできますが、クラスとは異なり暗黙的にstaticとなります。よって、staticを省略しても常にstatic扱いとなり、通常のインターフェースや列挙型と同じ振る舞いとなります。例えば、ネストした列挙型を次のように定義します。
>
> ●ネストした列挙型を定義する
> ```
> public class Outer {
>     // staticを省略
>     public enum Sex {
>         MAN, WOMAN }
>     }
>         :
> }
> ```
>
> 　外部クラス以外からインスタンスを取得する場合、通常の列挙型と同様に列挙名を通してenum定数にアクセスできます。
>
> ```
> import Outer.Sex;
>
> // 列挙名を通してenum定数にアクセス
> Sex sex = Sex.MAN;
> ```

067 匿名クラスを使いたい

| 匿名クラス | 無名クラス | | 6 | 7 | 8 | 11 |

| 関連 | 037 ラムダ式ってなに? P.073 |
| 利用例 | 再利用しない抽象クラスやインターフェースを実装する場合 |

インスタンス化と同時に定義する、クラス名がないクラスのことを匿名クラス（または無名クラス）と呼びます。抽象クラスやインターフェースの実装を記述する際、処理がシンプルで将来的に再利用する可能性のない、その場限りの処理の場合に使います。

●匿名クラスの定義

```java
// new Comparatorの後の{…}が匿名クラス
Comparator<String> comparator = new Comparator<String>() {
    @Override
    public int compare(String o1, String o2) {
        return o1.compareTo(o2);
    }
};
```

注意点として匿名クラスには、いくつかの制限があります。まず、匿名クラスにはクラス名がないため、次のようなことはできません。

● コンストラクタを定義できない

● スーパークラスになることができない

また、匿名クラスから外側のメソッドのローカル変数は、finalなものに限ってアクセスできます。

```java
public void outer(final String message) {
    Runnable runnable = new Runnable() {
        @Override
        public void run() {
            // outerメソッドの引数がfinalなのでアクセス可能
            System.out.println("メッセージ: " + message);
        }
    };
}
```

> **NOTE**
> **Java 8 からローカル変数に final は不要**
> 　Java 8 からはラムダ式が新たに導入されたことによって、匿名クラスを使いたいケースではラムダ式に置き換えることができます レシピ037 。これにともなって、Java 8 以降では匿名クラスからアクセスするローカル変数に final は不要になりました。詳細は、COLUMN「ラムダ式から参照可能な外部変数」を参照してください。

MEMO

068 クラスを継承したい

| extends | スーパークラス | サブクラス | 6 | 7 | 8 | 11 |

| 関連 | ― |
| 利用例 | クラスを拡張する場合 |

　extendsキーワードを使います。extendsキーワードは、すでに作成済みのクラスに影響を与えることなく、機能を拡張したい場合などに使います。例えば、認証といったアプリケーション全体に共通する処理を基底クラスに定義しておき、この基底クラスを継承して各々の処理を実装するといった用途があります。

● クラスを継承する

```java
// スーパークラス（基底クラスまたは親クラス）
public class SuperClass {
    private String superField;

    // コンストラクタ
    public SuperClass(String arg) {
        superField = arg;
    }

    protected String superMethod() {
        return superField;
    }
}

// サブクラス（派生クラスまたは子クラス）
public class SubClass extends SuperClass {
    // コンストラクタ
    public SubClass(String arg) {
        // スーパークラスのコンストラクタを呼び出す
        super(arg);
    }

    public void print() {
        // スーパークラスのメンバはサブクラスに引き継がれる
        System.out.println(superMethod());
    }
}
```

　Javaでは、多重継承（スーパークラスを複数持つような継承）をサポートしていませ

ん。継承できるクラスは1つだけです。
　また、finalの付いたクラスは継承できません。

●継承できないクラス

```
final class SuperClass { ... }
class SubClass extends SuperClass { ... }    // コンパイルエラー
```

> **COLUMN　superとは？**
>
> 　SubClassクラスでsuperというキーワードが出てきましたが、これはスーパークラス自身のインスタンスを表します。サブクラスからスーパークラスのインスタンスを参照する場合に利用します。「super(arg)」は、スーパークラスのコンストラクタ「SuperClass(String)」を参照しています。また、サブクラスでメソッドをオーバーライドした場合、スーパークラスのオーバーライドされたメソッドを参照するときにも利用します レシピ070 。

初期化の順序

　サブクラスのインスタンスを生成すると、初期化はスーパークラス、サブクラスの順番に行なわれます。イメージしにくいと思いますので、具体的なコードを示します。

●初期化処理を定義

```java
// スーパークラス
public class SuperClass {
    static {
        System.out.println("スーパークラス: staticイニシャライザ");
    }

    {
        System.out.println("スーパークラス: インスタンスイニシャライザ");
    }

    public SuperClass() {
        System.out.println("スーパークラス: コンストラクタ");
    }
}
```

```java
// サブクラス
public class SubClass extends SuperClass {
    static {
        System.out.println("サブクラス: staticイニシャライザ");
    }

    {
        System.out.println("サブクラス: インスタンスイニシャライザ");
    }

    public SubClass() {
        System.out.println("サブクラス: コンストラクタ");
    }
}
```

SubClassのインスタンスを生成すると、次のようになります。

▼実行結果

```
スーパークラス: staticイニシャライザ
サブクラス: staticイニシャライザ
スーパークラス: インスタンスイニシャライザ
サブクラス: インスタンスイニシャライザ
スーパークラス: コンストラクタ
サブクラス: コンストラクタ
```

通常のクラスと同様、次の順序で実行されます。

❶staticイニシャライザ

❷インスタンスイニシャライザ

❸コンストラクタ

注意してほしいのは、スーパークラス、サブクラスの順に呼び出されている点です。
　また、サブクラスからスーパークラスのコンストラクタを明示的に呼び出さない場合は、引数なしコンストラクタが暗黙的に実行されます。引数ありコンストラクタを実行したい場合は、明示的に呼び出す必要があります。

069 抽象クラスを使いたい

abstract	抽象メソッド		6	7	8	11
関連	068 クラスを継承したい P.126					
利用例	処理の枠組みを定義する場合					

abstractキーワードを使って抽象クラスを定義します。抽象クラス内部には、通常のメンバに加えてメソッドの定義のみ行なう抽象メソッドを記述できます。

構文 抽象クラスの定義

```
アクセス修飾子 abstract class クラス名 {
    // 抽象メソッド（必須ではない）
    アクセス修飾子 abstract 戻り値の型 メソッド名(引数の型 引数名, ...);

    ... 通常のメンバも定義可能 ...
}
```

●抽象クラスの例（AbstractClassクラス）

```java
public abstract class AbstractClass {
    public abstract int calculate(int value1, int value2);

    public void execute() {
        System.out.println(calculate(10, 20));
    }
}
```

抽象クラスは、直接インスタンス化することができません。定義した抽象クラスを使うには、抽象クラスを継承したサブクラスを定義します。

●抽象クラスを使う（AbstractClassクラスの利用例）

```java
// サブクラスを定義
public class SubClass extends AbstractClass {
    // 抽象メソッドを実装
    @Override
    public int calculate(int value1, int value2) {
        return value1 + value2;
    }
}

// サブクラスのインスタンス化
AbstractClass instance = new SubClass();

// 抽象クラスに定義したexecute()メソッドを実行すると加算処理を行なう
instance.execute();
```

NOTE

初期化の順序を意識する

抽象クラスのコンストラクタで抽象メソッドを呼び出す場合は、注意が必要です。例えば、抽象クラスを次のように定義します。

●抽象クラス

```
abstract class AbstractClass {
    // コンストラクタで抽象メソッドを呼び出す
    AbstractClass() {
        init();
    }
    abstract void init();
}
```

サブクラスで抽象メソッドを実装しますが、ここではコンストラクタに渡されたメッセージを出力することにします。

●サブクラス

```
public class SubClass extends AbstractClass {
    private final String message;

    public SubClass(String message) {
        this.message = message;
    }

    @Override void init() {
        // コンストラクタに渡されたメッセージを出力
        System.out.println(message);
    }
}
```

SubClassのインスタンスを生成すると、次のようになります。

▼実行結果

```
null
```

これは、レシピ068 で述べた初期化の順序と関係があります。抽象クラスのコンストラクタが実行された時点では、サブクラスのコンストラクタはまだ実行されていません。よって、messageフィールドには値が設定されていないため、nullとなってしまいます。

抽象メソッドの実装次第では、予期せぬバグを生む可能性もあるため、注意しましょう。

070 メソッドをオーバーライド、オーバーロードしたい

| @Override | super |

関　　連	068　クラスを継承したい　P.126
利 用 例	サブクラスで処理を変更する場合 類似処理の引数を変更する場合

　スーパークラスで定義されたメソッドをサブクラスで上書きすることをオーバーライドと呼びます。同一クラス内で引数の異なる同名のメソッドを定義することをオーバーロードと呼びます。

▌オーバーライド

　サブクラスでスーパークラスと同じ名前・引数のメソッドを定義することで、スーパークラスのメソッド処理を上書きできます。スーパークラスの処理を置き換えたい場合や、スーパークラスの処理の前後に独自の処理を挟みたい場合などに利用できます。

●メソッドをオーバーライドする

```java
class SuperClass {
    protected String method() {
        return "スーパークラス";
    }
}

class SubClass extends SuperClass {
    // オーバーライドするメソッドには@Overrideアノテーションを付けておく
    // アクセス修飾子は制限が弱いものでオーバーライド可能
    @Override
    public String method() {
        // スーパークラスのメソッドを呼び出す
        System.out.println(super.method());

        return "サブクラス";
    }
}
```

　また、finalの付いたメソッドはオーバーライドできません。

●オーバーライドできないメソッド

```
class SuperClass {
    protected final String method() { ... }
}
class SubClass extends SuperClass {
    @Override
    public String method() { ... } // コンパイルエラー
}
```

オーバーロード

引数が異なっていれば、名前が同じメソッドを複数定義できます（この引数の型、引数の数、メソッド名の組み合わせをシグニチャと呼びます）。例えば、日付のフォーマット処理でlongとjava.util.Dateの2通りから変換するメソッドを作りたい場合などに利用できます。

●メソッドをオーバーロードする

```
public static String format(long date) { ... }

// オーバーロード（引数の型が異なる）
public static String format(Date date) { ... }

// オーバーロード（引数の数が異なる）
public static String format(long date, String format) { ... }

// オーバーロード（引数の型や数は同じだが順番が異なる）
public static String format(String message, long date) { ... }
```

なお、オーバーロードしたメソッドにアクセス修飾子、戻り値の型、throwsは自由に指定することが可能です。

```
// オーバーロードしたメソッドにアクセス修飾子、戻り値の型、throwsは自由に指定可能
private static long format(Date date, String format) throws Exception { ... }
```

071 staticメンバを使いたい

| staticメソッド | staticフィールド | | 6 | 7 | 8 | 11 |

| 関　連 | 011　staticメンバをインポートしたい　P.027 |
| 利用例 | アプリケーションで共通のデータを持つ場合
ユーティリティメソッドを定義する場合 |

メソッドやフィールドにstaticキーワードを付けることで、staticメソッド（クラスメソッド）やstaticフィールド（クラスフィールド）になります。このstaticメンバはクラスが1つのみ保持するので、インスタンスに関係なくアプリケーション全体で共有されます。

● staticメンバの定義

```java
public class StaticMember {
    // staticフィールド
    public static String staticField = "クラスフィールド";

    // staticメソッド
    public static void staticMethod() {
        System.out.println("クラスメソッド");
    }
}
```

staticメンバを使うには、クラス名を通してアクセスします。インスタンス化は不要です。

● staticメンバを使う

```java
// staticフィールドを呼び出す
String str = StaticMember.staticField;

// staticメソッドを呼び出す
StaticMember.staticMethod();
```

なお、staticインポート レシピ011 を使うと、フィールド名やメソッド名のみで参照することもできます。

072 イニシャライザを使いたい

| staticイニシャライザ | インスタンスイニシャライザ | | 6 | 7 | 8 | 11 |

関　連	—
利用例	定数値の初期化に例外処理が必要な場合 匿名クラスの初期化を行なう場合

　イニシャライザ（初期化子）には、staticイニシャライザとインスタンスイニシャライザの2種類があり、使い方が異なります。

staticイニシャライザ（static初期化子）

　そのクラスがロードされるとき、具体的には、

- インスタンスが最初に生成されるとき
- staticメソッドやstaticフィールド（初期化済み（直接代入式を書いた）定数を除く）へ最初にアクセスされるとき

一度だけ実行したい処理を記述します。例えば、値の取得に例外処理が必要なため、フィールド定義時に直接代入式を書けない場合などに利用します。

● staticイニシャライザの定義

```java
public final class StaticInitializer {
    private static final int price;
    // staticイニシャライザ
    static {
        int p;
        try {
            p = Integer.parseInt(System.getProperty("price"));
        } catch (Exception e) {
            p = 1000;
        }
        price = p;
    }
}
```

　なお、staticイニシャライザからは、例外を投げることはできません。そのような処理を記述した場合、コンパイルエラーになります。

インスタンスイニシャライザ（インスタンス初期化子）

そのクラスがインスタンス化されるとき、コンストラクタよりも先に実行されます。

●インスタンスイニシャライザの定義

```
public class InstanceInitializer {
    // インスタンスイニシャライザ
    {
        System.out.println("コンストラクタより前に実行");
    }

    public InstanceInitializer() {
        System.out.println("コンストラクタ実行");
    }
}
```

主にクラスの初期化処理を記述しますが、通常はコンストラクタで行なうことが多いため、インスタンスイニシャライザを使う機会は少ないでしょう。ただし、匿名クラスはコンストラクタを定義できないため レシピ067 、初期化処理が必要な場合はインスタンスイニシャライザで行ないます。

●匿名クラスの初期化処理

```
Runnable r = new Runnable() {
    // インスタンスイニシャライザ
    {
        System.out.println("匿名クラスの初期化時に実行");
    }

    @Override
    public void run() {
        ⋮
    }
};
```

073 可変長引数を定義したい

	6 7 8 11
関連	ー
利用例	メッセージのプレースホルダを置換する場合

可変長引数は、引数の型の後に「...」を付けます。呼び出されたメソッド内部では、配列として扱います。

● 可変長引数の定義

```java
public void method(String... args) {
    for (String arg : args) {
        System.out.println(arg);
    }
}
```

呼び出し側は、複数の引数をカンマ (,) 区切りで渡します。引数を指定しない場合は、長さ0の配列が渡されます。

```java
// 引数なし
method();

// 引数1つ
method("a");

// 引数2つ以上
method("a", "b")
```

> **NOTE**
>
> **可変長引数にできる箇所**
> 可変長引数は、最後の引数のみ定義できます。それ以外はコンパイルエラーになります。
>
> ```java
> public void method(int i, String... args) { ... }    // OK
> public void method(String... args, int i) { ... }    // コンパイルエラー
> ```

074 Javaのアクセス修飾子について知りたい

| public | protected | private | | 6 | 7 | 8 | 11 |

関連	—
利用例	メソッドやフィールドの参照を制限する場合

　Javaには、以下のようなアクセス修飾子が用意されています。
　フィールドやメソッドなどにアクセス修飾子を指定することで、そのフィールドやメソッドにアクセス可能なクラスを制限できます。Javaには、表3.1のアクセス修飾子が用意されています。表の下にいくほどアクセスの制限が強くなります。

表3.1　アクセス修飾子

修飾子	自クラス	同一パッケージのクラス	サブクラス	異なるパッケージのクラス
public[※1]	○	○	○	○
protected	○	○	○	×
なし	○	○	×	×
private	○	×	×	×

※1　どこからでも参照可能。

●アクセス修飾子の使用例

```java
public class AccessModifierSample {

    // private：このクラス内のみ参照可能
    private String name;

    // public：すべてのクラスから参照可能
    public String getName(){
        return this.name;
    }

    // protected：このクラス内および同一パッケージ内から参照可能
    // 別パッケージはサブクラスのみ参照可能
    protected void setName(String name){
        this.name = name;
    }

    // なし：このクラス内および同一パッケージ内から参照可能
    void printName(){
        System.out.println(this.name);
    }
}
```

075 列挙型を使いたい

| enum | enum定数 | | 6 | 7 | 8 | 11 |

関連	―
利用例	性別などの定数値を定義する場合

enumキーワードを使って列挙型を定義します。列挙型の内部には、enum定数（列挙子）やメンバ（staticメンバも可能）を定義します。

構文 列挙型の定義

```
アクセス修飾子 enum 列挙名 {
    enum定数, ...;

    ... メソッドやフィールドも定義可能 ...
}
```

●列挙型の定義例

```
public enum Sex {
    MAN, WOMAN;
}
```

定義した列挙型は、switch文を使った比較に利用できます。

●列挙型の比較

```
public void compare(Sex sex) {
    switch (sex) {
    // case文にはenum定数を指定
    case MAN:
        System.out.println("男です");
        break;
    case WOMAN:
        System.out.println("女です");
        break;
    }
}

// 列挙名を通してenum定数にアクセス
compare(Sex.MAN);
```

3.3 列挙型（enum）

また、列挙型には、表3.2のメソッドが暗黙的に定義されています。

表3.2 列挙型の暗黙のメソッド

メソッド	説明
name	enum定数の名前を取得する
toString	name()メソッドと同じ値を取得する。オーバーライドすることで取得する値を変更できる
ordinal	enum定数の順序番号を取得する。順序番号は定義順に0から割り振られる
compareTo	enum定数の定義順を比較する。引数より前の場合は負の値、後の場合は正の値、同じ場合は0を返す
valueOf	引数がenum定数の名前に該当するenum定数オブジェクトを取得する
values	列挙型のすべてのenum定数オブジェクトを定義順に取得する

●列挙型の暗黙のメソッドを使う

```
// 該当するenum定数のオブジェクトを取得
Sex man = Sex.valueOf("MAN");

// すべてのenum定数を取得
for (Sex sex : Sex.values()) {
    // enum定数の名前
    System.out.print("name():" + sex.name()); // => MAN、WOMANの順に出力

    // name()と同じ値
    System.out.print(" toString():" + sex.toString());

    // enum定数の順序番号
    System.out.print(" ordinal():" + sex.ordinal()); // => MANは0、WOMANは1

    // 順序番号の比較（WOMANよりも前に定義されているか）
    System.out.println(" compareTo():" + sex.compareTo(Sex.WOMAN));
        // => MANは-1、WOMANは0
}
```

コンストラクタで初期値を定義する

列挙型はコンストラクタを定義できるので、初期値を設定できます。先ほどの性別をデータベース上では「1」や「2」のようなコード値で扱うようなときに利用できます。

●コンストラクタで初期値を定義

```java
public enum Sex {
    MAN(1), WOMAN(2);    // ここでコンストラクタを呼び出している

    // コンストラクタ
    // アクセス修飾子は必ずprivate（privateは省略可能）
    private Sex(int code) {
        this.code = code;
    }

    public int getCode() {
        return code;
    }

    private final int code;
}
```

上記のgetCode()メソッドのように、コンストラクタで設定した初期値を取得するメソッドを定義しておくことで、enum定数からその値を取得できます。

●コンストラクタで設定した初期値を取得する

```java
Sex woman = Sex.WOMAN;
int code = woman.getCode();   // => 2
```

076 enum定数ごとにメソッドをオーバーライドしたい

列挙型 | インターフェース　　6　7　8　11

関　連	075　列挙型を使いたい　P.138
利用例	性別ごとに異なる処理を行なう場合

インターフェースにメソッドを定義し、列挙型はそのインターフェースを実装することで、enum定数ごとに任意の処理を行なうことができます。

●列挙型でインターフェースを実装する

```java
public interface Color {
    public String getColor();
}

public enum Sex implements Color {
    MAN {
        // enum定数ごとにメソッドを実装
        @Override
        public String getColor() {
            return "青";
        }
    },
    WOMAN {
        @Override
        public String getColor() {
            return "赤";
        }
    };
}
```

呼び出す実装メソッドは、enum定数によって決まります。

●実装したメソッドを呼び出す

```java
Color color1 = Sex.MAN;
String str1 = color1.getColor();   // => 青

Color color2 = Sex.WOMAN;
String str2 = color2.getColor();   // => 赤
```

077 列挙型に効率の良いコレクションを使いたい

| EnumSet | EnumMap | | 6 7 8 11 |

関連	—
利用例	Setの要素やMapのキーに列挙型を格納する場合

　列挙型を扱うコレクションには、列挙型のみ要素として格納できるjava.util.EnumSet、キーに列挙型のみ指定できるjava.util.EnumMapがあります。列挙型を扱う場合には、どちらも通常のSetやMapを使うより効率的です。

EnumSet

EnumSetは、列挙型のみを値として格納することができます。

●EnumSetを使う

```
// フラグを定義
enum Flag {A, B, C, D}

// AとCのフラグを立てる
EnumSet<Flag> flags = EnumSet.of(Flag.A, Flag.C);

// Cのフラグが立っているかどうか
flags.contains(Flag.C);    // => true
```

EnumSetの主なメソッドを表3.3に示します。

表3.3　EnumSetの主なメソッド

メソッド	説明
of	指定したenum定数を含むEnumSetを作成する
allOf	指定した列挙型のenum定数をすべて含むEnumSetを作成する
noneOf	指定した列挙型の空のEnumSetを作成する
copyOf	指定したコレクションまたはEnumSetをコピーした新たなEnumSetを作成する
complementOf	指定したEnumSetの要素以外を含む新たなEnumSetを作成する
range	指定した範囲に定義されているenum定数を含むEnumSetを作成する

　この他にも、通常のSetが持つメソッド（addやcontainsなど）も利用できます。

3.3 列挙型(enum)

EnumMap

EnumMapは、列挙型をキーとして何か値を管理したい場合に利用できます。

●EnumMapを使う

```java
// 生成時に列挙型のClassインスタンスを渡す
EnumMap<Sex, Integer> map = new EnumMap<>(Sex.class);

map.put(Sex.WOMAN, 1);
map.put(Sex.MAN, 2);

for(Entry<Sex, Integer> entry : map.entrySet()){        ────①
    System.out.println(entry.getKey() + ":" + entry.getValue());
        // => MAN:2
        // => WOMAN:1
}
```

EnumMapのキーは、自然順序(enum定数を定義している順序)で管理されています。よって、①のようにentrySet、keySetやvaluesメソッドが返す結果は、enum定数の定義順に並んでいます。

```java
// キーのみ取得
for(Sex sex : map.keySet()){
    System.out.println(sex);
        // => MAN
        // => WOMAN
}

// 値のみ取得
for(int i : map.values()){
    System.out.println(i);
        // => 2
        // => 1
}
```

078 Javaのバージョンによる ジェネリクスの違いを知りたい

| <> | ダイアモンド演算子 | 6 | 7 | 8 | 11 |

関　連	ー
利用例	Javaのバージョンに沿ってジェネリクスを使う場合

　ジェネリクスを使ったクラスやメソッドを利用する際は、Javaのバージョンによって違いがあるので注意が必要です。
　まずJava 6では、インスタンス化する際に型パラメータを指定する必要があります。

●ジェネリクスを使ったクラスをインスタンス化する（Java 6）

```
List<String> list = new ArrayList<String>();
Map<String, List<String>> map = new HashMap<String, List<String>>();
```

　Java 7以降であれば、ダイアモンド演算子（<>）を使うことで、型パラメータを省略できます。

●ジェネリクスを使ったクラスをインスタンス化する（Java 7以降）

```
List<String> list = new ArrayList<>();
Map<String, List<String>> map = new HashMap<>();
```

ダイアモンド演算子の制限（Java 7）

　Java 7では限定的なサポートとなっているため、構文上明白な場合に限ってのみ使用できます。例えば、メソッドの引数にはダイアモンド演算子を使用できません。

●メソッドの引数にダイアモンド演算子は使えない（Java 7）

```
map.put("キー", new ArrayList<>());  // コンパイルエラー
```

ジェネリクスを使ったメソッド呼び出しの改善（Java 8以降）

　Java 8以降では上記の制限はなく、メソッドの引数にダイアモンド演算子を使えます。

●メソッドの引数にダイアモンド演算子を使える（Java8）

```
map.put("キー", new ArrayList<>());  // OK
```

また、メソッド呼び出しの際に煩雑だった型の指定が必要なケースでも型を省略できるようになり、可読性が向上しています。

Java 7以前は、ジェネリクスを返すメソッド呼び出しを別メソッドに渡す場合や、メソッドのチェーン呼び出しの際、型を明示的に指定して確定させておく必要があります。

● ジェネリクスを使ったメソッド呼び出し（Java 7以前）

```
// ネストしたリスト（List<String>を要素に持つ）
List<List<String>> list = new ArrayList<>();

// 明示的に型パラメータを指定
list.add(Collections.<String>emptyList());

// もしくは変数に代入して型を確定させておく
List<String> emptyList = Collections.emptyList();
list.add(emptyList);
```

Java 8以降では、このような型の指定は不要です。

● ジェネリクスを使ったメソッド呼び出し（Java 8以降）

```
// Java8は型パラメータを省略できる（Java 7以前はコンパイルエラー）
List<List<String>> list = new ArrayList<>();
list.add(Collections.emptyList());
```

079 ジェネリクスを定義したい

型パラメータ	型変数		6	7	8	11
関連	—					
利用例	タイプセーフで汎用的な型を定義する場合					

　<E>や<T>のような型パラメータ（型引数）をクラスやメソッドの定義に記述します。ジェネリクスを利用することで、使用する型を限定することができ、扱っている型が明確になるというメリットがあります。

　EやTは型変数と呼び、「Element」や「Type」などのように使用目的や意味を表す単語の頭文字を利用することが多いです。

●ジェネリクスの定義

```java
// クラスに定義する場合は、クラス名の後に書く
public class GenericsClass<T> {
    private T data;

    public GenericsClass(T data) {
        this.data = data;
    }

    public T getData() {
        return data;
    }

    // メソッドに定義する場合は、戻り値の型の前に書く
    public static <E> List<E> toList(E e) {
        return Arrays.asList(e);
    }
}

// 型変数が複数ある場合はカンマ区切りで記述
public interface Map<K, V> {
    ⋮
}
```

080 型パラメータに制限を付けたい

`<T extends MyClass>`	6 7 8 11
関 連	ー
利用例	型パラメータに指定できるクラスを制限する場合

`<T extends MyClass>`のように記述することで、型パラメータに指定できる型（クラス）を、MyClassもしくはそのサブクラスに制限できます。

●型パラメータに制限を付ける

```java
// OutputStreamのサブクラス（例えばFileOutputStream）のみ型パラメータに指定できる
public class FileStore<T extends OutputStream> {

    // 「&」でつなげることで複数の上限を指定できる
    private <E extends Serializable & Comparable<E>> int compare(E data1, E data2) {

        // EはComparableのサブクラスだと明白なため、compareToメソッドを呼び出せる
        return data1.compareTo(data2);
    }
}
```

制限を付けることで、予期せぬ型を指定した場合はコンパイルエラーにすることができるため、より安全なコードを記述できます。

●制限付き型パラメータに型を指定する

```java
// OK
FileStore<FileOutputStream> store1 = new FileStore<>();
// コンパイルエラー
FileStore<FileInputStream> store2 = new FileStore<>();

// OK
Date date1 = ...
Date date2 = ...
int i1 = compare(date1, date2);

// コンパイルエラー（ArrayListはComparableを継承していないため）
ArrayList<String> list1 = ...
ArrayList<String> list2 = ...
int i2 = compare(list1, list2);
```

081 ワイルドカードってなにに使うの?

`<?>`	キャプチャ・ヘルパ	6 7 8 11
関　連	—	
利用例	型が不明でもタイプセーフなコードを書く場合	

　ワイルドカード（`<?>`）とは、コンパイル時に具体的な型は不明で、実行するまで型がわからないことを意味する指定です。コンパイル時には型がわからないので、ワイルドカード型から取得した値は常にObject型になります。例えば、List`<?>`#getメソッドの戻り値は、Object型です。

　一見すると戻り値が常にObject型なので不便に感じるかもしれませんが、ワイルドカードの利点として、具体的な型はわからなくてもジェネリクスを使ったコードを書けることが挙げられます。例えば、使用しているライブラリが古くraw型（型消去したクラス）を返す場合にワイルドカードで置き換えることで、無理やり警告を消すことなく型安全性が保証されたコードを書くことができます。

● ワイルドカードを使う

```java
// raw型を返すメソッド
public List getList() { ... }

// raw型で受け取ると警告が出るので、アノテーションで抑制する必要がある
@SuppressWarnings("rawtypes")
List list = getList();

// ワイルドカードにすることで型があることを保証できる
List<?> list = getList();
```

　また、ワイルドカード型には値を設定できません。よって、次のようなコードはコンパイルエラーになってしまいます。

```java
public static void replace(List<?> list, int i) {
    // ワイルドカードを使ったListにはnull以外を設定できない
    list.set(i, list.get(i - 1));
}
```

　このような場合は、ワイルドカードを捕捉してヘルパーメソッドに実装を委譲するキャプチャ・ヘルパと呼ばれるイディオムを使うと解決できます。

3.4 ジェネリクス

●キャプチャ・ヘルパを使う

```java
public static void replace(List<?> list, int i) {
    replaceHelper(list, i); ───────────────────────────①
}

private static <E> void replaceHelper(List<E> list, int i) {
    // Listから取得した値はE型なので、設定できる
    list.set(i, list.get(i - 1));
}
```

①でreplaceHelperメソッドを呼び出すことで、（実行するまではわからない）Listの型をE型と当てはめて処理を委譲しているのです。これによりワイルドカード型に型変数が割り当てられるので、Listに値を設定できるようになります。

> **NOTE**
>
> **ワイルドカードに境界を付ける**
>
> ワイルドカードには、表3.Aのように境界を付けることができます。
>
> **表3.A** ワイルドカード型の境界
>
> | 構文 | 説明 |
> | --- | --- |
> | <? extends MyClass> | MyClassもしくはそのサブクラスを代入できる |
> | <? super MyClass> | MyClassもしくはそのスーパークラスを代入できる |
>
> <?>の場合、取得はObject型、設定はnull以外不可という強い制約がありますが、境界となる型を決めることで、指定した型で取得および設定ができるようになります。
>
> ●ワイルドカードに境界を付ける
>
> ```java
> // Number型が上限であると保証されるので、Number型で取得できる
> List<? extends Number> list = Arrays.asList(1);
> Number number = list.get(0);
>
> // Integer型が下限であると保証されるので、Integer型を設定できる
> Number number = 1;
> List<? super Integer> list = new ArrayList<>(Arrays.asList(number));
> list.add(2);
> ```

082 型パラメータの可変長引数を安全に使いたい

@SafeVarargs　　　　　　　　　　　　　　　　　　　6　7　8　11

関　連	073　可変長引数を定義したい　P.136
利用例	可変長引数に型パラメータを定義する場合

　可変長引数にジェネリクスを使用していると、コンパイル時に次のような警告が表示されます（コンパイル時に-Xlint:uncheckedオプションを付けた場合）。

▼実行結果

```
（メソッドを定義している箇所）
パラメータ化された可変引数型java.util.List<java.lang.String>からのヒープ汚染の可
能性があります

（メソッドを呼び出している箇所）
型java.util.List<java.lang.String>[]の可変引数パラメータに対する総称型配列の無検
査作成です
```

　これは、例えば次のように可変長引数が配列として扱われることで、型安全性を破壊するコードを記述できてしまうという危険性を警告しているものです。

●警告が表示されるメソッド

```java
public static String head(List<String>... elements){
    Object[] args = elements;
    args[0] = Arrays.asList(1); // 配列にList<Integer>をセットできてしまう
    return elements[0].get(0);  // ここでClassCastExceptionが発生する
}
```

　メソッドに@SafeVarargsアノテーションを付与することで、メソッドにこのような問題がないことを明示し、警告を抑制できます。

●@SafeVarargsアノテーションで警告を抑制する

```java
@SafeVarargs
public static String head(List<String>... elements){
    if(elements.length == 0 || elements[0].isEmpty()){
        return null;
    }
    return elements[0].get(0);
}
```

@SafeVarargsアノテーションは、コンストラクタとメソッド（staticメソッドまたはfinalメソッド）に付与できます。

●@SafeVarargsアノテーションを付与できる箇所

```java
public class SafeVarargsSample<T> {
    // コンストラクタ
    @SafeVarargs
    public SafeVarargsSample(T... params) {
        ⋮
    }

    // staticメソッド
    @SafeVarargs
    public static void copy(List<T>... params) {
        ⋮
    }

    // finalメソッド
    @SafeVarargs
    public final void set(List<T>... params) {
        ⋮
    }
}
```

また、Java 9以降ではprivateなインスタンスメソッドにも@SafeVarargsアノテーションを付与できるようになっています レシピ300 。

> **NOTE**
>
> **Java 6で警告を抑制する**
>
> 　@SafeVarargsアノテーションは、Java 7から導入されたアノテーションなので、Java 6では使用できません。Java 6でこの警告を抑制するには、当該のメソッドおよびそのメソッドを呼び出している箇所に@SuppressWarnings("unchecked")を付与する必要があります。

083 標準アノテーションを知りたい

`@Deprecated` | `@Override` | `@SuppressWarnings`
`@SafeVarargs` | `@FunctionalInterface`

| 6 | 7 | 8 | 11 |

関連	—
利用例	期待する結果が得られないコードを警告やコンパイルエラーにする場合

クラスやメソッド、フィールドなどに@で始まるアノテーションを記述することで、コードだけでは表現できないメタデータを付与できます。Javaで定義されている標準アノテーションには、表3.4のようなものがあります。

表3.4 Javaの標準アノテーション

アノテーション	説明	Java 6	Java 7	Java 8 以降
@Deprecated	APIの使用が非推奨であることを示す	○	○	○
@Override	メソッドがオーバーライドしていることを示す	○	○	○
@SuppressWarnings	コンパイラが出す警告を抑制する	○	○	○
@SafeVarargs	ジェネリクスを指定した可変長引数の警告を抑制する レシピ082	-	○	○
@FunctionalInterface	関数型インターフェースであることを示す レシピ039	-	-	○

● 標準アノテーションを使う

```java
public class MyException extends Exception {
    @Override
    public String toString() {
        return "予期せぬエラーが発生しました";
    }

    @Deprecated
    public String getMessage() {
        return "非推奨のメソッド";
    }

    @SuppressWarnings("rawtypes")
    public List getMessageList() {
      :
    }
}
```

@SuppressWarningsには抑制したい警告に応じた文字列を指定します。配列を使って複数指定することもできます。

```
@SuppressWarnings({"unchecked", "varargs"})
```

> **NOTE**
>
> **Eclipseで@SuppressWarningsを補完する**
>
> 警告の内容に応じて@SuppressWarningsに指定する値はさまざまですが、Eclipseでは警告が表示されている箇所にカーソルを置いて［Ctrl］＋［1］キーを押すと、Quick Fixに適切な@SuppressWarningsが表示されるので便利です（図3.A）。
>
> **図3.A** EclipseのQuick Fix
>
>

084 独自アノテーションを作成したい

| @interface | メタアノテーション | | 6 | 7 | 8 | 11 |

関 連	090 リフレクションでアノテーションの情報を取得したい　P.170
利用例	独自の設定項目をアノテーションに定義する場合

　アノテーションは、@interfaceキーワードを使って定義します。アノテーションの種類は、属性によって以下の3種類があります。

- マーカ・アノテーション ……… 属性がないアノテーション。印付けのために使う
- フル・アノテーション ……… 属性があるアノテーション
- 単一値アノテーション ……… valueという名前の属性が1つのみ定義されたアノテーション

●アノテーションを定義

```
// マーカ・アノテーション
// 利用例: @Check
public @interface Check {
}

// 単一値アノテーション
// 利用例: @Check("message")
public @interface Check {
    String value();
}

// フル・アノテーション
// 利用例: @Check(id = 1, value = "message")
public @interface Check {
    String value();
    int id();
}
```
❶

　単一値アノテーションは、利用時に属性名を省略できます（❶）。もし、属性名がvalueでない場合は、このような省略はできません。

デフォルト値を設定

　アノテーションの属性にデフォルト値を設定するには、defaultキーワードを使います。

3.5 アノテーション

● アノテーションの要素にデフォルト値を設定する

```java
public @interface Check {
    // デフォルト値としてtrueを設定
    boolean value() default true;
}
```

@Checkのように値を省略した場合は、デフォルト値が使われます。デフォルト値以外を使う場合は、@Check(false)のように値を明示的に指定します。

メタアノテーション

アノテーションには、メタ情報としてメタアノテーションを付与でき、アノテーションを付与できる箇所や、実行時にリフレクションで読み取り可能にするかどうかなどを指定できます。

● メタアノテーションを使う

```java
import static java.lang.annotation.ElementType.*;
import static java.lang.annotation.RetentionPolicy.RUNTIME;

import java.lang.annotation.*;

@Documented
@Inherited
@Target({TYPE, METHOD})     // クラスやインターフェースや列挙型、メソッドに付与できる
@Retention(RUNTIME)         // コンパイル時に保存し、実行時にVM上にも保持
public @interface Check {
}
```

メタアノテーションは、java.lang.annotationパッケージで定義されています（表3.5）。

表3.5　メタアノテーション

メタアノテーション	説明	Java 6	Java 7	Java 8以降
@Target	アノテーションが付与できる場所をjava.lang.annotation.ElementTypeを使って指定する。省略した場合は、任意の場所に付与できるアノテーションとなる	○	○	○
@Retention	アノテーションで付与した情報の有効範囲をjava.lang.annotation.RetentionPolicyを使って指定する。省略した場合は、RetentionPolicy.CLASS（コンパイル時に保存するが、Java VM上には保持しない）	○	○	○
@Documented	アノテーションで付与した情報がドキュメント化される。@RetentionをRetentionPolicy.RUNTIME（コンパイル時に保存し、Java VM上にも保持する）にする必要がある	○	○	○
@Inherited	アノテーションがサブクラスに継承される。クラスに付与した場合のみ有効で、それ以外は無効となる	○	○	○

メタアノテーション	説明	Java 6	Java 7	Java 8 以降
@Repeatable	複数指定できるアノテーションであることを示す。このアノテーションを保持するコンテナアノテーションが別途必要	-	-	○

@Targetには、アノテーションを付与できる場所をElementTypeという列挙型で指定します。指定可能な値を表3.6に示します。

表3.6 @Targetに指定可能なElementTypeの値

ElementTypeの値	説明	Java 6	Java 7	Java 8 以降
PACKAGE	パッケージ	○	○	○
TYPE	クラス、インターフェース	○	○	○
ANNOTATION_TYPE	アノテーション型	○	○	○
FIELD	フィールド	○	○	○
CONSTRUCTOR	コンストラクタ	○	○	○
METHOD	メソッド	○	○	○
PARAMETER	メソッドの引数	○	○	○
LOCAL_VARIABLE	ローカル変数	○	○	○
TYPE_PARAMETER	型パラメータ	-	-	○
TYPE_USE	型を使用している箇所	-	-	○

それぞれの値を指定した場合に実際に指定可能な場所を次に示します。

●アノテーションを指定可能な場所

```
@TypeAnnotation // ElementType.TYPE
public class AnnotationSample<@TypeParamAnnotation T> { // ElementType.TYPE_
PARAMETER

    @FieldAnnotation private int value; // ElementType.FIELD

    @ConstructorAnnotation // ElementType.CONSTRUCTOR
    public AnnotationSample() {
      ⋮
    }

    @MethodAnnotation // ElementType.METHOD
    public void methodWithNoParams() {
      ⋮
    }
```

```
// ElementType.PARAMETER
public int methodWithParams(@ParamAnnotation int param) {
        @LocalVarAnnotation int i = 0; // ElementType.LOCAL_VARIABLE
    ⋮       }
}
```

ElementType.PACKAGEとElementType.TYPE_USEは少し特殊です。Element Type.TYPE_USEを指定したアノテーションは型を使用する箇所ならどこにでも指定できます。

●ElementType.TYPE_USEを指定したアノテーションを付与できる場所

```
// クラスの継承時、インターフェース実装時
class MyClass implements @TypeUseAnnotation MyInterface { ... }

// メソッドの戻り値、例外の宣言
public @TypeUseAnnotation String test() throws @TypeUseAnnotation Exception { ... }

// インスタンス生成時
MyClass instance = new @TypeUseAnnotation MyClass();

// キャスト時
String str = (@TypeUseAnnotation String) object;

// instanceof演算子
obj instanceof @TypeUseAnnotation String

// ジェネリクスの型パラメータ
@NonNull List<@TypeUseAnnotation User> list = ...

// レシーバ
class MyClass {
  public String toString(@TypeUseAnnotation MyClass this) { ... }
}

// 配列([1]に付与)
User @TypeUseAnnotation [][] user = new User @TypeUseAnnotation [1][2];
// 配列([?]に付与)
User[] @TypeUseAnnotation [] user = new User[1] @TypeUseAnnotation [2];
```

ElementType.PACKAGEを指定したアノテーションはpackage-info.java（第2章のNOTE「コメントファイル」参照）にのみ付与できます。

●**package-info.javaにアノテーションを付与する**

```
@PackageAnnotation
package jp.co.shoeisha.javarecipe.annotation;
```

同一アノテーションを複数指定（Java 8以降）

　Java 8からは、1つの場所に同じアノテーションを複数記述できます（Java 7以前は、コンパイルエラーになります）。複数指定可能なアノテーションを作るには、次の2つをセットで定義する必要があります。

❶実際に複数指定するアノテーション

❷上記の複数のアノテーションを保持するアノテーション（コンテナアノテーション）

　まず、❶のアノテーションを定義する際は、@Repeatableメタアノテーションを付けておく必要があります。

●**複数指定可能なアノテーションを定義する**

```
@Repeatable(Schedules.class)　　　　　　　　　　　　　　　　　　　　Ⓐ
public @interface Schedule {
    String dayOfMonth();
}
```

　ここで、@Repeatableの属性には❷のコンテナアノテーションを指定します（Ⓐ）。コンテナアノテーションは、次のように定義します。

●**コンテナアノテーションを定義する**

```
public @interface Schedules {
    // @Repeatableを付与したアノテーションを保持する
    Schedule[] value();
}
```

　こうすることで、@Scheduleアノテーションは複数記述できるアノテーションになります。

●**@Scheduleアノテーションを使う**

```
@Schedule(dayOfMonth = "10 03:00:00")
@Schedule(dayOfMonth = "20 03:00:00")
public class Cron {
    ⋮
}
```

085 Classインスタンスを取得したい

.class | getClass | Class | forName

6 7 8 11

関連	—
利用例	型を指定してClassインスタンスを取得する場合

「クラス名.class」と記述します。

●Classインスタンスを取得する

```
Class<Exception> e = Exception.class;
```

インスタンスからClassインスタンスを取得する場合は、getClass()メソッドを使います。

```
Exception instance = new Exception();
Class<? extends Exception> e = instance.getClass();
```

また、Class#forName()メソッドでクラス名の文字列から取得することもできます。

```
Class<?> e = Class.forName("java.lang.Exception");
```

取得したClassインスタンスからは、次のようにして該当のクラスに関する情報を取得できます。

●クラスの情報を取得する

```
// RunnableインターフェースのClassインスタンスを取得
Class<Runnable> c = Runnable.class;

// インターフェースかどうか
System.out.println(c.isInterface()); // => true

// アノテーションかどうか
System.out.println(c.isAnnotation()); // => false

// 配列かどうか
System.out.println(c.isArray()); // => false
```

```java
// 列挙型かどうか
System.out.println(c.isEnum()); // => false

// 引数のインスタンスがRunnable型かどうか
System.out.println(c.isInstance(new Thread())); // => true

// 引数のクラスがRunnableのサブクラス/実装クラスかどうか
System.out.println(c.isAssignableFrom(Thread.class)); // => true
```

> **COLUMN　リフレクションとは？**
>
> Classオブジェクトからはフィールドやメソッドなどの情報を取得でき、さらにそれらのフィールドやメソッドを動的に呼び出すことができます。これをリフレクションと呼びます。
>
> ●リフレクションの例
>
> ```java
> // Classオブジェクトを取得
> Class<?> clazz = obj.getClass();
>
> // メソッド名と引数の型を指定してMethodオブジェクトを取得
> Method method = clazz.getMethod("setName", String.class);
>
> // setName()メソッドを呼び出し
> method.invoke(obj, "Naoki Takezoe");
> ```
>
> リフレクションを使うことで、実際の型がわからなくてもメソッドの呼び出しやフィールドへのアクセス、インスタンスの生成などを行なうことができます。

086 リフレクションでクラスのメンバの情報を取得したい

Constructor | Method | Field

関連	085 Classインスタンスを取得したい P.159
利用例	実行時にクラスのメンバの情報を動的に取得する場合

コンストラクタの情報はjava.lang.reflect.Constructorクラス、メソッドの情報はjava.lang.reflect.Methodクラス、フィールドの情報はjava.lang.reflect.Fieldクラスから取得します。

● リフレクションでクラスのメンバの情報を取得する

```java
// Fileクラスのpublicコンストラクタを取得
for (Constructor<?> constructor : File.class.getConstructors()) {
    // コンストラクタ名
    String name = constructor.getName();

    // 引数の型
    Class<?>[] type = constructor.getParameterTypes();

    // 修飾子がpublicかどうか
    boolean mod = Modifier.isPublic(constructor.getModifiers());
}

// Fileクラス(スーパークラスも含む)のpublicメソッドを取得
for (Method method : File.class.getMethods()) {
    // メソッド名
    String name = method.getName();

    // 戻り値の型
    Class<?> type = method.getReturnType();

    // 引数の型
    Class<?>[] params = method.getParameterTypes();

    // 修飾子がstaticかどうか
    boolean mod = Modifier.isStatic(method.getModifiers());
}

// Fileクラス(スーパークラスも含む)のpublicフィールドを取得
for (Field field : File.class.getFields()) {
    // フィールド名
    String name = field.getName();
```

```java
    // フィールドの型
    Class<?> type = field.getType();

    // 修飾子がfinalかどうか
    boolean mod = Modifier.isFinal(field.getModifiers());
}
```

なお、public以外のメンバも取得したい場合は、getDeclaredConstructors()メソッド、getDeclaredMethods()メソッド、getDeclaredFields()メソッドを使うことで、対象のクラスに定義されているすべてを取得できます。ただし、スーパークラスは含まれないことに注意してください。

●クラスの全メンバを取得する

```java
// Fileクラスの全コンストラクタを取得
File.class.getDeclaredConstructors();

// Fileクラス（スーパークラスは含まない）の全メソッドを取得
File.class.getDeclaredMethods();

// Fileクラス（スーパークラスは含まない）の全フィールドを取得
File.class.getDeclaredFields();
```

> **NOTE**
>
> **Java8以降でメソッドがデフォルト実装かどうか判定**
>
> Java 8から、インターフェースのメソッドには、デフォルトの実装を定義できます レシピ065 。Method#isDefault()メソッドは、メソッドがデフォルト実装かどうかを判定できます。
>
> ```java
> for (Method method : List.class.getMethods()) {
>     boolean res = method.isDefault();
> }
> ```

引数名を取得する（Java 8以降）

Java 8からは、リフレクションでコンストラクタやメソッドの引数名を取得できます。ただし、引数名を取得するためには、コンパイル時に-parametersオプションを設定して

3.6 リフレクション

おく必要があります。Eclipseの場合は、Javaのコンパイラの設定で［Store method parameter names］にチェックを入れます（図3.1）。引数の情報はjava.lang.reflect.Parameterクラスに格納されており、ConstructorおよびMethodのスーパークラスであるjava.lang.reflect.Executable#getParameters()メソッドで取得します。

図3.1 引数名を取得するための設定

● リフレクションで引数名を取得する

```java
// コンストラクタの情報
Executable exe = User.class.getConstructor(String.class);
for (Parameter param : exe.getParameters()) {
    // 引数名
    String name = param.getName();
}

// 操作対象のクラス
public class User {
    private final String initial;
    public User(String initial) {
        this.initial = initial;
    }
    :
}
```

087 リフレクションでインスタンスを生成したい

| Class | Constructor | newInstance |

| 関　連 | 085 Classインスタンスを取得したい　P.159 |
| 利用例 | 実行時にクラスのインスタンスを動的に生成する場合 |

Constructor#newInstance()メソッドを使います。

● リフレクションでインスタンスを生成する

```java
try {
    // 引数なし
    StringBuilder sb1 = StringBuilder.class.getConstructor().newInstance();

    // 引数あり
    StringBuilder sb2 = StringBuilder.class.getConstructor(String.class).
newInstance("初期値");

} catch (ReflectiveOperationException e) {
    throw new RuntimeException(e);
}
```

> **NOTE**
>
> **Java 6のリフレクションにおける例外処理**
>
> ReflectiveOperationExceptionはJava 7から導入された例外のため、Java 6では利用できません。よって、次のように発生する可能性のあるすべての例外に対して対処が必要になります。
>
> ```java
> try {
>     StringBuilder.class.newInstance();
>
> } catch (InstantiationException e) {
>     throw new RuntimeException(e);
> } catch (IllegalAccessException e) {
>     throw new RuntimeException(e);
> }
> ```

088 リフレクションでメソッドやフィールドを呼び出したい

| Method | invoke | Field |

関　連	086 リフレクションでクラスのメンバの情報を取得したい　P.161
利用例	実行時にメソッドを動的に実行する場合 実行時にフィールドの値を動的に取得する場合

メソッドを呼び出すには、Method#invoke()メソッドを使います。フィールドからの値の取得と設定には、Field#get()メソッドおよびField#set()メソッドを使います。

● リフレクションでメソッド、フィールドを呼び出す

```java
SampleBean bean = new SampleBean();
try {
    // メソッド（引数あり）
    Method addMethod = SampleBean.class.getMethod("add", int.class);
    addMethod.invoke(bean, 100);

    // メソッド（引数なし）
    Method getDataMethod = SampleBean.class.getMethod("getData");
    Object methodResult = getDataMethod.invoke(bean);

    // フィールド
    Field field = SampleBean.class.getDeclaredField("field");
    field.setAccessible(true);                                    ❶

    field.set(bean, 200);
    Object fieldValue = field.get(bean);

} catch (ReflectiveOperationException e) {
    throw new RuntimeException(e);
}

// 操作対象のクラス
public class SampleBean {
    private int field;

    public int getData() {
        return field;
    }

    public void add(int add) {
        this.field = add;
    }
}
```

public以外のメソッドやフィールドにアクセスする場合は、❶のようにsetAccessible()メソッドでアクセス可能な状態にしてから呼び出す必要があるので注意してください。

　なお、Java 6の場合は例外処理が異なります。詳細は レシピ087 のNOTE「Java 6のリフレクションにおける例外処理」を参照してください。

staticメソッド、staticフィールドを呼び出す

　リフレクションでstaticメソッドやstaticフィールドを呼び出すには、invoke()メソッドなどを実行する際、操作対象のクラスのインスタンスを渡す代わりにnullを指定します。

●リフレクションでstaticメソッド、staticフィールドを呼び出す

```java
try {
    // staticメソッド
    Method method = SampleBean.class.getMethod("getMessage", String.class);
    Object methodResult = method.invoke(null, "Takako");

    // staticフィールド
    Field field = SampleBean.class.getField("MESSAGE");
    Object fieldValue = field.get(null);

} catch (ReflectiveOperationException e) {
    throw new RuntimeException(e);
}

// 操作対象のクラス
public class SampleBean {
    public static final String MESSAGE = "Hello ";

    public static String getMessage(String name) {
        return MESSAGE + name;
    }
}
```

089 リフレクションでジェネリクスの情報を取得したい

| getTypeParameters | TypeVariable | ParameterizedType | 6 | 7 | 8 | 11 |

関 連	—
利用例	型パラメータや型変数の情報を取得する場合

ジェネリクスの情報は、表3.7のメソッドで取得できます。

表3.7 ジェネリクスの情報を取得するメソッド

分類	メソッド	説明
クラス	Class#getTypeParameters	自クラスの型情報
	Class#getGenericInterfaces	実装するインターフェースの型情報
	Class#getGenericSuperclass	スーパークラスの型情報
コンストラクタ	Constructor#getTypeParameters	コンストラクタに宣言した型情報
	Constructor#getGenericParameterTypes	コンストラクタの引数の型情報
	Constructor#getGenericExceptionTypes	コンストラクタのthrowsに宣言している例外の型情報
メソッド	Method#getTypeParameters	メソッドに宣言した型情報
	Method#getGenericReturnType	メソッドの戻り値の型情報
	Method#getGenericParameterTypes	メソッドの引数の型情報
	Method#getGenericExceptionTypes	メソッドのthrowsに宣言している例外の型情報
フィールド	Field#getGenericType	フィールドの型情報

これらのメソッドからjava.lang.reflect.Typeインターフェースを取得できますが、型変数やワイルドカードなどの情報は、戻り値が表3.8のどのサブインターフェースかで決まります。

表3.8 Typeインターフェースのサブインターフェース

インターフェース	説明
Class	通常の型を表わす
java.lang.reflect.ParameterizedType	パラメータ化された型(たとえばList<T>)を表わす
java.lang.reflect.GenericArrayType	ジェネリクスの配列(たとえばT[])を表わす
java.lang.reflect.TypeVariable	型変数(たとえばList<T>のT)を表わす
java.lang.reflect.WildcardType	ワイルドカード(たとえばList<?>の?)を表わす

ここでは例として、次のクラスからリフレクションを使用してジェネリクスの情報を取得してみます。

● ジェネリクス情報の取得対象となるクラス

```
// ジェネリクスを使ったインターフェース
interface GenericInterface<V>{
}

// ジェネリクス情報の取得対象となるクラス
class GenericSample<T, U extends Exception> implements GenericInterface<Integer>{
    public T t;
    public T[] tArray;
    public List<String> list;
    public List<T> tList;
    public List<U> boundList;
    public List<? extends Exception> wildList;
}
```

上記のGenericSampleクラスからジェネリクスの情報を取得するコードは、次のようになります。

● リフレクションでジェネリクスの情報を取得

```
Class<GenericSample> clazz = GenericSample.class;

/*********** 各フィールドの情報 ***********/
{
    // 型変数: T
    TypeVariable<?> type = (TypeVariable<?>) clazz.getField("t").getGenericType();
    String name = type.getName();              // => "T"
    GenericDeclaration decl = type.getGenericDeclaration();
                                               // => Class<GenericSample>
    Type bound = type.getBounds()[0];          // => Class<Object>                   ❶
}
{
    // 型変数の配列: T[]
    GenericArrayType tArray = (GenericArrayType) clazz.getField("tArray").↵
getGenericType();
    TypeVariable<?> type = (TypeVariable<?>) tArray.getGenericComponentType();
}
{
    // パラメータ化された型: List<String>
    ParameterizedType type = (ParameterizedType) clazz.getField("list").↵
getGenericType();
```

```java
    Type rawType = type.getRawType();                    // => Class<List>
    Type actual = type.getActualTypeArguments()[0];      // => Class<String>
}
{
    // パラメータ化された型: List<T>
    ParameterizedType type = (ParameterizedType) clazz.getField("tList").
getGenericType();
    Type rawType = type.getRawType();                    // => Class<List>
    Type actual = type.getActualTypeArguments()[0];      // => TypeVariable
}
{
    // 制限付きパラメータ化された型: List<E extends Exception>
    ParameterizedType boundList = (ParameterizedType) clazz.getField("boundList").
getGenericType();
    TypeVariable<?> type = (TypeVariable<?>) boundList.getActualTypeArguments()[0];
    String name = type.getName();                        // => "E"
    Type bound = type.getBounds()[0];                    // => Class<Exception>      ――❷
}
{
    // 上限付きワイルドカード: List<? extends Exception>
    ParameterizedType wildList = (ParameterizedType) clazz.getField("wildList").
getGenericType();
    WildcardType type = (WildcardType) wildList.getActualTypeArguments()[0];
    Type upperBound = type.getUpperBounds()[0];          // => Class<Exception>
    Type[] lowerBounds = type.getLowerBounds();          // => なし (長さ0の配列)
}
/*********** クラスの情報 ************/
{
    TypeVariable<Class<GenericSample>>[] types = clazz.getTypeParameters();
    String name1 = types[0].getName();                   // => "T"
    String name2 = types[1].getName();                   // => "U"
}
/*********** インターフェースの情報 ************/
{
    ParameterizedType type = (ParameterizedType) clazz.getGenericInterfaces()[0];
    String name = type.getTypeName();   // => "GenericInterface<java.lang.Integer>"
    Type actual1 = type.getActualTypeArguments()[0];     // => Class<Integer>
}
```

TypeVariable#getBounds()メソッドは、<T extends ...>のように上限が指定されていれば該当のClassインスタンスを取得できますが（❷）、<T>のように上限なしの場合はObjectのClassインスタンスになります（❶）。

090 リフレクションでアノテーションの情報を取得したい

| getAnnotation | isAnnotationPresent | getAnnotationsByType | 6 | 7 | 8 | 11 |

関 連	084 独自アノテーションを作成したい P.154
利用例	実行時にアノテーションの設定項目を取得する場合

アノテーションの情報は、表3.9のメソッドで取得できます。

表3.9 アノテーションの情報を取得するメソッド

メソッド	説明	Java6	Java7	Java8以降
getAnnotations	すべてのアノテーションを取得する。スーパークラスに付与したアノテーション（メタアノテーションで@Inheritedを指定する必要がある）も含む	○	○	○
getDeclaredAnnotations	すべてのアノテーションを取得する。対象のクラスに付与されたアノテーションのみ	○	○	○
getAnnotation	指定したアノテーションを取得する。スーパークラスのアノテーションも含む	○	○	○
getDeclaredAnnotation	指定したアノテーションを取得する。対象のクラスのアノテーションのみ	-	-	○
isAnnotationPresent	アノテーションが付与されているかチェックする	○	○	○
Method#getParameterAnnotations Constructor#getParameterAnnotations	引数に付与されたアノテーションを取得する	○	○	○
getAnnotationsByType	複数指定できる（メタアノテーションで@Repeatableを指定した）アノテーションを取得する。スーパークラスのアノテーションも含む	-	-	○
getDeclaredAnnotationsByType	複数指定できる（メタアノテーションで@Repeatableを指定した）アノテーションを取得する。対象のクラスのアノテーションのみ	-	-	○

ただし、取得できるのは、@Retention(RUNTIME)が指定されたアノテーションに限られます。例えば次のようなアノテーションが付与されたクラスがあるとします。

●アノテーションが付与されたクラス

```
@Check("クラスに付与")
class AnnotationSample {
    @Check("メソッドに付与")
    public void print(@Check("引数に付与") String message) {
        System.out.println(message);
    }
}
```

このクラスからリフレクションでアノテーションを取得するコードを次に示します。

●リフレクションでアノテーションの情報を取得する

```
Class<AnnotationSample> clazz = AnnotationSample.class;

// クラスに付与した@Checkを取得
Check check = clazz.getAnnotation(Check.class);
check.value();                    // => クラスに付与

Method method = clazz.getMethod("print", String.class);
// @Checkが付与されている場合
if(method.isAnnotationPresent(Check.class)) {
    // メソッドに付与した@Checkを取得
    method.getAnnotation(Check.class).value();    // => メソッドに付与
}

for(Annotation[] params : method.getParameterAnnotations()) {
    for(Annotation annotation : params) {
        ((Check) annotation).value();        // => 引数に付与
    }
}
```

ジェネリクスの型パラメータに付与したアノテーションは、TypeVariableから取得できます。次のような型パラメータにアノテーションが付与されたクラスがあるとします。

●型パラメータにアノテーションが付与されたクラス

```
class AnnotationSample<@TypeParamAnnotation("クラスの型パラメータに付与") T>{
    public <@TypeParamAnnotation("メソッドの型パラメータに付与") E> void test(E arg) {
        ︙
    }
}
```

このクラスからリフレクションでアノテーションを取得するコードを次に示します。

●型パラメータに付与されたアノテーションを取得

```
Class<?> clazz = AnnotationSample.class;

// クラスの型パラメータに付与されたアノテーションを取得
TypeVariable<?> t1 = clazz.getTypeParameters()[0];
t1.getDeclaredAnnotation(TypeParamAnnotation.class).value( );
            // => クラスの型パラメータに付与

// メソッドの型パラメータに付与されたアノテーションを取得
Method method = clazz.getMethod("test", Object.class);
TypeVariable<?> t2 = method.getTypeParameters()[0];
t2.getDeclaredAnnotation(TypeParamAnnotation.class).value( );
            // => メソッドの型パラメータに付与
```

ElementType.TYPE_USEを指定したアノテーションは型を使用するさまざまな場所に付与することができますが、次のような場合はここまでに紹介した方法ではアノテーションを取得することができません。

●ElementType.TYPE_USEを指定したアノテーションの付与例

```
class MyClass extends @TypeUseAnnotation("親クラスに付与") MySuperClass {
    public @TypeUseAnnotation("戻り値の型に付与") String hello()
        throws @TypeUseAnnotation("例外に付与") Exception {
      :
    }
}
```

このような場合はAnnotatedTypeを取得し、そこからアノテーションを取得する必要があります。

●ElementType.TYPE_USEを指定したアノテーションを取得する

```
Class<?> clazz = AnnotationSample.class;

// 継承するクラスに付与されたアノテーションを取得
AnnotatedType t1 = clazz.getAnnotatedSuperclass();
t1.getDeclaredAnnotation(TypeUseAnnotation.class).value(); // => 親クラスに付与

// メソッドの戻り値に付与されたアノテーションを取得
Method method = clazz.getMethod("hello");
AnnotatedType t2 = method.getAnnotatedReturnType();
t2.getDeclaredAnnotation(TypeUseAnnotation.class).value(); // => 戻り値の型に付与
```

```
// メソッドの例外宣言に付与されたアノテーションを取得
AnnotatedType t3 = method.getAnnotatedExceptionTypes()[0];
t3.getDeclaredAnnotation(TypeUseAnnotation.class).value(); // => 例外に付与
```

　ElementType.PACKAGEを指定したアノテーションはpackage-info.javaファイルにのみ指定することができますが レシピ084 のコード「package-info.javaにアノテーションを付与する」参照)、このアノテーションもリフレクションで取得できます。

●ElementType.PACKAGEを指定したアノテーションを取得する

```
Package p = Package.getPackage("jp.co.shoeisha.javarecipe.annotation");
Annotation[] a = p.getDeclaredAnnotations();
```

091 インスタンスをシリアライズ・デシリアライズしたい

| Serializable | transient | serialPersistentFields | 6 | 7 | 8 | 11 |

関　連	—
利用例	インスタンスの状態をファイルなどに保存しておく場合 インスタンスをネットワーク経由で別のJava VMに転送する場合

　シリアライズとは、オブジェクトをデータとして保存できる形に変換することです。逆に、変換されたデータからオブジェクトを復元することをデシリアライズと呼びます。

　シリアライズを行なうには、まず対象のクラスがjava.io.Serializableインターフェースを実装している必要があります。Serializableインターフェースはシリアライズ可能であることを示すマーカーインターフェースであり、実装するメソッドはありません。

●シリアライズ対象のクラス

```java
public class SampleBean implements Serializable {

    // フィールドはプリミティブ型、シリアライズ可能なクラスのみ定義可能
    private int id = 10;
    private String name = "文字列";
}
```

　実際にインスタンスをシリアライズするには、java.io.ObjectOutputStreamを使います。

●シリアライズ

```java
// ここではファイルに保存する
ObjectOutputStream out = new ObjectOutputStream(new FileOutputStream("..."));
out.writeObject(new SampleBean());
```

　逆にデシリアライズするには、java.io.ObjectInputStreamを使います。

●デシリアライズ

```java
// ここではファイルから読み込む
ObjectInputStream in = new ObjectInputStream(new FileInputStream("..."));
SampleBean bean = (SampleBean) in.readObject();
```

> **NOTE**
>
> **クラスのバージョンを識別するserialVersionUID**
>
> 　上記のSampleBeanクラスは、Eclipseの設定によっては「シリアライズ可能クラス xxxx はlong型のstatic final serialVersionUIDフィールドを宣言していません」という警告が表示されることがあります。
>
> 　serialVersionUIDはデシリアライズを行なう際、クラスの構造に変更がないということを識別するための番号で、Serializableインターフェースを実装したクラスにstatic finalなフィールドとして定義します。この番号がシリアライズされたときとデシリアライズするときに異なっていた場合は、デシリアライズを行なうことができません。
>
> 　省略した場合はコンパイル時にクラス構造から自動生成されるので必ずしも定義する必要はありませんが、コンパイラによる自動生成にまかせるとフィールドやメソッドの順番などソースコードのちょっとした変更でも番号が変わってしまうことがあるため、デシリアライズしたデータの互換性を確保したい場合には手動で定義することが推奨されています。

シリアライズするフィールドの制御

シリアライズするクラスに定義されたフィールドは、必ずしもすべてがシリアライズ対象になるわけではありません。デフォルトでは、次の条件を満たすフィールドはシリアライズの対象外になります。

- transientキーワード付きフィールド
- staticフィールド

この挙動は、serialPersistentFieldsというstaticフィールドでシリアライズするフィールドを明示的に指定することで変更できます。ただし、この方法で指定可能なのはそのクラスで定義されているフィールドのみで、親クラスのフィールドを指定するとシリアライズの際に例外が発生します。

●シリアライズするフィールドの指定

```java
public class SampleBean implements Serializable {
    /**
     * フィールド名は必ずserialPersistentFields、修飾子はprivate static finalにする
     * @serialField id int ID
     * @serialField name String 名前
     */
    private static final ObjectStreamField[] serialPersistentFields = {
        new ObjectStreamField("id", int.class),
        new ObjectStreamField("name", String.class)
    };
}
```

092 独自のシリアライズ・デシリアライズ処理をしたい

| Externalizable | writeExternal | readExternal | | 6 | 7 | 8 | 11 |

関 連	091 インスタンスをシリアライズ・デシリアライズしたい P.174
利用例	独自のフォーマットでシリアライズ・デシリアライズ処理を行なう場合

　シリアライズ、デシリアライズのフォーマットをカスタマイズするには、対象のクラスでjava.io.Externalizableインターフェースを実装します。シリアライズ処理はwriteExternal()メソッド、デシリアライズ処理はreadExternal()メソッドに記述します。

●独自のシリアライズ・デシリアライズ

```java
public class SampleBean implements Externalizable {
    /**
     * @serial ID
     */
    private int id = 10;

    /**
     * @serial 名前
     */
    private String lastName = "島本";

    /**
     * シリアライズ対象外
     */
    private String firstName = "多可子";

    /**
     * シリアライズ処理
     * @serialData IDと名前をシリアライズする
     */
    @Override
    public void writeExternal(ObjectOutput out) throws IOException {
        // 保存するフィールドを指定
        out.writeInt(id);
        out.writeUTF(lastName);
    }

    /**
     * デシリアライズ処理
     * @serialData IDと名前をデシリアライズする
```

```
     */
    @Override
    public void readExternal(ObjectInput in) throws IOException, ClassNotFoundException {
        // 復元するフィールドを指定
        id = in.readInt();
        lastName = in.readUTF();
    }
}
```

> **NOTE**
>
> **XML形式でのシリアライズ・デシリアライズ**
>
> java.beans.XMLEncoderとjava.beans.XMLDecoderを使うことで、オブジェクトをXML形式にシリアライズ・デシリアライズできます。
>
> XMLという汎用的なテキストフォーマットを使うことで、通常のシリアライズで発生する、クラス定義の変更やVMのバージョンの違いによってシリアライズしたデータの互換性が崩れてしまうという問題を回避できます。
>
> XML形式でシリアライズする場合、対象のクラスがSerializableインターフェースを実装している必要はありませんが、デフォルトコンストラクタは必須です。また、シリアライズできるのは、publicなフィールド、またはpublicなgetterメソッド、setterメソッドを持つプロパティに限られます。
>
> ●XML形式でのシリアライズ・デシリアライズ
>
> ```
> // XMLへのシリアライズ
> ByteArrayOutputStream out = new ByteArrayOutputStream();
> try(XMLEncoder encoder = new XMLEncoder(out)){
>     encoder.writeObject(new Sample("Naoki"));
> }
>
> // XMLを取得
> String xml = new String(out.toByteArray(), StandardCharsets.UTF_8);
>
> // XMLからのデシリアライズ
> ByteArrayInputStream in = new ByteArrayInputStream(xml.getBytes
> (StandardCharsets.UTF_8));
> try(XMLDecoder decoder = new XMLDecoder(in)){
>     Sample sample = (Sample) decoder.readObject();
> }
> ```

MEMO

PROGRAMMER'S RECIPE

第 **04** 章

コレクション

093 コレクションについて知りたい

| コレクション | 配列 | ストリーム | | 6 | 7 | 8 | 11 |

| 関連 | 094 配列を使いたい　P.182
101 Listを使いたい　P.192
112 Setを使いたい　P.207
119 Mapを使いたい　P.217
128 Streamを使いたい　P.230 |

| 利用例 | データの集合を取り扱う場合 |

　コレクションとは、データの集合（複数の要素の集まり）のことです。Javaの基本ライブラリには、コレクションを取り扱うための仕組みを提供する「コレクションフレームワーク」が含まれています。

コレクションフレームワーク

　コレクションフレームワークが提供するコレクションライブラリのうち、基本となるのは、以下の3つのインターフェースです。

java.util.List

　要素に順序性を持ったデータの集合として取り扱うためのインターフェースです。Listインターフェースを実装した具象クラスには、java.util.ArrayListなどがあります。

java.util.Set

　java.util.Listに似ているが、要素の重複がなく、また順序性もないデータの集合として取り扱うためのインターフェースです。Setインターフェースを実装した具象クラスにはjava.util.HashSetなどがあります。

java.util.Map

　キーと値のペアを要素としてデータの集合を取り扱うためのインターフェースです。キーは一意となっており、キーを指定することで値を取り出すことができるのが特徴です。Mapインターフェースを実装した具象クラスには、java.util.HashMapなどがあります。

COLUMN　スレッドセーフなコレクションクラス

ArrayListやHashSet、HashMapといったコレクションクラスは、スレッドセーフではありません。複数スレッドからコレクションクラスのインスタンスに対する操作を行なう必要がある場合は、通常のコレクションの代わりにjava.util.concurrentパッケージで提供されている、以下のスレッドセーフなコレクションクラスを使うとよいでしょう。

java.util.concurrent.CopyOnWriteArrayList
ArrayListをスレッドセーフにしたものです。更新があった場合にはデータのコピーを作成し、すでに取得済みのイテレータが参照するデータには反映しない形で同期化を不要にしています。

java.util.concurrent.CopyOnWriteArraySet
スレッドセーフなSetの実装で、内部的にはCopyOnWriteArrayListを使って実装されています。

java.util.concurrent.ConcurrentHashMap
スレッドセーフなMapです。内部的には同期化が行なわれますが、インスタンス全体をロックするのではなく、ロックの粒度を細分化することで並列性を高めています。

配列

コレクションフレームワークの一部ではありませんが、Javaには要素の集合を扱うためのデータ型として「配列」があります。配列はListと同じく順序付きの要素の集合を取り扱う仕組みですが、Listとは次の点が異なります。

- 一度作成した配列のサイズは変更できない
- プリミティブ型の配列を宣言することができる

Stream

Java 8から提供されるStream APIでは、データの集合に対してラムダ式で処理を行なうことができます。従来のコレクションAPIを使用した処理と比べると、関数型言語のようなシンプルな記述が可能になります。また、Stream APIでは、要素が遅延評価されるため大量データの取り扱いに向いている、簡単に並列化を行なうことができるため処理速度の向上が期待できるといったメリットがあります。

Streamを取得する方法としては、Collection#stream()メソッドやArrays#stream()メソッドがあります。また、コレクションだけでなくファイルなどからStreamを生成することもできます（レシピ194・197 などを参照）。

094 配列を使いたい

配列			6	7	8	11
関　連	093 コレクションについて知りたい　P.180
利用例	配列を利用してデータの集合を取り扱う場合

配列は、new演算子によって生成します。配列をnew演算子で生成すると、要素の型に対応した初期値（例えばintであれば0、Stringなどの参照型の場合はnull）で初期化されます。

●配列を生成する

```
// 要素数10のint型配列を生成
int[] intArray = new int[10];

// 要素数5のString型配列を生成
String[] stringArray = new String[5];
```

また、次のように配列の生成時に要素を指定することもできます。

●要素を指定して配列を生成する

```
// 要素を指定してint型配列を生成
int[] intArray = {1, 2, 3, 4, 5};

// 要素を指定してString型配列を生成
String[] stringArray = {"A", "B", "C"};
```

生成した配列は、次のサンプルのように、

```
変数名[インデックス]
```

で要素にアクセスできます。

4.2 配列

● 配列の要素を取得・設定する

```java
String[] array = {"A", "B", "C"};

// 配列の要素を取得
System.out.println(array[0]); // => A
System.out.println(array[1]); // => B
System.out.println(array[2]); // => C

// 配列の要素を設定
array[0] = "D";
array[1] = "E";
array[2] = "F";
```

多次元配列（配列の要素に配列を設定したもの）を生成するには、次のようにします。

● 二次元配列を生成する

```java
// int型の二次元配列を生成
int[][] intArray = new int[3][2];

// String型の二次元配列を生成
String[][] stringArray = new String[2][3];
```

多次元配列についても、次のように配列生成時に要素を指定できます。

● 要素を指定して多次元配列を生成する

```java
// 要素を指定してint型の二次元配列を生成
int[][] intArray = {{1, 2}, {3, 4}, {5, 6}};

// 要素を指定してString型の二次元配列を生成
String[][] stringArray = {{"A", "B", "C"}, {"D", "E", "F"}};
```

095 配列の長さを調べたい

配列 | length

6 7 8 11

関　連	094　配列を使いたい　P.182
利用例	配列の要素数を取得する場合

配列のlengthプロパティを使います。lengthプロパティでは、配列の要素数を取得できます。

● 配列の長さを調べる

```
String[] stringArray = {"A", "B", "C"};

System.out.println(stringArray.length); // => 3
```

配列に対してインデックスを指定して要素の取得・設定を行なう際に範囲外のインデックスを指定すると、ArrayIndexOutOfBoundsExceptionがスローされます。要素数がわからない配列に対して操作を行なう場合は、事前にlengthプロパティで配列のサイズを確認するとよいでしょう。

● 配列の要素数を確認してから処理を行なう

```
String[] array = …

// 要素が1つもない場合はArrayIndexOutOfBoundsExceptionがスローされる
System.out.println("先頭の要素=" + array[0]);

// 要素が1つ以上あることを確認してから処理を実行
if(array.length > 0){
    System.out.println("先頭の要素=" + array[0]);
}
```

096 配列の要素を繰り返し処理したい

| 配列 | for | 拡張for文 | | 6 | 7 | 8 | 11 |

| 関　　連 | 094　配列を使いたい　P.182 |
| 利 用 例 | 配列の全要素に対して処理を行なう場合 |

　for文を使います。インデックスを指定して各要素を取得する方法と、拡張for文を利用する方法の2種類の記述方法があります。

●配列の要素を繰り返し処理する

```java
int[] array = {1, 2, 3};

// 方法1：インデックスを利用した場合
for (int i = 0; i < array.length; i++) {
    System.out.println(array[i]);    // => 1 2 3
}

// 方法2：拡張for文を利用した場合
for (int value: array) {
    System.out.println(value);       // => 1 2 3
}
```

多次元配列の場合は、次のような記述となります。

●多次元配列の要素を繰り返し処理する

```java
int[][] array = {{1, 2, 3}, {4, 5, 6}};

// 方法1：インデックスを利用した場合
for (int i = 0; i < array.length; i++) {
    for (int j = 0; j < array[i].length; j++) {
        System.out.println(array[i][j]);  // => 1 2 3 4 5 6
    }
}

// 方法2：拡張for文を利用した場合
for (int[] inArray: array) {
    for (int value: inArray) {
        System.out.println(value);        // => 1 2 3 4 5 6
    }
}
```

097 配列をコピーしたい

配列	Arrays	copyOf	copyRangeOf	6 7 8 11

関　連	094 配列を使いたい　P.182
利用例	配列の内容をコピーする場合

　Java 6から追加されたArrays#copyOf()メソッドやArrays#copyRangeOf()メソッドを使います（これらのメソッドは、内部的にはSystem#arraycopy()メソッドを呼び出しています）。

● 配列をコピーする

```java
// コピー元の配列
int[] array = {30, 10, 20, 15};

// 同じ配列長へコピーする場合
int[] sameArray = Arrays.copyOf(array, array.length);    // => [30, 10, 20,15]

// 短い配列長へコピーする場合、指定した配列長までの範囲でコピーし返却
int[] shortArray = Arrays.copyOf(array, 2);              // => [30, 10]

// 長い配列長へコピーする場合、余った部分にデータ型に応じた値をパディングし返却
int[] longArray = Arrays.copyOf(array, 6);               // => [30, 10, 20, 15, 0, 0]

// コピー元配列長の範囲内のインデックスを指定した場合、
// to-fromの長さの配列長がコピーし返却
int[] rangeArray = Arrays.copyOfRange(array, 1, 3);      // => [10, 20]

// コピー元配列長より長い範囲のインデックスを指定してコピーする場合、
// データ型に応じた値をパディングし返却
int[] longRangeArray = Arrays.copyOfRange(array, 2, 5);  // => [20, 15, 0]
```

　Arrays#copyOf()メソッドやSystem#arraycopy()メソッドは、「浅いコピー」となる点に注意が必要です。
　「浅いコピー」とは、コピー元が保持する参照をコピーして新たなオブジェクトを生成することを指します。これに対して、「深いコピー」とは、コピー元が保持する参照型変数の内容を含めて、すべてコピーすることを指します。
　浅いコピーで十分なのか、深いコピーが必要なのかは、そのつど検討する必要があります。深いコピーが必要な場合は、参照先のオブジェクトをコピーする必要があります。

●copyOf()メソッドが「浅いコピー」であることの確認例

```
// srcPointをdestPointにコピー
Point[] srcPoint = { new Point(10, 20), new Point(30, 40) };
Point[] destPoint = Arrays.copyOf(srcPoint, 2);

// コピー元の配列内のオブジェクトのプロパティを変更すると
// コピー先のオブジェクトのプロパティの値も変わる
srcPoint[0].x = 50;

System.out.println(srcPoint[0].x);   // => 50（コピー元の値）
System.out.println(destPoint[0].x);  // => 50（コピー先の値）
```

●参照先のオブジェクトをコピーする「深いコピー」の例

```
// コピー元の配列
Point[] srcPoint = { new Point(10, 20), new Point(30, 40) };
int size = srcPoint.length;

// コピー先の配列
Point[] destPoint = new Point[size];

// srcPointからdestPointに深いコピーをする
for (int i = 0; i < size; i++) {
    // プロパティを基に新たなインスタンスを作成する
    destPoint[i] = new Point(srcPoint[i].x, srcPoint[i].y);
}

// コピー元の配列内のオブジェクトのプロパティの値を変更しても
// コピー先のオブジェクトのプロパティの値は変わらない
srcPoint[0].x = 50;

System.out.println(srcPoint[0].x);    // => 50（コピー元の値）
System.out.println(destPoint[0].x);   // => 10（コピー先の値）
```

098 配列をソートしたい

| 配列 | Arrays | sort | parallelSort | Comparator | 6 7 8 11 |

| 関連 | 094 配列を使いたい P.182 |

| 利用例 | 配列を昇順や降順で並べ替える場合
配列の内容を検索する場合 |

Arrays#sort()メソッドを使います。

●配列をソートする

```
// 配列arrayを昇順にソートする
String[] array = {"apple", "strawberry", "blueberry", "orange"};
Arrays.sort(array);
System.out.println(Arrays.toString(array));
    // => [apple, blueberry, orange, strawberry]

// 配列arrayRangeをインデックス1から3未満の範囲で昇順にソートする
int[] arrayRange = {1, 5, 2, 4, 3};
Arrays.sort(arrayRange, 1, 3);
System.out.println(Arrays.toString(arrayRange));    // => [1, 2, 5, 4, 3]
```

また、Arrays#sort()メソッドの引数にjava.util.Comparatorオブジェクトを渡すことで、ソート方法をカスタマイズすることもできます。

Comparatorインターフェースでは、compare()メソッドが定義されており、2つの引数の比較結果を次の戻り値として実装します。

- 引数1＞引数2 の場合　➡　正数を返す
- 引数1＝引数2 の場合　➡　0を返す
- 引数1＜引数2 の場合　➡　負数を返す

次のサンプルでは、文字列長を比較する独自のComparatorを利用して配列をソートしています。

●文字列長で配列をソートする

```java
// 文字列長で比較を行なうComparatorインターフェースの実装
public class StringLengthComparator implements Comparator<String> {

    @Override
    public int compare(String value1, String value2) {
        // 文字列長を比較する
        return value1.length() - value2.length();
    }

}
// 配列を文字列長でソートする
String[] array = {"apple", "strawberry", "blueberry", "orange"};
Arrays.sort(array, new StringLengthComparator());
System.out.println(Arrays.toString(array));
        // =>[apple, orange, blueberry, strawberry]
```

Java 8以降では、Arrays#parallelSort()メソッドを使用して配列を並列ソートできます。このソートはFork / Join Framework（第7章参照）を使用して実装されており、高速なソートが可能です。

●並列ソート

```java
int[] array = …
Arrays.parallelSort(array);
```

099 配列に特定の要素が含まれているか調べたい

| 配列 | Arrays | binarySearch | | 6 | 7 | 8 | 11 |

| 関連 | 094 配列を使いたい P.182 |
| 利用例 | 配列の中に必要な値が含まれているかを調べる場合 |

Arrays#binarySearch()メソッドを使います。このメソッドで検索する場合、次の点に留意する必要があります。

- 事前にArrays#sort()メソッドで配列をソートしておく必要がある
- 返却されるインデックスは、ソートされた時点のものとなる
- 配列の要素に同じ値が複数ある場合、どの要素が返却されるかの保証はない

なお、目的の値が見つからなかった場合、負の値が返却されます。

●特定の要素が含まれるかを調べる

```java
int[] array = { 30, 10, 20, 15 };

// まず配列をソートしておく
Arrays.sort(array);      // => [10, 15, 20, 30]

// 15が格納されたインデックスを取得
int result1 = Arrays.binarySearch(array, 15);   // => 1

// 1が格納されたインデックスを取得
int result2 = Arrays.binarySearch(array, 1);    // => -1
```

100 配列を比較したい

配列 | Arrays | deepEquals   6 7 8 11

関連	094 配列を使いたい P.182
利用例	配列の内容が同一であるか確認する場合

Arrays#deepEquals()メソッドを使います。このメソッドでは、2つの配列の要素が同一であるかを比較できます。

●配列を比較する

```
int[][] intArray1 = { { 1, 2, 3 }, { 4, 5, 6 } };
int[][] intArray2 = { { 1, 2, 3 }, { 4, 5, 6 } };

System.out.println(Arrays.deepEquals(intArray1, intArray2)); // => true
```

> **NOTE**
>
> **deepEqualsメソッドとequalsメソッドの違い**
>
> Arrays#equals()メソッドでも配列の比較を行なうことができます。しかし、Arrays#equals()メソッドは要素の内容ではなく参照先が同じかどうかを比較するため、次のケースでは異なる配列という判定結果になります。
>
> ●配列を比較する
>
> ```
> int[][] intArray1 = {{1, 2, 3}, {4, 5, 6}};
> int[][] intArray2 = {{1, 2, 3}, {4, 5, 6}};
>
> //Arrays#equals()メソッドを使った場合
> System.out.println(Arrays.equals(intArray1, intArray2)); // => false
> ```

101 Listを使いたい

| List | ArrayList | LinkedList | new | | 6 | 7 | 8 | 11 |

関　連	093　コレクションについて知りたい　P.180
利用例	項目をリスト表示する場合

　順序性を持ったデータの集合を取り扱う場合は、Listを使います。Listインターフェースの主な具象クラス（実装クラス）には、ArrayList、LinkedListがあります。

Listの生成

　Listを生成するには、以下のようにします。ここではArrayListを使用しています。
　型パラメータで格納する要素の型を指定する必要があるという点に注意してください。また、Java 7以降であれば、右辺の型指定を省略可能です レシピ078 。

●Listを生成する

```
// Java 6の場合
List<String> list = new ArrayList<String>();

// Java 7以降の場合
List<String> list = new ArrayList<>();
```

　Listは後から要素を追加できますが、最初から格納する要素数の目安がわかっているのであれば、ArrayListが内部的に確保する領域を指定してListを生成します。

●要素数を指定してListを生成する

```
// ArrayListの生成時に100個分の領域を確保
List<String> list = new ArrayList<>(100);
```

Listの主なメソッド

　よく使うメソッドを表4.1に示します。

4.3 LIST

表4.1　Listの主なメソッド

メソッド	説明
add	Listに要素を追加する レシピ102
addAll	Listにコレクションの要素をすべて追加する レシピ110
clear	Listのすべての要素を削除する レシピ105
contains	指定した要素がListに含まれているか調べる レシピ109
forEach Java 8以降	Listの要素を繰り返し処理する レシピ106
get	指定したインデックスの要素を取得する レシピ103
indexOf	指定した要素がList内で最初に見つかったインデックスを返す。1つも見つからない場合は-1を返す レシピ109
isEmpty	Listに要素がない場合、trueを返す レシピ107
lastIndexOf	指定した要素がList内で最後に見つかったインデックスを返す。1つも見つからない場合は-1を返す レシピ109
remove	要素を削除し、削除した要素を返す レシピ105
removeAll	指定したコレクションのすべての要素を削除し、Listが変更されたらtrueを返す レシピ105
removeIf Java 8以降	特定の条件を満たす要素を削除し、Listが変更されたらtrueを返す レシピ105
replaceAll Java 8以降	すべての要素を置換する レシピ104
retainAll	指定したコレクション以外のすべての要素を削除し、Listが変更されたらtrueを返す レシピ105
set	指定したインデックスの要素を置き換え、置き換えられた要素を返す レシピ104
size	Listの要素数を返す レシピ107
toArray	ListをObject型の配列に変換する レシピ111

Listの主な実装クラス

Listを実装した主なクラスとして、以下の2つがあります。

ArrayList

Listインターフェースをサイズ変更可能な配列として実装したクラスです。内部的に配列を利用しているため、各要素の読み出しは高速です。ただし、要素の追加・削除（図4.1）は、要素を追加・削除した位置より後の要素を移動する必要があるため、移動に必要な要素数が多い（Listの先頭に近い）ほど重い処理となります。

図4.1　ArrayListクラスでの要素の参照

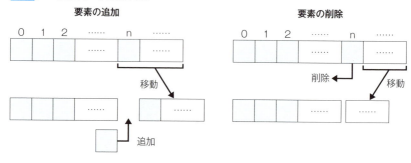

LinkedList

Listインターフェースのリンクリストを実装したクラスです。各要素に前後の要素へのリンクを持っており、各要素を取得する場合は、インデックスの場所に応じてListの先頭もしくは末尾からリンクをたどっていきます（図4.2）。そのため、Listの両端は高速に取得できますが、Listの中央付近の要素を取得する場合、リンクをたどる回数が多くなり、ArrayListクラスと比べて効率が悪くなります。

図4.2　LinkedListクラスでの要素の参照

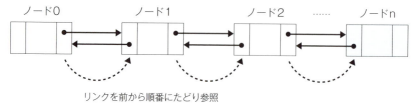

　一方、LinkedListクラスに要素を追加・削除する場合、リンクのつけかえだけで実現できるため、ArrayListクラスと比べて効率的です（図4.3）。ただし、要素の追加・削除の前にリンクをたどる処理がある点には留意しておく必要があります。コレクションの先頭や終端への要素の追加・削除を多用しない限り、一般的にはArrayListクラスを利用するほうが効率的です。

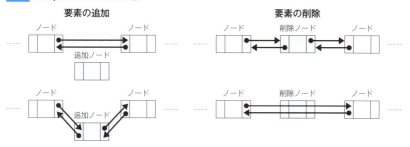

図4.3 ArrayListとLinkedListの比較

COLUMN　空のコレクションが必要な場合

Collectionsクラスの emptyList() メソッド、emptySet() メソッド、emptyMap() メソッドなどを使うと、空のコレクションを取得できます。

●メソッドの戻り値として空のコレクションを返す場合

```
public static List<String> splitByComma(String str){
    if(str == null || str.length() == 0){
        // 引数がnullまたは空文字列の場合は空のListを返す
        return Collections.emptyList();
    }
    return Arrays.asList(str.split(","));
}
```

これらのメソッドは、シングルトンな空コレクションのインスタンスを返します。そのため、メソッドの戻り値などで処理結果として空のコレクションを返すようなケースでは、自分で生成したコレクションを返すよりもメモリやインスタンスの生成コストを節約できます。

102 Listに要素を追加したい

`List | add` 6 7 8 11

関　連	101　Listを使いたい　P.192
利用例	Listに要素を追加する場合

List#add()メソッドを使います。Listの末尾、または指定したインデックスの位置に要素を追加できます。

●Listに要素を追加する

```
List<String> list = new ArrayList<>();
// Listの末尾に要素を追加
list.add("A");
list.add("B");
list.add("C");
System.out.println(list);   // => [A, B, C]

// [A, B, C]のインデックス2番目に要素を挿入
list.add(2, "Z");
System.out.println(list);   // => [A, B, Z, C]

// Listの先頭に要素を追加
list.add(0, "X");
System.out.println(list);   // => [X, A, B, Z, C]
```

なお、Listに他のコレクションの要素をまとめて追加したい場合は、add()メソッドの代わりにaddAll()メソッド レシピ110 を使うとよいでしょう。

103 Listの要素を取得したい

List | get

関連　101　Listを使いたい　P.192

利用例　Listの要素を取得する場合

List#get()メソッドを使います。

● Listの要素を取得する

```java
List<String> list = new ArrayList<>();
list.add("A");
list.add("B");
list.add("C");
System.out.println(list);        // => [A, B, C]

// インデックス1の要素を取得する
System.out.println(list.get(1)); // => B
```

> **NOTE**
>
> **Listの要素数を事前に確認する**
>
> 　Listに対してインデックスを指定して要素の追加・取得・削除などの操作を行なうメソッドを呼び出す際、範囲外のインデックスを指定すると、IndexOutOfBoundsExceptionがスローされます。要素数がわからないListに対して操作を行なう場合は、事前にsize()メソッド レシピ107 でListのサイズを確認してから処理を行なうようにしましょう。
>
> ● Listの要素数を確認してから処理を行なう
>
> ```java
> List<String> list = …
>
> // Listが空の場合はIndexOutOfBoundsExceptionがスローされる
> System.out.println("先頭の要素" + list.get(0));
>
> // 要素が1つ以上あることを確認してから処理を実行
> if(list.size() > 0){
>     System.out.println("先頭の要素" + list.get(0));
> }
> ```

104 Listの要素を変更したい

`List` | `set` | `replaceAll`   6 7 8 11

関　連	101　Listを使いたい　P.192
利用例	Listの特定の要素を変更する場合

List#set()メソッドを使います。

●Listの要素を変更する

```java
List<String> list = new ArrayList<>();
list.add("A");
list.add("B");
list.add("C");
System.out.println(list);   // => [A, B, C]

// インデックス1の要素を"X"に変更
list.set(1,"X");            // => B
System.out.println(list);   // => [A, X, C]
```

Java 8以降では、List#replaceAll()メソッドで、List内のすべての要素をラムダ式の戻り値で置き換えることができます。

●Listの要素を置き換える

```java
List<String> list = new ArrayList<>();
list.add("A");
list.add("B");
list.add("C");
System.out.println(list);   // => [A, B, C]

// すべての要素を小文字に変換
list.replaceAll(s -> s.toLowerCase());
System.out.println(list);   // => [a, b, c]
```

4.3 LIST

105 Listの要素を削除したい

| List | remove | removeAll | retainAll | clear | removeIf | 6 | 7 | 8 | 11 |

| 関　連 | 101 **List を使いたい** P.192 |
| 利用例 | List の特定の要素を削除する場合 |

Listの要素を削除したい場合は、次のメソッドを使用します。

- E remove(int index) ……………………… 指定したインデックスの要素を削除し、削除した要素を返す
- boolean remove(Object o) ……………… 指定した要素を削除し、削除した場合はtrue、削除する要素がなかった場合はfalseを返す
- boolean removeAll(Collection<?> c) …… 指定したコレクションのすべての要素を削除し、Listが変更されたらtrueを返す
- boolean retainAll(Collection<?> c) …… 指定したコレクション以外のすべての要素を削除し、Listが変更されたらtrueを返す
- void clear() ……………………………………… Listのすべての要素を削除する

●Listの要素を削除する

```
List<String> list1 = new ArrayList<>();
list1.add("A");
list1.add("B");
list1.add("C");
list1.add("X");
list1.add("D");
list1.add("Y");
list1.add("E");
System.out.println(list1);    // => [A, B, C, X, D, Y, E]

// 削除対象の要素を格納
List<String> list2 = new ArrayList<>();
list2.add("X");
list2.add("Y");
```

```java
// 削除しない対象の要素を格納
List<String> list3 = new ArrayList<>();
list3.add("A");
list3.add("E");

// 指定したインデックスの要素を削除し、削除した要素を返す
System.out.println(list1.remove(2));      // => C
System.out.println(list1);                // => [A, B, X, D, Y, E]

// 指定した要素を削除し、削除する要素がなかった場合はfalseを返す
System.out.println(list1.remove("D"));    // => true
System.out.println(list1);                // => [A, B, X, Y, E]

// 指定したコレクションのすべての要素を削除し、Listが変更されたらtrueを返す
System.out.println(list1.removeAll(list2)); // => true
System.out.println(list1);                // => [A, B, E]

// 指定したコレクション以外のすべての要素を削除し、Listが変更されたらtrueを返す
System.out.println(list1.retainAll(list3)); // => true
System.out.println(list1);                // => [A, E]

// すべての要素を削除
list1.clear();
System.out.println(list1.size());         // => 0
System.out.println(list1.isEmpty());      // => true
```

Java 8以降では、List#removeIf()メソッドを使うことで、ラムダ式で指定した条件に一致した要素を削除できます。

●条件に一致する要素を削除する

```java
List<String> list = new ArrayList<>();
list.add("Java");
list.add("JavaScript");
list.add("CSS");
list.add("HTML");

// 先頭が"J"で始まる要素を削除
list.removeIf(s -> s.startsWith("J"));  // => true
System.out.println(list);               // => [CSS, HTML]
```

106 Listの要素を繰り返し処理したい

| List | 拡張for文 | forEach | | 6 | 7 | 8 | 11 |

| 関　連 | 101　Listを使いたい　P.192 |
| 利 用 例 | Listの要素を先頭から順番に処理する場合 |

for文を使います。また、Java 8以降では、List#forEach()メソッドを使ってラムダ式で繰り返し処理を記述できます。

●Listの要素の繰り返し処理

```
List<String> list = new ArrayList<>();
list.add("A");
list.add("B");
list.add("C");

// 拡張for文を使用する場合
for (String value : list) {
    System.out.println("(" + value + ")");  // => (A) (B) (C)
}

// forEachメソッドを使用した場合（Java 8以降）
list.forEach(s -> System.out.println("[" + s + "]")); // => [A] [B] [C]
```

107 Listの要素数を調べたい

| List | size | isEmpty | 6 7 8 11 |

関　連	101　Listを使いたい　P.192
利用例	Listに格納されている要素数を調べる場合 Listに要素がないことを調べる場合

List#size()メソッドを使います。また、Listが空かどうかを調べる場合、List#isEmpty()メソッドを使います。

●Listの要素数を調べる

```java
List<String> list = new ArrayList<>();
list.add("A");
list.add("B");
list.add("C");
System.out.println(list);            // => [A, B, C]

// Listの要素数を調べる
System.out.println(list.size());     // => 3

// Listが空かどうかを調べる
System.out.println(list.isEmpty());  // => false
```

4.3 LIST

108 Listをソートしたい

| Collections | sort | reverse | 6 | 7 | 8 | 11 |

| 関連 | 098 配列をソートしたい　P.182
101 Listを使いたい　P.192 |

| 利用例 | Listを昇順や降順で並べ替える場合
Listを任意のルールで並べ替える場合 |

Collections#sort()メソッドを使います。

デフォルトでは要素の自然順序付け（Stringならアルファベット順、Integerなら数値順）にしたがって、昇順にソートされます。降順にソートしたい場合は、ソート後のListをCollections#reverse()メソッドで反転させます。

●Listを昇順にソートする

```
List<String> list = new ArrayList<>();
list.add("apple");
list.add("strawberry");
list.add("blueberry");
list.add("orange");

// 昇順でのソート
Collections.sort(list);
System.out.println(list);      // => [apple, blueberry, orange, strawberry]

// 降順でのソート
Collections.reverse(list);
System.out.println(list);      // => [strawberry, orange, blueberry, apple]
```

Collections#sort()メソッドの引数にComparatorを渡すことで、独自の並べ替えルールでListをソートすることもできます（Comparatorインターフェースについては、レシピ098 を参照）。

次のサンプルでは、レシピ098 のサンプルにある文字列長を比較する独自のComparatorを使ってListをソートしています。

●文字列長によるListのソート例

```
List<String> list = new ArrayList<>();
list.add("apple");
list.add("strawberry");
list.add("blueberry");
list.add("orange");

// 独自の並べ替えルール（この例では文字列長）でListをソート
Collections.sort(list, new StringLengthComparator());
System.out.println(list);    // => [apple, orange, blueberry, strawberry]
```

109 Listに特定の要素が含まれるか調べたい

| List | contains | containsAll | indexOf | lastIndexOf | 6   7   8   11 |

| 関連 | 101 | Listを使いたい | P.192 |

| 利用例 | Listの要素が含まれているか調べる場合
Listの要素を検索し、そのインデックス番号を調べる場合 |

　List#contains()メソッド、またはList#containsAll()メソッドを使います。
　また、要素が含まれているかどうかに加え、そのインデックス番号も知りたい場合には、List#indexOf()メソッド、またはList#lastIndexOf()メソッドを使います。

●Listの検索例

```java
List<String> list1 = new ArrayList<>();
list1.add("A");
list1.add("B");
list1.add("C");
list1.add("B");                              // => [A, B, C, B]

List<String> list2 = new ArrayList<>();
list2.add("A");
list2.add("B");

List<String> list3 = new ArrayList<>();
list3.add("A");
list3.add("D");

// 指定した要素がListに含まれているか調べる
System.out.println(list1.contains("A"));      // => true
System.out.println(list1.contains("D"));      // => false

// 指定したコレクションのすべての要素がListに含まれているか調べる
System.out.println(list1.containsAll(list2)); // => true
System.out.println(list1.containsAll(list3)); // => false

// 指定された要素がList内で「最初に」検出されたインデックスを返す
System.out.println(list1.indexOf("C"));       // => 2

//指定された要素がListにない場合、-1を返す
System.out.println(list1.indexOf("E"));       // => -1

// 指定された要素がList内で「最後に」検出されたインデックスを返す
System.out.println(list1.lastIndexOf("B"));   // => 3

// 指定された要素がListにない場合、-1を返す
System.out.println(list1.lastIndexOf("E"));   // => -1
```

110 2つのListを連結したい

List | addAll

関　連	101　Listを使いたい　P.192
利 用 例	複数のListを連結して1つのListにする場合

List#addAll()メソッドを使います。

● 2つのListを連結する

```java
List<String> list1 = new ArrayList<>();
list1.add("A");
list1.add("B");
list1.add("C");

List<String> list2 = new ArrayList<>();
list2.add("X");
list2.add("Y");

// [A, B, C]の末尾に[X,Y]を追加
list1.addAll(list2);
System.out.println(list1);   // => [A, B, C, X, Y]

// [A, B, C]のインデックス2番目に[X,Y]を追加
list1.addAll(2, list2);
System.out.println(list1);   // => [A, B, X, Y, C, X, Y]
```

111 Listと配列を相互に変換したい

配列 | List | toArray | Arrays | asList

6 7 8 11

関連	094 配列を使いたい P.182
	101 Listを使いたい P.192

利用例	Listの内容を配列として利用する場合

　Listを配列に変換する場合は、List#toArray()メソッドを使います。型安全性を確保するため、引数にListの要素の格納先の配列を指定します。

●Listを配列に変換する

```
List<String> list = new ArrayList<>();
list.add("A");
list.add("B");
list.add("C");

// 型安全性のため、引数のあるtoArrayメソッドを利用
String[] array = list.toArray(new String[list.size()]);
System.out.println(Arrays.toString(array));    // => [A, B, C]
```

　逆に、配列をListに変換する場合はArrays#asList()メソッドを使用します。

●配列をListに変換する

```
String[] array = { "A", "B", "C", "D" };
List<String> list = Arrays.asList(array);
System.out.println(list);    // => [A, B, C, D]
```

COLUMN　Arrays#asList()で簡単にListを生成する

　Arrays#asList()メソッドは配列をListに変換するだけでなく、次のような表記で簡単にListを生成することもできます。

●Arrays#asListメソッドを利用したListの生成

```
List<String> list = Arrays.asList("apple", "orange", "pineapple", "strawberry");
```

112 Setを使いたい

| Set | HashSet | LinkedHashSet | TreeSet | new | 6   7   8   11

関　連	093　コレクションについて知りたい　P.180
利用例	重複のない値の集合を取り扱う場合

　重複のないデータの集合を取り扱う場合は、Setを使います。Setの要素はすべて一意となります。Setインターフェースの主な具象クラス（実装クラス）には、HashSet、LinkedHashSet、TreeSetがあります。

Setの生成

　Setを生成するには、以下のようにします。ここではHashSetを使用しています。
　型パラメータで格納する要素の型を指定する必要があるという点に注意してください。また、Java 7以降であれば、右辺の型指定を省略可能です レシピ078 。

●Setを生成する

```
// Java 6の場合
Set<String> set = new HashSet<String>();

// Java 7以降の場合
Set<String> set = new HashSet<>();
```

　Setは後から要素を追加できますが、最初から格納する要素数の目安がわかっているのであれば、内部的に確保する領域を指定してSetを生成します。

●要素数を指定してSetを生成する

```
// HashSetの生成時に100個分の領域を確保
Set<String> set = new HashSet<>(100);
```

Setの主なメソッド

よく使うメソッドを表4.2に示します。

表4.2 Setの主なメソッド

メソッド	説明
add	指定された要素がSetに含まれていない場合、Setに要素を追加する レシピ113
addAll	指定されたコレクションのすべての要素について、要素がSet内に含まれていない場合、Setに追加する。Setが変更された場合、trueを返却する レシピ113
clear	すべての要素をSetから削除する レシピ114
contains	指定した要素がSetに含まれているか調べる レシピ117
containsAll	指定したコレクションのすべての要素がSetに含まれているか調べる レシピ117
forEach Java 8以降	Setの要素を繰り返し処理する レシピ115
isEmpty	Setに要素がない場合、trueを返す レシピ116
remove	指定した要素を削除する。削除した場合はtrueを返す レシピ114
removeAll	指定したコレクションのすべての要素を削除し、Setが変更されたらtrueを返す レシピ114
removeIf Java 8以降	特定の条件を満たす要素を削除し、Setが変更されたらtrueを返す レシピ114
retainAll	指定したコレクション以外のすべての要素を削除し、Setが変更されたらtrueを返す レシピ114
size	Setの要素数を返す レシピ116

Setの主な実装クラス

Setを実装した主なクラスとして、以下の3つがあります。

HashSet

ハッシュを利用したSetの実装クラスです。内部的には、HashMapクラスのキーの集合だけを利用して実装されています。このクラスは、要素の追加や検索が高速ですが、要素は順序性がなく、追加された順序と無関係に格納されます。

LinkedHashSet

HashSetクラスに、リンクリストによる順序性を持たせたクラスです。ただし、LinkedListクラスのような双方向アクセスはできません。

TreeSet

ツリー構造を利用したSetの実装クラスです。要素は自然順序付けされていますが、Comparatorを設定することで任意の順序性でもデータを保持できます。

次のサンプルでは、各クラスによって順序性が異なることを確認しています。

●順序性の確認

```java
// HashSetの生成
Set<String> hashSet = new HashSet<>();
hashSet.add("A");
hashSet.add("C");
hashSet.add("E");
hashSet.add("D");
hashSet.add("B");
System.out.println(hashSet);    // => [D, E, A, B, C]  順序性なし

// LinkedHashSetの生成
Set<String> linkedHashSet = new LinkedHashSet<>();
linkedHashSet.add("A");
linkedHashSet.add("C");
linkedHashSet.add("E");
linkedHashSet.add("D");
linkedHashSet.add("B");
System.out.println(linkedHashSet);    // => [A, C, E, D, B]  格納順

// TreeSetの生成
Set<String> treeSet = new TreeSet<>();
treeSet.add("A");
treeSet.add("C");
treeSet.add("E");
treeSet.add("D");
treeSet.add("B");
System.out.println(treeSet);    // => [A, B, C, D, E]  自然順序付け
```

113 Setに要素を追加したい

| Set | add |

| 関連 | 118 2つのSetを連結したい P.216 |
| 利用例 | Setに特定の要素を追加する場合 |

Set#add()メソッドを使います。要素を追加した場合はtrueを、すでに同じ要素があった場合はfalseを返します。

●Setに要素を追加する

```
Set<String> set = new HashSet<>();

// Setに要素を追加
set.add("A");
set.add("B");
set.add("C");
System.out.println(set.add("A"));  // => すでに要素があるためfalse
System.out.println(set.add("D"));  // => true
System.out.println(set);           // => [D, A, B, C]
```

なお、Setに他のコレクションの値をまとめて追加したい場合は、add()メソッドの代わりにaddAll()メソッド レシピ118 を使うとよいでしょう。

114 Setの要素を削除したい

`Set | remove | removeAll | retainAll | removeIf | clear`　　6　7　8　11

関　連	112　Setを使いたい　P.207
利用例	Setの特定の要素を削除する場合 Setの要素を指定の要素でフィルタリングする場合

要素の削除範囲に応じて、remove()、removeAll()、retainAll()、clear()の各メソッドを使います。

- boolean remove(Object o) ……………… 指定した要素を削除する。削除した場合はtrueを、削除する要素がなかった場合はfalseを返す
- boolean removeAll(Collection<?> c) …… 指定したコレクションのすべての要素を削除し、Setが変更されたらtrueを返す
- boolean retainAll(Collection<?> c) ……… 指定したコレクション以外のすべての要素を削除し、Setが変更されたらtrueを返す
- void clear() ……………………………… すべての要素をSetから削除する

●Setの要素を削除する

```java
// Setの生成
Set<String> set1 = new HashSet<>();
set1.add("A");
set1.add("B");
set1.add("C");
set1.add("E");
set1.add("F");
set1.add("D");
System.out.println(set1);            // => [D, E, F, A, B, C]

// 削除対象の要素を格納
Set<String> set2 = new HashSet<>();
set2.add("D");
set2.add("E");

// 削除しない対象の要素を格納
Set<String> set3 = new HashSet<>();
set3.add("B");
set3.add("C");
```

```
// Setの要素を削除する。削除した場合はtrueを返す
System.out.println(set1.remove("A"));        // => true
System.out.println(set1.remove("G"));        // => false
System.out.println(set1);                    // => [D, E, F, B, C]

// 指定したコレクションのすべての要素を削除し、Setが変更されたらtrueを返す
System.out.println(set1.removeAll(set2));    // => true
System.out.println(set1);                    // => [F, B, C]

// 指定したコレクション以外のすべての要素を削除し、Setが変更されたらtrueを返す
System.out.println(set1.retainAll(set3));    // => true
System.out.println(set1);                    // => [B, C]

// すべての要素を削除
set1.clear();
System.out.println(set1.size());             // => 0
System.out.println(set1.isEmpty());          // => true
```

Java 8以降では、Set#removeIf()メソッドを使うことで、ラムダ式で指定した条件に一致した要素を削除できます。

● 条件に一致する要素を削除する

```
Set<String> set = new HashSet<>();
set.add("Java");
set.add("JavaScript");
set.add("CSS");
set.add("HTML");

// 先頭が"J"で始まる要素を削除
set.removeIf(s -> s.startsWith("J"));   // => true
System.out.println(set);                // => [CSS, HTML]
```

115 Setの要素を繰り返し処理したい

| Set | 拡張for文 | forEach |

| 関　　連 | 112　Setを使いたい　P.207 |
| 利 用 例 | Setの要素を先頭から順番に処理する場合 |

for文を使います。また、Java 8以降では、Set#forEach()メソッドを使うことでラムダ式で繰り返し処理を記述できます。

●Setの要素の繰り返し処理

```java
Set<String> set = new HashSet<>();
set.add("A");
set.add("B");
set.add("C");

// 拡張for文を使用した場合
for (String value : set) {
    System.out.println("(" + value + ")");   // => (A) (B) (C)
}

// forEachメソッドを使用した場合（Java8以降）
set.forEach(s -> System.out.println("[" + s + "]")); // => [A] [B] [C]
```

上記のサンプルで使用しているHashSetは要素の順序付けを行なわないため、for文やforEach()メソッドで取得できる要素の順序は不定です。LinkedHashSetの場合は追加された順で、TreeSetの場合は自然順序付けまたは任意のComparatorでソートされた順番で要素を取得できます。

116 Setの要素数を調べたい

| Set | size | isEmpty | | 6 | 7 | 8 | 11 |

関連	112 Setを使いたい　P.207
利用例	Setに格納されている要素数を調べる場合 Setに要素がないことを調べる場合

Set#size()メソッドを使います。また、Setが空かどうかを調べるには、Set#isEmpty()メソッドを使います。

●Setの要素数を調べる

```
Set<String> set = new HashSet<>();
set.add("A");
set.add("B");
set.add("C");
System.out.println(set);              // => [A, B, C]

// Setの要素数（サイズ）を調べる
System.out.println(set.size());       // => 3

// Setが空かどうかを調べる
System.out.println(set.isEmpty());    // => false
```

117 Setに特定の要素が含まれるか調べたい

| Set | contains | containsAll |

関連: 112 Setを使いたい P.207

利用例:
Setの要素を検索する場合
Setの要素が指定した条件を満たすかどうかを調べる場合

Set#contains()メソッドとSet#containsAll()メソッドを使います。

●Setの検索例

```java
Set<String> set1 = new HashSet<>();
set1.add("A");
set1.add("B");
set1.add("C");

Set<String> set2 = new HashSet<>();
set2.add("B");
set2.add("C");

Set<String> set3 = new HashSet<>();
set3.add("A");
set3.add("D");

// 指定した要素がSetに含まれているか調べる
System.out.println(set1.contains("A"));        // => true
System.out.println(set1.contains("D"));        // => false

// 指定したコレクションのすべての要素がSetに含まれているか調べる
System.out.println(set1.containsAll(set2));    // => true
System.out.println(set1.containsAll(set3));    // => false
```

118 2つのSetを連結したい

`Set` | `addAll` 6 7 8 11

関連	112 Setを使いたい P.207
利用例	複数のSetを連結して1つのSetにする場合

Set#addAll()メソッドを使います。

● 2つのSetを連結する

```
Set<String> set1 = new HashSet<>();
set1.add("A");
set1.add("B");
set1.add("C");
set1.add("D");

Set<String> set2 = new HashSet<>();
set2.add("E");
set2.add("F");

// set1とset2を連結
set1.addAll(set2);
System.out.println(set1); // => [D, E, F, A, B, C]
```

4.5 Map

119 Mapを使いたい

| Map | HashMap | LinkedHashMap | TreeMap | new | 6   7   8   11 |

| 関連 | 093 コレクションについて知りたい P.180 |
| 利用例 | キーと値のペアにしてデータを取り扱う場合 |

キーと値のペアにしてデータを取り扱う場合は、Mapを使います。キーと値のペアがMapの要素となり、キーはすべて一意となります。Mapインターフェースの主な具象クラス（実装クラス）には、HashMap、LinkedHashMap、TreeMapがあります。

Mapの生成

Mapを生成するには、以下のようにします。ここではHashMapを使用しています。
型パラメータで格納する要素の型を指定する必要があるという点に注意してください。また、Java 7以降であれば、右辺の型指定を省略可能です レシピ078 。

●Mapを生成する

```
// Java 6の場合
Map<String, String> hashMap = new HashMap<String, String>();

// Java 7以降の場合
Map<String, String> hashMap = new HashMap<>();
```

Mapは後から要素を追加できますが、最初から格納する要素数の目安がわかっているのであれば、内部的に確保する領域を指定してMapを生成します。

●要素数を指定してMapを生成する

```
// HashMapの生成時に100個分の領域を確保
Map<String, String> hashMap = new HashMap<>(100);
```

Mapの主なメソッド

Mapの主なメソッドを、表4.3に示します。

表4.3 Mapの主なメソッド

メソッド	説明
clear	Mapのエントリをすべて削除する レシピ124
compute Java 8以降	指定されたキー、ラムダ式の戻り値をMapに追加する レシピ120
computeIfAbsent Java 8以降	指定されたキーが存在しない場合だけラムダ式の戻り値をセットする レシピ120
computeIfPresent Java 8以降	指定されたキーが存在する場合だけラムダ式の戻り値で値を上書きする レシピ120
containsKey	Mapに指定されたキーが含まれている場合trueを返す レシピ126
containsValue	Mapに指定された値が含まれている場合trueを返す レシピ127
entrySet	Mapに含まれるすべてのエントリを取得する レシピ123
forEach Java 8以降	Mapの要素を繰り返し処理する レシピ123
get	指定されたキーの値を返す。キーが存在しない場合nullを返す レシピ121
getOrDefault Java 8以降	指定されたキーの値を返す。キーが存在しない場合デフォルト値を返す レシピ121
isEmpty	Mapに1つもエントリがない場合、trueを返す レシピ125
keySet	Mapに含まれるすべてのキーを取得する レシピ122
merge Java 8以降	指定したキーが存在しない場合は値をセット、存在する場合は既存の値と指定した値をマージする レシピ120
put	指定されたキー、値をMapに追加する。すでにキーに対する値が追加されている場合、新しい値で上書きされる レシピ120
putIfAbsent Java 8以降	指定されたキーが存在しない場合だけ値をセットする レシピ120
remove	指定されたキーをMapから削除し、キーに関連付けられていた値を返す レシピ124
replace Java 8以降	指定されたキー（および値）が存在する場合だけ値を上書きする レシピ120
replaceAll Java 8以降	すべての要素を置換する レシピ120
size	Mapのエントリ数（サイズ）を返す レシピ125
values	Mapに含まれるすべての値を返す レシピ121

Mapの主な実装クラス

Mapを実装した主なクラスとして、以下の3つがあります。

HashMap

ハッシュを利用したMapの実装クラスです。キーをハッシュコードに変換し、ハッシュコードは対応する値にアクセスするために利用されます。このクラスは、要素は順序性がなく、追加された順序と無関係に格納されます。

LinkedHashMap

HashMapクラスを拡張し、Map内のキーに対してリンクリストによる順序性を持たせたクラスです。要素は追加した順番でソートされます。

TreeMap

ツリー構造を利用したMapの実装クラスです。要素はキーの自然順序付けでソートされますが、Comparatorを設定することで任意の順序性でデータを保持することもできます。

次のサンプルでは、実装クラスによって順序性が異なることを確認しています。

●順序性の確認

```java
// HashMapの生成
Map<String, String> hashMap = new HashMap<>();
hashMap.put("A", "1");
hashMap.put("C", "3");
hashMap.put("E", "5");
hashMap.put("D", "4");
hashMap.put("B", "2");
System.out.println(hashMap);        // => {D=4, E=5, A=1, B=2, C=3}  順序性なし

// LinkedHashMapの生成
Map<String, String> linkedHashMap = new LinkedHashMap<>();
linkedHashMap.put("A", "1");
linkedHashMap.put("C", "3");
linkedHashMap.put("E", "5");
linkedHashMap.put("D", "4");
linkedHashMap.put("B", "2");
System.out.println(linkedHashMap);  // => {A=1, C=3, E=5, D=4, B=2}  格納順

// TreeMapの生成
Map<String, String> treeMap = new TreeMap<>();
treeMap.put("A", "1");
treeMap.put("C", "3");
treeMap.put("E", "5");
treeMap.put("D", "4");
treeMap.put("B", "2");
System.out.println(treeMap);        // => {A=1, B=2, C=3, D=4, E=5}  自然順序付け
```

120 Mapに要素を追加したい

| Map | put | putIfAbsent | replace | replaceAll | compute | computeIfPresent | computeIfAbsent | merge |

| 6 | 7 | 8 | 11 |

| 関　連 | 119 Mapを使いたい　P.217 |
| 利用例 | Mapに特定の要素を追加する場合 |

Map#put()メソッドを使います。

●Mapに要素を追加する

```java
Map<String, String> map = new HashMap<>();
map.put("A", "1");
map.put("B", "2");
map.put("C", "3");

// すでにキーが登録されている場合、上書きされる
map.put("A", "5");

System.out.println(map);    // => {A=5, B=2, C=3}
```

　Java 8以降では、Map#putIfAbsent()メソッドで、キーが存在しない場合のみ値を追加できます。

●Mapに要素を追加する

```java
Map<String, String> map = new HashMap<>();
map.put("A", "1");

// すでにキーが登録されている場合は何もしない
map.putIfAbsent("A", "2");
System.out.println(map);    // => {A=1}

// キーが存在しない場合は追加
map.putIfAbsent("B", "2");
System.out.println(map);    // => {A=1, B=2}
```

4.5 Map

▍要素の置換

Map#replace()メソッドで要素の値を上書きできます。また、Map#replaceAll()メソッドですべての要素をラムダ式の戻り値で置き換えることができます。

●要素の置換

```java
Map<String, String> map = new HashMap<>();
map.put("A", "VB");
map.put("B", "VBScript");

// Aの値をJavaに上書き（戻り値は上書き前の値）
String oldValue = map.replace("A", "Java");
System.out.println(oldValue); // => VB
System.out.println(map);      // => {A=Java, B=VBScript}

// Bの値がVBScriptの場合のみJavaScriptで上書き
// （戻り値は上書きした場合true、しなかった場合false）
boolean replaced = map.replace("B", "VBScript", "JavaScript");
System.out.println(replaced); // => true
System.out.println(map);      // => {A=Java, B=JavaScript}

// Mapのすべての要素の値を大文字に変換
map.replaceAll((key, value) -> value.toUpperCase());
System.out.println(map);      // => {A=JAVA, B=JAVASCRIPT}
```

▍ラムダ式での要素の追加・置換

Java 8以降の場合、Map#compute()メソッド、Map#computeIfAbsent()メソッド、Map#computeIfPresent()メソッドでラムダ式の戻り値を値としてMapに追加できます。

また、computeIfAbsent()メソッドはキーが存在しない場合、computeIfPresent()メソッドがキーが存在する場合のみ値を上書きします。

●ラムダ式の戻り値をMapに追加する

```java
Map<String, String> map = new HashMap<>();
map.put("A", "1");

// ラムダ式の戻り値を値としてMapに追加する
//
// ラムダ式の引数：
//   key        : キー
//   existValue : すでにキーが存在する場合はその値、存在しない場合はnull
```

221

```java
map.compute("B", (key, existValue) -> {
    if(existValue != null){
        // すでにキーが存在する場合はそのままの値にする
        return existValue;
    } else {
        // キーが存在しない場合は"Nothing"という値を追加
        return "Nothing";
    }
});

System.out.println(map); // => {A=1, B=Nothing}

// キーが存在しない場合のみラムダ式の戻り値をMapに追加する
map.computeIfAbsent("B", (key) -> key + " does not exist"); // Bはすでに存在するので
                                                            // 追加されない
map.computeIfAbsent("C", (key) -> key + " does not exist"); // Cは存在しないので
                                                            // 追加される

System.out.println(map); // => {A=1, B=Nothing, C=C does not exist}

// キーが存在する場合のみラムダ式の戻り値で値を上書きする
map.computeIfPresent("B", (key, existValue) -> key + " is " + value);
    // Bはすでに存在するので値が上書きされる

System.out.println(map); // => {A=1, B=B is Nothing, C=C does not exist}
```

Map#merge()メソッドを使うと、Map指定したキーが存在しない場合は指定した値をセットでき、存在する場合は既存の値と指定した値をラムダ式でマージした値で上書きできます。

● 要素のマージ

```java
Map<String, String> map = new HashMap<>();
map.put("A", "good");

// キーが存在するのでラムダ式の結果で値が上書きされる
map.merge("A", "Java", (oldValue, newValue) -> newValue + " is " + oldValue);

// キーが存在しないので指定した値（Java）が値としてセットされる
map.merge("B", "Java", (oldValue, newValue) -> newValue + " is " + oldValue);

System.out.println(map); // => {A=Java is good, B=Java}
```

121 Mapの値を取得したい

`Map` | `get` | `values` | `getOrDefault`

関 連	119 Mapを使いたい　P.217
利用例	Mapの指定したキーに関連付けられた値を取得する場合 Mapの値をすべて取得する場合

Map#get()メソッドを使います。Mapの値をすべて取得したい場合は、Map#values()メソッドを使います。

●Mapの値を取得する

```
Map<String, String> map = new HashMap<>();
map.put("A", "1");
map.put("B", "2");
map.put("C", "3");

// 指定されたキーに関連付けられた値を取得
System.out.println(map.get("A"));    // => 1
System.out.println(map.get("B"));    // => 2
System.out.println(map.get("C"));    // => 3

// Mapに含まれたすべての値を取得
Collection<String> collection = map.values();
for (String value : collection) {
    System.out.println(value);        // => 1 2 3
}
```

Java 8以降では、Map#get()メソッドの代わりにgetOrDefault()メソッドを使うことで、キーが存在しなかった場合のデフォルト値を指定して値を取得できます。

●キーが存在しない場合の値を指定する

```
Map<String, String> map = new HashMap<>();
map.put("A", "1");

// 存在するキーを指定して値を取得
System.out.println(map.getOrDefault("A", "-")); // => 1
// 存在しないキーを取得して値を取得
System.out.println(map.getOrDefault("B", "-")); // => -
```

122 Mapのキーを取得したい

| Map | keySet | | 6 | 7 | 8 | 11 |

| 関連 | 119 Mapを使いたい P.217 |
| 利用例 | Mapのキーをすべて取得する場合 |

Map#keySet()メソッドを使います。このメソッドでは、Mapのすべてのキーを取得できます。

●Mapのキーを取得する

```java
Map<String, String> map = new HashMap<>();
map.put("A", "1");
map.put("B", "2");
map.put("C", "3");
map.put("D", "4");

//Map#keySet()メソッドを利用したキーセットの取得
Set<String> keyset = map.keySet();
System.out.println(keyset);            // => [D, A, B, C]
```

上記のサンプルで使用しているHashMapは要素の順序付けを行なわないため、keySet()メソッドが返すキーの順序は不定です。LinkedHashMapの場合は追加した順で、TreeMapの場合はキーを自然順序付けまたは任意のComparatorでソートした順番で取得できます。

123 Mapの要素を取得したい

| Map | entrySet | forEach | Map.Entry | getKey | getValue | 6 | 7 | 8 | 11 |

関連	119 Mapを使いたい P.217
利用例	Mapに含まれるすべての要素を取得する場合 Mapの要素を繰り返し処理する場合

Map#entrySet()メソッドを使います。このメソッドでは、Mapのすべての要素（キーと値のペア）を取得できます。要素からキーと値を取得する場合は、Map.Entryインターフェースで定義されているgetKey()メソッド、getValue()メソッドを使います。

また、Java 8以降では、forEach()メソッドを使ってキーと値をラムダ式で繰り返し処理することもできます。

● Mapのすべての要素を取得する

```java
Map<String, String> map = new HashMap<>();
map.put("A", "1");
map.put("B", "2");
map.put("C", "3");
map.put("D", "4");

// Mapに格納されたすべての要素を取得
Set<Map.Entry<String, String>> set = map.entrySet();

// 各要素のキーと値を取得
for (Map.Entry<String, String> entry : set) {
    System.out.println(entry.getKey() + ", " + entry.getValue());
        // => A,1 B,2 C,3 D,4
}

// ラムダ式でキーと値を繰り返し処理（Java8以降）
map.forEach((key, value) -> System.out.println(key + ", " + value));
        // => A,1 B,2 C,3 D,4
```

上記のサンプルで使用しているHashMapは要素の順序付けを行なわないため、entrySet()メソッドやforEach()メソッドで取得できる要素の順序は不定です。LinkedHashMapの場合は追加された順で、TreeMapの場合はキーを自然順序付けまたは任意のComparatorでソートした順番で要素を取得できます。

124 Mapの要素を削除したい

| Map | remove | clear | | 6 | 7 | 8 | 11 |

関連	119 Mapを使いたい P.217
利用例	Mapのキーを削除する場合 Mapの要素をすべて削除する場合

　Map#remove()メソッドを使います。このメソッドでは、指定したキーをMapから削除できます。また、Mapの要素をすべて削除する場合は、Map#clear()メソッドを使います。

●Mapの要素を削除する

```java
Map<String, String> map = new HashMap<>();
map.put("A", "1");
map.put("B", "2");
map.put("C", "3");

// Mapから要素を削除する (戻り値は削除した値)
String removed = map.remove("C");
System.out.println(removed); // => 3
System.out.println(map);     // => {A=1, B=2}

// Mapの全要素を削除する
map.clear();
System.out.println(map);     // => {} (要素なし)
```

125 Mapの要素数を調べたい

| Map | size | isEmpty | | 6 | 7 | 8 | 11 |

| 関連 | 119 Mapを使いたい P.217 |
| 利用例 | Mapに格納されている要素数を調べる場合
Mapに要素がないことを調べる場合 |

　Map#size()メソッドを使います。また、Mapが空かどうかを調べる場合は、Map#isEmpty()メソッドを使います。

●Mapの要素数を調べる

```java
Map<String, String> map = new HashMap<>();
map.put("A", "1");
map.put("B", "2");
map.put("C", "3");

// Mapの要素数を調べる
System.out.println(map.size());      // => 3

// Mapが空かどうかを調べる
System.out.println(map.isEmpty());   // => false
```

MEMO

126 Mapに特定のキーが含まれるか調べたい

| Map | containsKey |

| 関連 | 119 Mapを使いたい P.217 |
| 利用例 | Mapに含まれるキーを検索する場合 |

Map#containsKey()メソッドを使います。Mapが指定したキーを含む場合はtrueを、含まない場合はfalseを返します。

●Mapに含まれるキーの検索例

```java
Map<String, String> map = new HashMap<>();
map.put("A", "1");
map.put("B", "2");
map.put("C", "3");

// 指定したキーが含まれるかどうかを調べる
System.out.println(map.containsKey("A"));    // => true
System.out.println(map.containsKey("1"));    // => false
```

MEMO

127 Mapに特定の値が含まれるか調べたい

| Map | containsValue |

| 関連 | 119 Mapを使いたい P.217 |
| 利用例 | Mapに含まれる値を検索する場合 |

Map#containsValue()メソッドを使います。Mapが指定した値を含む場合はtrueを、含まない場合はfalseを返します。

●Mapに含まれる値の検索例

```java
Map<String, String> map = new HashMap<>();
map.put("A", "1");
map.put("B", "2");
map.put("C", "3");

// 指定した値が含まれるかどうかを調べる
System.out.println(map.containsValue("A"));    // => false
System.out.println(map.containsValue("1"));    // => true
```

MEMO

128 Streamを使いたい

Stream			6 7 8 11
関　連	093　コレクションについて知りたい　P.180		
利用例	コレクションに対する処理をラムダ式で簡単に記述したい場合 コレクションに対する処理を並列化する場合		

　Java 8からは、コレクションフレームワークに新たにStreamインターフェースが追加されました。Streamを使うことで、次のようなメリットがあります。

- コレクションの要素に対する変換やフィルタリング、集計といった処理を、ラムダ式を使用して簡潔に記述できるようになる
- コレクションに対する操作を並列化できるため、処理を簡単に高速化できる可能性がある

Streamの生成

　Streamは、ListやMapといったコレクションに対してstream()メソッドを呼び出すことで取得できます。

● Streamの取得

```java
// ListからStreamを取得
List<String> list = Arrays.asList("Java", "Scala", "JavaScript", "Groovy");
Stream<String> s1 = list.stream();

// SetからStreamを取得
Set<String> set = new HashSet<>();
Stream<String> s2 = set.stream();

// Mapの場合はentrySet()メソッドなどからStreamを取得
Map<String, String> map = new HashMap<>();
Stream<Map.Entry<String, String>> s3 = map.entrySet().stream();
```

　また、Stream#of()メソッドで配列や固定の要素からStreamを生成することもできます。

● Stream#of()メソッドでStreamを生成する

```java
// 配列からStreamを生成
String[] array = {"Java", "Scala", "JavaScript", "Groovy"};
Stream<String> s1 = Stream.of(array);

// 固定の要素からStreamを生成
Stream<String> s2 = Stream.of("Java", "Scala", "JavaScript", "Groovy");
```

4.6 Stream

配列からStreamを生成する場合は、Arrays#stream()メソッドを使用できます。こちらの場合、int型、long型、double型の配列を引数に呼び出すと、通常のStreamではなくIntStream、LongStream、DoubleStreamを取得できます。これらの数値型を扱うためのストリームの詳細については レシピ129 を参照してください。

● 配列からStreamを生成する

```java
// 配列からStreamを生成
String[] array1 = {"Java", "Scala", "JavaScript", "Groovy"};
Stream<String> s1 = Arrays.stream(array1);

// int型の配列はIntStreamになる
int[] array2 = {1, 2, 3};
IntStream s2 = Arrays.stream(array2);
```

取得したストリームは、次のようにメソッドチェーンでさまざまな処理を行なうことができます。

● Streamに対する処理

```java
List<String> list = …

list.stream()
    .filter(s -> s.startsWith("J"))              // 先頭がJで始まっているもののみ
    .map(s -> s.toUpperCase())                   // 各要素を大文字に変換
    .sorted((a, b) -> a.length() - b.length())   // 文字数の少ない順にソート
    .forEach(System.out::println);               // 標準出力に出力
```

Streamの主なメソッド

よく使うメソッドを表4.4に示します。

表4.4 Streamの主なメソッド

メソッド	説明
of	指定された値からStreamを生成する レシピ128
count	Streamの要素数を返す レシピ130
distinct	Streamの要素の重複を排除する レシピ131
forEach	Streamの要素に対して任意の処理を行なう レシピ132
filter	Streamの要素を指定した条件でフィルタリングする レシピ133
concat	2つのStreamを連結する レシピ134
map	Streamの要素を変換する レシピ135
mapToDouble	Streamの要素をdouble型に変換し、DoubleStreamを返す レシピ129

メソッド	説明
mapToInt	Streamの要素をint型に変換し、IntStreamを返す レシピ129
mapToLong	Streamの要素をlong型変換し、LongStreamを返す レシピ129
flatMap	Streamの要素を変換し、フラットにする レシピ135
allMatch	Streamのすべての要素が条件を満たすかどうかを調べる レシピ136
anyMatch	Streamの要素が1つでも条件を満たすかどうかを調べる レシピ136
noneMatch	Streamの要素がすべて条件を満たさないかどうかを調べる レシピ136
reduce	Streamの要素を集計する レシピ137
sorted	Streamの要素をソートする レシピ138
collect	Streamの要素の集計処理やコレクションへの変換などを行なう レシピ139・140
toArray	Streamを配列に変換する レシピ140
iterate	無限に値を返すStreamを生成する レシピ141
limit	先頭から指定した件数分だけ返すようにする レシピ141
parallelStream	シーケンシャルに処理を行なうStreamから並列処理可能なStreamを取得する レシピ142
sequential	並列処理可能なStreamからシーケンシャルに処理を行なうStreamを取得する レシピ142

NOTE

終端メソッド

Streamは、メソッドチェーンでさまざまな処理を連鎖的に記述できますが、count()、forEach()、reduce()など呼び出すとそこでメソッドチェーンが終了するメソッドがあります。これらのメソッドを終端メソッドと呼びます。終端メソッドを呼び出すと、そこでメソッドチェーンが終了するだけでなく、そのストリームはクローズされ再度利用できなくなります。

●終端メソッド呼び出し後のStreamは再利用できない

```
Stream<String> stream = Stream.of("Java", "Scala", "JavaScript", "Groovy");

// Streamの要素を標準出力に出力
stream.forEach(System.out::println);

// もう一度呼び出すとIllegalStateExceptionがスローされる
stream.forEach(System.out::println);
```

このような場合は、必要に応じて、そのつどStreamを生成しなおす必要があります。

129 Streamで数値を扱いたい

| IntStream | LongStream | DoubleStream | | 6 | 7 | **8** | 11 |

関連	128 Streamを使いたい　P.230
利用例	プリミティブ型の数値をStreamで効率的に扱いたい場合

通常のStreamでももちろん数値型を扱うことは可能ですが、java.util.streamパッケージにはIntStream、LongStream、DoubleStreamといった数値専用のStreamも用意されています。これらのクラスを使うとプリミティブ型をラップせずに扱うことができるため、余計なオーバーヘッドを避けることができます。

●IntStreamを生成する

```java
// 固定の要素からIntStreamを生成する
IntStream intStream1 = IntStream.of(1, 2, 3);

// 配列からIntStreamを生成する
int[] array = {1, 2, 3};
IntStream intStream2 = IntStream.of(array);

// 1から9までの値を返すIntStreamを生成する
IntStream intStream3 = IntStream.range(1, 10);

// 1から10までの値を返すIntStreamを生成する
IntStream intStream4 = IntStream.rangeClosed(1, 10);
```

また、Stream#mapToInt()、Stream#flatMapToInt()などのメソッドを使うと、通常のStreamをIntStreamなどに変換できます。map()メソッドの変換結果が数値型になる場合は、代わりにこれらのメソッドを使ってIntStreamなどを使用するようにするとよいでしょう。

●通常のStreamをIntStreamに変換する

```java
Stream<String> stream = Stream.of("Java", "Scala", "JavaScript", "Groovy");

// Stream#mapToInt()メソッドでIntStreamに変換
IntStream intStream = stream.mapToInt(s -> s.length());

// IntStreamの各要素を標準出力に出力する
intStream.forEach(System.out::println); // => 4、5、10、6の順に表示
```

130 Streamの長さを調べたい

| Stream | count | | 6 | 7 | 8 | 11 |

関連	128 Streamを使いたい P.230
利用例	Streamの要素数を調べる場合

　Stream#count()メソッドを使います。このメソッドでは、Streamの要素数を取得できます。

　ただし、このメソッドはStreamの要素を最後までたどる必要があるため、無限の要素を返すStream レシピ141 に対して呼び出すと無限ループになってしまいます。また、大量のデータを必要に応じて遅延読み込みするようなStreamに対して呼び出すと要素数を取得するのに非常に時間がかかってしまうことも考えられるので注意が必要です。

● Streamの要素数を調べる

```java
// 要素数が有限のStreamの場合
List<String> list = Arrays.asList("Java", "Scala", "JavaScript", "Groovy");
Stream<String> stream1 = list.stream();
long count1 = stream1.count(); // => 4
System.out.println(count1);

// 要素数が無限のStreamの場合
IntStream stream2 = IntStream.iterate(0, i -> i + 1);
long count2 = stream2.count(); // => 無限ループになってしまう
```

131 Streamから重複する要素を排除したい

| Stream | distinct |

関連	128 Streamを使いたい P.230
利用例	Streamから重複する要素を無視して処理を行なう場合

Stream#distinct()メソッドを使います。

●重複する要素を排除した件数を取得する

```
List<String> list = Arrays.asList("Java", "Scala", "Java", "Groovy");

// 重複した要素を排除して件数を取得
long count = list.stream().distinct().count(); // => 3
```

132 Streamの要素を繰り返し処理したい

| Stream | forEach |

| 関連 | 128 Streamを使いたい P.230 |
| 利用例 | Streamの要素に対する処理を行なう場合 |

　Stream#forEach()メソッドを使います。このメソッドを使うと、Streamの各要素に対して任意の処理を行なうことができます。forEach()メソッドの引数には要素を受け取り、任意の処理を行なうラムダ式を渡します。

● Streamの要素に対して処理を行なう

```java
List<String> list = Arrays.asList("Java", "Scala", "JavaScript", "Groovy");

// Streamの各要素を標準出力に出力する
list.stream().forEach(s -> System.out.println(s));

// ラムダ式の代わりにメソッド参照を渡すことも可能
list.stream().forEach(System.out::println);
```

MEMO

133 Streamの要素をフィルタリングしたい

| Stream | filter |

| 関連 | 128 Streamを使いたい　P.230 |
| 利用例 | Streamから条件に一致する要素を抽出する場合 |

Stream#filter()メソッドを使います。このメソッドでは、Streamから条件に一致する要素のみStreamを取得できます。filter()メソッドの引数にはStreamの要素を受け取り、フィルタ条件を示すラムダ式を渡します。

● Streamの要素をフィルタリングする

```java
List<String> list = Arrays.asList("Java", "Scala", "JavaScript", "Groovy");

list.stream()
    .filter(s -> s.startsWith("J")) // "J"で始まる要素のみ
    .forEach(System.out::println);  // "Java"、"JavaScript"の順に表示
```

134 Streamを連結したい

| Stream | concat | | 6 | 7 | 8 | 11 |

関　連	128　Streamを使いたい　P.230
利用例	複数のStreamをまとめて処理する場合

　Stream#concat()メソッドを使います。このメソッドでは、複数のStreamを連結したStreamを取得できます。

●Streamを連結する

```
Stream<String> s1 = Stream.of("Java", "Groovy");
Stream<String> s2 = Stream.of("Scala", "Clojure");

// 2つのStreamを連結する
Stream<String> s3 = Stream.concat(s1, s2);

// 連結したStreamの内容を表示
s3.forEach(System.out::println); // => "Java"、"Groovy"、"Scala"、"Clojure"の順に表示
```

MEMO

135 Streamの要素を変換したい

| Stream | map | flatMap |

関 連	128 Streamを使いたい　P.230
利用例	Streamの要素から特定のプロパティを抽出する場合

　Stream#map()メソッドを使います。このメソッドでは、各要素を変換した新しいStreamを取得できます。map()メソッドの引数にはStreamの要素を受け取り、変換後の値を返すラムダ式を渡します。

●Streamの要素を変換する

```
List<String> list = Arrays.asList("Java", "Scala", "JavaScript", "Groovy");

list.stream()
    .map(s -> s.length())           // 文字列の長さに変換
    .forEach(System.out::println);  // 4、5、10、6の順に表示
```

　Stream#flatMap()メソッドはmap()メソッドに似ていますが、引数にStreamを返すラムダ式を渡すと、ラムダ式が返したStreamの各要素が連結されたStreamを取得できます。

●flatMap()メソッドを使う

```
List<String> list = Arrays.asList("Java,Groovy", "C#,VB.NET");

list.stream()
    .flatMap(s -> Stream.of(s.split(","))) // カンマで分割したStreamを返す
    .forEach(System.out::println);          // "Java"、"Groovy"、"C#"、"VB.NET"の順で表示
```

136 Streamの要素が条件に一致しているか調べたい

| Stream | allMatch | anyMatch | noneMatch |

| 関連 | 128 Streamを使いたい P.230 |
| 利用例 | Streamの要素が条件に一致するかどうかを調べる場合 |

Stream#allMatch()メソッド、Stream#anyMatch()メソッドを使います。また、Stream#noneMatch()メソッドを使うと、条件に一致する要素がないかどうかを調べることができます。

- allMatch()メソッド ………… すべての要素が条件に一致する場合 true を返す
- anyMatch()メソッド ………… 1つでも条件に一致する要素がある場合 true 返す
- noneMatch()メソッド ……… 条件に一致する要素が1つもない場合 true を返す

これらのメソッドの引数にはStreamの要素を受け取り、trueまたはfalseを返すラムダ式を渡します。

●Streamの要素が条件に一致しているかを調べる

```java
List<String> list = Arrays.asList("Java", "Scala", "JavaScript", "Groovy");

// すべての要素が"J"で始まるかどうか
boolean result1 = list.stream().allMatch(s -> s.startsWith("J")); // => false

// "J"で始まるか要素があるかどうか
boolean result2 = list.stream().anyMatch(s -> s.startsWith("J")); // => true

// "J"で始まる要素がないかどうか
boolean result3 = list.stream().noneMatch(s -> s.startsWith("J")); // => false
```

137 Streamの要素を集計したい

`Stream | sum | reduce`

関連	128 Streamを使いたい P.230
利用例	Streamの要素の合計を求める場合 Streamの要素に対して任意の集計を行なう場合

IntStreamやLongStream、DoubleStreamの場合は、sum()メソッドで要素の合計値を求めることができます。

●Streamの合計値を求める

```
IntStream stream = IntStream.of(1, 2, 3, 4 ,5);
int total = stream.sum(); // => 15
```

また、Stream#reduce()メソッドを使うと、任意の集計処理を行なうことができます。戻り値はOptional型 レシピ023 で、集計対象のStreamが空の場合は空のOptionalが返却されます。

●Streamの要素を集計する

```
Stream<Integer> stream = Stream.of(1, 2, 3, 4, 5);

// ((((1 * 2) * 3) * 4) * 5)という計算が行なわれる
Optional<Integer> result = stream.reduce((a, b) -> a * b);

// 値を表示 (Streamが空の場合は-1)
System.out.println(result.orElse(-1));
```

Stream#reduce()メソッドには、集計処理の初期値を与えることもできます。この場合戻り値は、Optionalではなく、計算結果の値そのものになります（Streamが空の場合は初期値がそのまま返却されます）。

●Stream#reduce()メソッドに初期値を与える

```
Stream<Integer> stream = Stream.of(1, 2, 3, 4, 5);

// (((((1 * 1) * 2) * 3) * 4) * 5)という計算が行なわれる
Integer result = stream.reduce(1, (a, b) -> a * b);

// 値を表示
System.out.println(result); // => 120
```

138 Streamの要素をソートしたい

| Stream | sorted | | 6 | 7 | 8 | 11 |

関連	128 Streamを使いたい P.230
利用例	Streamの要素を昇順や降順で並べ替える場合

　Stream#sorted()メソッドを使います。sorted()メソッドを引数なしで呼び出した場合は要素の自然順序付けでソートしますが、引数にソート条件を指定するためのラムダ式を渡すこともできます。ラムダ式は2つの要素を受け取り、正数・0・負数のいずれかを返す必要があります。場合分けとしては、次のように実装します。

- 引数1＞引数2　の場合　➡　正数を返す
- 引数1＝引数2　の場合　➡　0を返す
- 引数1＜引数2　の場合　➡　負数を返す

●Streamの要素をソートする
```
List<String> list = Arrays.asList("Java", "Scala", "JavaScript", "Groovy");

list.stream()
    .sorted()                    // 要素の自然順序付けでソート
    .forEach(System.out::println); // => "Groovy"、"Java"、"JavaScript"、"Scala"の順で表示

list.stream()
    .sorted((a, b) -> a.length() - b.length()) // 文字列の長さでソート
    .forEach(System.out::println); // => "Java"、"Scala"、"Groovy"、"JavaScript"の順で表示
```

　なお、引数なしでsorted()メソッドを呼び出した際、Streamの要素がComparableインターフェースを実装していなければClassCastExceptionがスローされます。

4.6 Stream

139 Streamの要素をグルーピングしたい

| Stream | collect | groupingBy | Collectors |

関連　128　Streamを使いたい　P.230

利用例　Streamの要素を指定した条件でグループ化する場合

　Stream#collect()メソッドにCollectors#groupingBy()メソッドを指定することで、Streamの要素を指定した条件でグルーピングしたMapを取得できます。
　Collectors#groupingBy()メソッドの引数には、グルーピングするキーを返すラムダ式を渡します。このラムダ式が返すキーが同一のものがグループ化され、Mapに格納されて返却されます。

● Streamの要素をグループ化する

```
List<String> list = Arrays.asList("Java", "Scala", "JavaScript", "Groovy");

// 先頭の1文字が同一の要素をグルーピング
Map<Character, List<String>> map = list.stream()
  .collect(Collectors.groupingBy(s -> s.charAt(0)));

// 先頭が'J'で始まるものを表示
System.out.println(map.get('J')); // => [Java, JavaScript]
// 先頭が'G'で始まるものを表示
System.out.println(map.get('G')); // => [Groovy]
// 先頭が'S'で始まるものを表示
System.out.println(map.get('S')); // => [Scala]
```

> **NOTE**
>
> **Collectorsで定義されているその他のメソッド**
>
> 　Collectorsにはグルーピング以外にも次のようなメソッドが用意されており、Stream#collect()メソッドと組み合わせて使用できます。
>
> - minBy()メソッド　………　ラムダ式が返す数値の最小値を取得する
> - maxBy()メソッド　………　ラムダ式が返す値の最大値を取得する
> - partitioningBy()メソッド　……　ラムダ式の要素を指定した条件で分割する
> - joiningBy()メソッド　………　要素を区切り文字列で連結した文字列を取得する
>
> 　また、Streamをコレクションに変換する場合もStream#collect()メソッド レシピ140 とCollectorsを使います。

140 Streamをコレクションに変換したい

| Stream | collect | toArray | 6 7 8 11 |

| 関連 | 093 コレクションについて知りたい　P.180 |
| | 128 Streamを使いたい　P.230 |

| 利用例 | コレクションを受け取るメソッドにStreamを渡す場合 |

Stream#collect()メソッドを使います。collect()メソッドの引数には、Collectorsクラスで定義されている変換用のメソッドを指定します。

●Streamをコレクションに変換する

```
List<String> list = Arrays.asList("Java", "Scala", "JavaScript", "Groovy");

// Streamに対する処理を行ない、結果をListに変換
List<String> result1 = list.stream().map(s -> s.toUpperCase())
    .collect(Collectors.toList());

// Streamに対する処理を行ない、結果をSetに変換
Set<String> result2 = list.stream().map(s -> s.toUpperCase())
    .collect(Collectors.toSet());

// Collectors#toCollection()メソッドを使用すると変換後の実装クラスを指定することも可能
List<String> result3 = list.stream().map(s -> s.toUpperCase())
    .collect(Collectors.toCollection(LinkedList::new));

// 文字列をキーに、その文字列の長さを格納したMapに変換
Map<String, Integer> map = list.stream()
    .collect(Collectors.toMap(
        s -> s,          // Mapのキーを取得するラムダ式
        s -> s.length()  // Mapの値を取得するラムダ式
    ));
```

また、Stream#toArray()メソッドでStreamを配列に変換できます。

●Streamを配列に変換する

```
List<String> list = Arrays.asList("Java", "Scala", "JavaScript", "Groovy");

// Streamに対する処理を行ない、結果を配列に変換
Object[] result1 = list.stream().map(s -> s.toUpperCase())
    .toArray();

// toArray()メソッドに配列のコンストラクタを指定するとその型の配列に変換可能
String[] result1 = list.stream().map(s -> s.toUpperCase())
    .toArray(String[]::new);
```

141 無限の長さを持つStreamを生成したい

| Stream | iterate | limit |

| 関連 | 128 Streamを使いたい P.230 |
| 利用例 | 必要な要素数がわからない場合 |

　Stream#iterate()メソッドを使うと、指定した式で無限に値を返すStreamを生成できます。iterate()メソッドの引数には、初期値と、次の値を返すラムダ式を渡します。ただし、このStreamに対して処理を行なうと、無限ループになってしまいます。そのため、limit()メソッドで必要な件数分のみ返すようにして使用します。

●無限に値を返すStream

```java
// 10、20、40、80：と無限に値を返すStreamを生成
Stream<Integer> stream = Stream.iterate(10, i -> i * 2);

// 先頭の5件のみ表示
stream.limit(5).forEach(System.out::println); // => 10、20、40、80、160の順に表示
```

142 Streamの要素を並列に処理したい

| Stream | parallelStream | sequential | | 6 | 7 | 8 | 11 |

| 関連 | 128 **Streamを使いたい** P.230 |
| 利用例 | **Streamに対する処理を高速化したい場合** |

　コレクションからStreamを取得する際にstream()メソッドの代わりにparallelStream()メソッドを使うと、並列処理可能なStreamを取得できます。また、通常のStreamからはparallel()メソッドで並列処理可能なStreamを取得できます。

　巨大なStreamに対して処理を行ないたい場合や、1つの要素に対する処理に時間がかかる場合に使用することで処理時間を短縮できます。

●Streamの要素を並列処理する

```java
// Listから並列処理可能なStreamを取得する
List<String> list = Arrays.asList("Java", "Scala", "JavaScript", "Groovy");

list.parallelStream()                // 並列処理可能なStreamを取得
    .map(s -> s.toUpperCase())       // 大文字に変換
    .forEach(System.out::println);   // 標準出力に表示

// Streamから並列処理可能なStreamを取得する
IntStream.range(1, 100)
    .parallel()                      // 並列処理可能なStreamを取得
    .filter(i -> i % 2 == 0)         // 偶数のみ抽出
    .forEach(System.out::println);   // 標準出力に表示
```

　なお、逆に並列処理可能なStreamに対してsequantial()メソッドを呼び出すことで、シーケンシャルに処理が実行される通常のStreamを取得できます。

> **NOTE**
> **並列処理可能なStream使用時の注意点**
> 　通常のStreamはStreamが要素を返す順番で処理が実行されますが、並列処理可能なStreamでは各要素に対する処理が並列に呼び出されるため、Streamが要素を返す順番と実際に処理される順番は異なります。
> 　また、Streamに対する処理の中でもreduce()メソッドについては各要素に対してシーケンシャルに処理を行なう必要があるため並列化できません。

PROGRAMMER'S RECIPE

第 **05** 章

日付操作

143 Javaでの日付操作について知りたい

| Date | Calendar | Date and Time API | | 6 | 7 | 8 | 11 |

関　連	―
利用例	日付操作をするAPIを知りたい場合

　Javaで日付操作を行なうには、java.util.Dateとjava.util.Calendarクラスを使います。Dateクラスは日時を表すクラスで、日付を実際に足したり引いたりといった日付操作をするときにはCalendarクラスを使います。

　ただし、これらのクラスは使い勝手が悪く、国際化関連の機能が弱いという問題があるため、Java 8からは新たにjava.timeパッケージでDate and Time APIが提供されています。Date and Time APIはISO 8601という日付と時刻の国際規格に準拠しており、イミュータブルでスレッドセーフという特徴を持ちます。DateとCalendarとは異なり、Date and Time APIでは用途に応じて表5.1のようにクラスが分割されています。

表5.1　Date and Time APIの主なクラス

クラス名	概要	例
LocalDate	タイムゾーンを持たない日付を表わす	2014-07-03
LocalDateTime	タイムゾーンを持たない日時を表わす	2014-05-03T10:15:30
LocalTime	タイムゾーンを持たない時刻を表わす	10:15:30
OffsetDateTime	UTCからの時差を持つ日時を表わす	2020-07-24T10:15:30-09:00
OffsetTime	UTCからの時差を持つ時刻を表わす	10:15:30-09:00
ZonedDateTime	タイムゾーンを持つ日時を表わす	2014-12-03T10:15:30+01:00 Europe/Paris
Duration	期間を時間で表わす	PT3600S
Period	期間を日付で表わす	P1Y2M3D

　Java 8以降であれば、日付操作には可能な限りDate and Time APIを使うとよいでしょう。なお、既存のライブラリ等との相互運用性のため、従来のDateクラスとDate and Time APIのクラスを変換するためのメソッドも用意されています レシピ165・166 。

> **NOTE**
> **Joda Time**
> Javaで日付操作を行なうための代表的なライブラリにJoda Timeがあります。
>
> http://www.joda.org/joda-time/
>
> Joda Timeでは日時をDateTimeで表したり、現在日時をnow()メソッドで取得したりできるなど、使い方がDate and Time APIと似ています。実は、Date and Time APIの仕様策定には、このJoda Timeの開発者もかかわっており、Joda Timeから得た発想が大きく反映されています。
> Date and Time APIを使うことができないJava 7以前では、日付操作の利便性向上にJoda Timeの利用を検討してもよいでしょう。

COLUMN　イミュータブルなAPIとは？

Date and Time APIで日付を表すLocalDateTimeなどのクラスは、すべてイミュータブルなクラスです。イミュータブルなクラスとは、一度インスタンスを生成するとその後状態が変化することのないクラスを指します。

例えば、java.util.Calendarはset()メソッドやadd()メソッドを使って、そのインスタンスが表す日付を変更できます。このようなクラスをミュータブルなクラスといいます。これに対し、Date and Time APIのLocalDateTimeはplus()メソッドやminus()メソッドで日付の加算・減算を行なうことができますが、自身の表す日付を書き換えるのではなく、新しいLocalDateTimeのインスタンスを生成し、戻り値として返却します。

●CalendarとLocalDateTimeの違い

```
// Calendarに1日を足すとそのインスタンス自身の日付が変わる
Calendar calendar = Calendar.getInstance();
calendar.add(Calendar.DAY_OF_MONTH, 1);

// LocalDateTimeに1日を足すとそのインスタンスの日付はそのままで
// 加算後の日付を表す新しいLocalDateTimeインスタンスが返却される
LocalDateTime dateTime = LocalDateTime.now();
LocalDateTime result = dateTime1.plusDays(1);
```

イミュータブルなクラスは一度生成すると値が変更されることがないため、意図しない値の書き換えなどに起因するバグを防止でき、ミュータブルなAPIよりも安全性の高いプログラミングが可能になります。

144 現在の日付を取得したい

| Date | Calendar | getInstance | | 6 | 7 | 8 | 11 |

関　連	145　現在日時をUNIX時間で取得したい　P.251
利用例	Java 7以前で現在日時を取得する場合

　Dateクラスのコンストラクタを引数なしで呼び出すと、現在日時を持ったDateインスタンスが生成されます。
　また、Calendar#getInstance()メソッドで現在日時のカレンダーを生成でき、カレンダーからDateインスタンスを取得することもできます。

● 現在日時の取得

```
// 実行した瞬間の日時が生成される（実行結果は毎回異なる）
Date date1 = new Date();

// 現在日時を表すカレンダーからDateインスタンスを生成
Calendar calendar = Calendar.getInstance();
Date date2 = calendar.getTime();
```

　なお、Calendar#getInstance()メソッドの引数には、TimeZone、Localeを指定することもできます。TimeZoneは世界の時差を表すもので、日本の場合"Asia/Tokyo"です。Localeは特定の地域を表すもので、日本の場合"ja_JP"です。いずれもデフォルトでは、OSの設定が適用されます。

● タイムゾーンを指定してカレンダーを生成

```
// デフォルトのタイムゾーン、ロケール情報を持ったカレンダークラスの生成
Calendar calendar1 = Calendar.getInstance();

// ロケールがUSのカレンダーの生成
Calendar calendar2 = Calendar.getInstance(Locale.US);

// タイムゾーンがアメリカ西海岸のカレンダーの生成
TimeZone timezone = TimeZone.getTimeZone("America/Los_Angeles");
Calendar calendar3 = Calendar.getInstance(timezone);
```

> **NOTE**
> 利用可能なタイムゾーンの一覧
> 　TimeZoneクラスのgetAvailableIDs()というstaticメソッドを使うと、利用可能なタイムゾーンの一覧をStringの配列として取得できます。

145 現在日時をUNIX時間で取得したい

| Date | System | currentTimeMillis | | 6 | 7 | 8 | 11 |

| 関　連 | 144　現在の日付を取得したい　P.250 |
| 利用例 | 現在日時をUNIX時間で取得したい場合 |

　System#currentTimeMillis()を使うと、現在日時をミリ秒単位のUNIX時間（UTCでの1970年1月1日午前0時0分0秒からの経過時間）として取得できます。ミリ秒単位での加減算を行なったり、他の日付関連のクラスに渡して日付を設定したりできます。

●現在日時をUNIX時間で取得する

```java
// 現在日時をUNIX時間で取得
long currentTime = System.currentTimeMillis();

// 24時間後のUNIX時間を計算
long nextDay = currentTime + (1000 * 60 * 60 * 24);

// Dateに設定
Date date = new Date(nextDay);

// Calendarに設定
Calendar cal = Calendar.getInstance();
cal.setTimeInMillis(nextDay);

// ZonedDateTimeに設定
ZonedDateTime dateTime = ZonedDateTime.ofInstant(
    Instant.ofEpochMilli(nextDay), ZoneId.of("UTC"));
```

146 年月日などを取得・設定したい

| Calendar | set | get | | 6 | 7 | 8 | 11 |

| 関　連 | — |
| 利用例 | 年月日などを直接指定して日時を取得する場合 |

　Calendarクラスのset()メソッド、get()メソッドを使います。年月日など、どの値を取得・設定するかは、Calendarクラスに定義されている定数を使って指定します。

●年月日の取得、設定

```
// 生成段階では現在日時が入っている
Calendar calendar = Calendar.getInstance();

// フィールドを指定して設定
calendar.set(Calendar.YEAR, 1980);
calendar.set(Calendar.HOUR_OF_DAY, 22);
calendar.set(Calendar.DAY_OF_WEEK, Calendar.SUNDAY);
calendar.set(Calendar.MONTH, Calendar.JULY);

// フィールドを指定して取得
int year = calendar.get(Calendar.YEAR);
// MONTHは0～11で返却されるため+1
int month = calendar.get(Calendar.MONTH) + 1;

// カレンダーの日付をDateインスタンスとして取得
Date date = calendar.getTime();
```

> **NOTE**
> **Calendar.MONTHは0から始まる**
> 　CalendarクラスのMONTHフィールドは0～11で管理されており、実際の月と揃えるには+1する必要があります。

また、年月日などをまとめて設定できるset()メソッドも用意されています。

```
// 年月日を設定
calendar.set(1980, Calendar.JULY, 1);
// 年月日時分を設定
calendar.set(1980, Calendar.JULY, 1, 12, 0);
// 年月日時分秒を設定
calendar.set(1980, Calendar.JULY, 1, 12, 0, 0);
```

Calendarクラスに定義されている主な定数は、表5.2のとおりです。

表5.2 Calendarクラスで指定できる主なフィールド

フィールド	意味
YEAR	年
MONTH	月
DATE	日
HOUR	午前・午後の時刻
HOUR_OF_DAY	時刻
MINUTE	分
SECOND	秒
DAY_OF_WEEK	曜日
MONDAY	月曜日
TUESDAY	火曜日
WEDNESDAY	水曜日
TUESDAY	木曜日
FRIDAY	金曜日
SATURDAY	土曜日
SUNDAY	日曜日
JANUARY	1月
FEBRUARY	2月
MARCH	3月
APRIL	4月
MAY	5月
JUNE	6月
JULY	7月
AUGUST	8月
SEPTEMBER	9月
OCTOBER	10月
NOVEMBER	11月
DECEMBER	12月

147 日付を文字列にフォーマットしたい

SimpleDateFormat | format　　　　　　　　　　　　　　6　7　8　11

関連	148　文字列を日付に変換したい　P.255 280　メッセージを国際化したい　P.472

利用例	日付を文字列（2020/07/24など）として整形する場合

　Dateインスタンスをフォーマットして表示するには、java.text.SimpleDateFormatクラスを使います。フォーマットは、SimpleDateFormatのコンストラクタに"yyyy年MM月dd日"のように指定します。指定できる文字列には、表5.3のようなものがあります。

表5.3 SimpleDateFormatで指定できる主なフォーマット

文字	意味	表示例
y	年	2010, 10
M	月	12, Dec
d	日	25
E	曜日	金曜日, Friday
a	午前/午後	午前, AM
H	時刻 (0-23)	23
h	時刻 (1-12)	12
m	分	58
s	秒	47
S	ミリ秒	978
z	タイムゾーン	JST

　また、Localeを指定すると、指定したLocaleに従った書式でフォーマットします。

●現在日時を取得するコード

```
// フォーマットルールとLocaleを指定したSimpleDateFormatクラスの生成
SimpleDateFormat jpSdf =
    new SimpleDateFormat("yyyy'年'MM'月'dd'日' E, a KK':'mm,z");
SimpleDateFormat usSdf =
    new SimpleDateFormat("yyyy'/'MM'/'dd'/' EEE, a KK':'mm", Locale.US);

// 現在の時刻を文字列にフォーマット
String str1 = jpSdf.format(new Date()); // => "2013年08月11日, 午前 10:52,JST"
String str2 = usSdf.format(new Date()); // => "2013/08/11/ Sun, AM 10:52"
```

148 文字列を日付に変換したい

| SimpleDateFormat | parse | | 6 | 7 | 8 | 11 |

| 関　連 | 147　日付を文字列にフォーマットしたい　P.254 |
| 利用例 | 文字列から日付を生成する場合 |

　2010/07/12のような文字列からDateオブジェクトを生成するには、SimpleDateFormatクラスのparse()メソッドを使います。SimpleDatFormatに指定可能なフォーマットについては レシピ147 を参照してください。
　parse()メソッドはDate型に変換できない場合、ParseExceptionをスローします。

●文字列から日付を生成する

```java
SimpleDateFormat sdf = new SimpleDateFormat("yyyy/MM/dd HH:mm");

try {
    // 生成されるDateオブジェクトを出力するとFri Jul 12 00:05:00 JST 2013
    Date date = sdf.parse("2013/07/12 12:05");

} catch (ParseException e) {
    // Dateに変換できない文字列が渡された場合発生
    e.printStackTrace();
}
```

149 日付の計算を行ないたい

| Calendar | add |

| 関　連 | 146 年月日などを取得・設定したい　P.252 |
| 利用例 | ある日付から30日後の日付を知りたい場合 |

　Calendarクラスのadd()メソッドを使います。年月日の引き算の場合でも負の数を指定してadd()メソッドを使います。指定できるフィールドは レシピ146 を参考にしてください。

● 日付の計算をするコード

```
Calendar calendar = Calendar.getInstance();

// 現在時刻が返却される
Date date1 = calendar.getTime();

// 現在日時に45日を足す
calendar.add(Calendar.DATE, 45);
// 現在日時に45日を足された日付が返却される
Date date2 = calendar.getTime();

// 現在日時に45日足されて、1ヶ月引かれた値を計算する
calendar.add(Calendar.MONTH, -1);
// 現在日時に45日足されて、1ヶ月引かれた値が返却される
Date date3 = calendar.getTime();
```

150 日付の前後関係を調べたい

| Date | Calendar | before | after | compareTo |

| 関　連 | — |
| 利用例 | ある日付が該当の日付より前か調べる場合 |

　2つの日付の前後関係を調べるには、Dateクラスのafter()メソッド、またはbefore()メソッドを使います。after()メソッドはDateインスタンスが引数の日付よりも後かどうかを、before()メソッドは引数の日付より前かどうかを調べます。

●日付の前後関係を調べる

```
Date date1 = …
Date date2 = …

if(date1.before(date2)){
    // date1がdate2よりも前の場合
} else {
    // date1がdate2と同じか後の場合
}
```

　Calendarクラスでも同様に、after()メソッド、またはbefore()メソッドでCalendarインスタンス同士の前後関係を調べることができます。

●カレンダーの前後関係を調べる

```
Calendar calendar1 = …
Calendar calendar2 = …

if(calendar1.before(calendar2)){
    // calendar1の日付がcalendar2よりも前の場合
} else {
    // calendar1の日付がcalendar2と同じか後の場合
}
```

　また、DateおよびCalendarクラスのcompareTo()メソッドを使えば、日付の大小比較を行なうことができます。A.compareTo(B)のように実行した場合、戻り値は次のようになります。

- AとBが一致 ➡ 0
- AがBより前 ➡ 負の値（0より小さい）
- AがBより後 ➡ 正の値（0より大きい）

151 月の最終日を調べたい

| Calendar | getActualMaximum | | 6 | 7 | 8 | 11 |

| 関連 | ― |
| 利用例 | ある月の最終日が何日なのか知りたい場合 |

　ある月の最終日、例えば4月なら30日、5月なら31日を取得するには、Calendar#getActualMaximum()メソッドを使います。引数にCalendar.DATEを指定して最終日を取得します。このメソッドは、うるう年にも対応しています。

●月の最終日を取得するコード

```
Calendar calendar = Calendar.getInstance();

// 2014/02をセット
calendar.set(2014, Calendar.FEBRUARY,1);
calendar.getActualMaximum(Calendar.DATE); // => 28

// 2014/09をセット
calendar.set(2014, Calendar.SEPTEMBER,1);
calendar.getActualMaximum(Calendar.DATE); // => 30

// 2016/02をセット（うるう年）
calendar.set(2016, Calendar.FEBRUARY,1);
calendar.getActualMaximum(Calendar.DATE); // => 29
```

152 曜日を取得したい

| Calendar | DAY_OF_WEEK | | | 6 | 7 | 8 | 11 |

関　連	—
利用例	その日が何曜日か知りたい場合

　とある日が何曜日か知りたい場合は、Calendar#get()メソッドにCalendar.DAY_OF_WEEK引数を指定します。戻り値は、Calendar.MONDAYなど定数で定義されたint値です。

●曜日を調べるコード

```java
Calendar calendar = Calendar.getInstance();

switch(calendar.get(Calendar.DAY_OF_WEEK)){
    case Calendar.MONDAY:
        // 月曜日の場合
    case Calendar.TUESDAY:
        // 火曜日の場合
    case Calendar.WEDNESDAY:
        // 水曜日の場合
    case Calendar.THURSDAY:
        // 木曜日の場合
    case Calendar.FRIDAY:
        // 金曜日の場合
    case Calendar.SATURDAY:
        // 土曜日の場合
    case Calendar.SUNDAY:
        // 日曜日の場合
    default:
        // それ以外の場合（あり得ない）
}
```

153 Date and Time APIで現在日時を取得したい

| LocalDateTime | OffsetDateTime | ZonedDateTime | now | 6 | 7 | 8 | 11 |

関連	―
利用例	現在日時を取得する場合

　LocalDateTime#now()メソッドを使います。このメソッドでは、現在日時を示すLocalDateTimeインスタンスを取得できます。また、日付のみを取得するにはLocalDateクラスを、時刻のみを取得するにはLocalTimeクラスを使います。

●現在日時を取得する

```
// 現在日時を生成
LocalDateTime localDateTime = LocalDateTime.now(); // => 2013-08-11T15:31:11.703
// 現在日を生成
LocalDate localDate = LocalDate.now(); // => 2013-08-11
// 現在時刻を生成
LocalTime localTime = LocalTime.now(); // => 15:31:11.707
```

　OffsetDateTimeクラスやZonedDateTimeクラスでも同様に、now()メソッドで現在日時を示すインスタンスを取得できます。

●OffsetDateTimeとZonedDateTimeクラスの現在日時を取得する

```
OffsetDateTime offsetDateTime = OffsetDateTime.now();
    // => 2014-03-29T13:20:11.607+09:00
ZonedDateTime zonedDateTime = ZonedDateTime.now();
    // => 2014-03-29T13:20:11.607+09:00[Asia/Tokyo]
```

　なお、引数には、タイムゾーンを表すjava.time.ZoneIdを指定することもできます。

●タイムゾーンを指定して現在日時を取得する

```
ZonedDateTime zonedDateTime = ZonedDateTime.now(ZoneId.of("America/New_York"));
    // => 2013-10-26T23:46:49.621-04:00[America/New_York]
```

> **NOTE**
>
> ZonedDateTimeとOffsetDateTimeの違い
> 　ZonedDateTimeクラスはOffsetDateTimeクラスと似ていますが、OffsetDateTimeクラスが時差だけを考慮しているのに対し、ZonedDateTimeクラスは指定したタイムゾーンの夏時間なども含めた日付処理を行なうことができます。

システムクロックを表すClock

now()メソッドには、もう1つ、java.time.Clockクラスを引数に受け取るメソッドもあります。このClockクラスはシステムクロックを表し、指定した時計から現在日時を取得できます。つまり、取得できる現在日時をプログラムが操作できることを意味し、テストのときなどはモックのシステムクロックを使用するといったことができるようになります。

例えば、現在日時を取得するメソッドを次のように定義しておきます。

```java
public class MyBean {
    private Clock clock;

    // 例としてここではシステムクロックをコンストラクタから渡せるようにする
    public MyBean(Clock clock) {
        this.clock = clock;
    }

    // 指定したシステムクロックから現在日時を取得
    public LocalDateTime current() {
        return LocalDateTime.now(clock);
    }
}
```

こうすると、テストのときなど、インスタンス生成時にモックのシステムクロックを渡すことで常に一定の値を返すことができるので、テストがしやすくなります。

● モックのシステムクロックを使う

```java
// 常にエポックタイムを返すシステムクロック
Clock mock = Clock.fixed(Instant.EPOCH, ZoneId.systemDefault());

MyBean bean = new MyBean(mock);
LocalDateTime current = bean.current();   // => 1970-01-01T09:00
```

なお、本来のシステムクロックは、systemDefaultZone()メソッドやsystem()メソッドで取得できます。

```java
// デフォルトのタイムゾーンを使用
Clock jpClock = Clock.systemDefaultZone();
// タイムゾーンを指定
Clock usClock = Clock.system(ZoneId.of("America/New_York"));
```

154 Date and Time APIで特定日時の日付を取得したい

| LocalDateTime | ZonedDateTime | OffsetDateTime | of | | 6 | 7 | 8 | 11 |

関連	ー
利用例	特定日時を取得する場合

　LocalDateTimeクラスのof()メソッドを使います。また、日付のみを指定するにはLocalDateクラスを、時刻のみを指定するにはLocalTimeクラスを使います。

●日時を指定して日付を取得する

```
// 年月日などを指定（秒、ナノ秒は省略可能）
LocalDateTime dateTime1 = LocalDateTime.of(2014, Month.MARCH, 12, 12, 5);
    // => 2014-03-12T12:05
LocalDateTime dateTime2 = LocalDateTime.of(2014, 3, 12, 12, 5, 20, 100);
    // => 2014-03-12T12:05:20.000000100

// 日付のみ
LocalDate date = LocalDate.of(2014, 3, 12);
    // => 2014-03-12

// 時刻のみ（秒、ナノ秒は省略可能）
LocalTime time = LocalTime.of(12, 5);
    // => 12:05

// LocalDateとLocalTimeからLocalDateTimeを取得
LocalDateTime dateTime3 = LocalDateTime.of(date, time);
    // => 2014-03-12T12:05
```

　ZonedDateTimeクラスはZoneIdを指定し、OffsetDateTimeクラスはZoneOffsetを指定して、タイムゾーンや時差を持った日付を取得できます

●タイムゾーンや時差を指定して日付を取得する

```
// デフォルトのタイムゾーンで日時を取得
ZonedDateTime zoned1 = ZonedDateTime.of(
    2014, 3, 12, 12, 5, 20, 100,
    ZoneId.systemDefault());
        // => 2014-03-12T12:05:20.000000100+09:00[Asia/Tokyo]
```

```
// 時差-9時間を持つ日時を取得
OffsetDateTime offset = OffsetDateTime.of(
    2014, 3, 12, 12, 5, 20, 100,
    ZoneOffset.ofHours(-9));
        // => 2014-03-12T12:05:20.000000100-09:00

// LocalDateTimeからZonedDateTimeやOffsetDateTimeを取得することも可能
ZonedDateTime zoned2 = ZonedDateTime.of(
    dateTime1,
    ZoneId.of("America/New_York"));
        // => 2014-03-12T12:05-04:00[America/New_York]
```

155 Date and Time APIで日付を再設定したい

withDayOfMonth	withDayOfYear	withHour	withMinute
withMonth	withNano	withSecond	withYear

6 7 **8** 11

関連	—
利用例	一度生成した日付の日時を変更する場合

　Date and Time APIの日時を表すクラスは、表5.4のメソッドを使って、年や月などを書き換えた日付を生成できます。

表5.4 日時を再設定するためのメソッド

メソッド	説明
withDayOfMonth	月の日を再設定した日付を取得する（日は1～31で指定）
withDayOfYear	年の日を再設定した日付を取得する（日は1～365（うるう年は366）で指定）
withHour	時間を再設定した日付を取得する
withMinute	分を再設定した日付を取得する
withMonth	月を再設定した日付を取得する（月は1～12で指定）
withNano	ナノ秒を再設定した日付を取得する
withSecond	秒を再設定した日付を取得する
withYear	年を再設定した日付を取得する

　なお、LocalDateには時刻を取得するメソッドはなく、LocalTimeには日付を取得するメソッドはありません。

●再設定した日付を取得する

```java
LocalDateTime localDateTime = LocalDateTime.now();

// 時分秒ナノ秒をすべて0に設定
LocalDateTime result1 = localDateTime
    .withHour(0)
    .withMinute(0)
    .withSecond(0)
    .withNano(0); // => 2014-03-24T00:00

// 2016年2月に設定（月は1～12で指定）
LocalDateTime result2 = localDateTime
    .withYear(2016)
    .withMonth(2); // => 2016-02-24T04:47:19.424
```

156 Date and Time APIで年月日などを取得したい

| getYear | getMonth | getDayOfMonth | | 6 | 7 | **8** | 11 |

| 関連 | — |
| 利用例 | 年や月だけを取得する場合 |

　LocalDateTimeなどDate and Time APIの日時を表すクラスでは、年月日などの取得を行なうために表5.5のメソッドが用意されています。

表5.5 年月日などを取得する主なメソッド

メソッド名	説明
getYear	年
getMonth	月。戻り値はMonth型
getMonthValue	月。戻り値はint型（1から12まで）
getDayOfMonth	日（1から31まで）
getDayOfYear	日（1から365まで。うるう年の場合は366まで）
getHour	時
getMinute	分
getSecond	秒
getNano	ナノ秒
getDayOfWeek	曜日。戻り値はDayOfWeek型

　なお、LocalDateには時刻を取得するメソッドはなく、LocalTimeには日付を取得するメソッドはありません。

●年月日などを取得する

```
LocalDateTime dateTime = LocalDateTime.of(2014, 3, 12, 12, 5, 20);

// 年
int year = dateTime.getYear();        // => 2014
// 月
int month = dateTime.getMonthValue(); // => 3
// 日
int day = dateTime.getDayOfMonth();   // => 12

// 時
int hour = dateTime.getHour();        // => 12
// 分
int minute = dateTime.getMinute();    // => 5
// 秒
int second = dateTime.getSecond();    // => 20
```

265

157 Date and Time APIの日時オブジェクトを相互変換したい

| toLocalDate | toLocalTime | atTime | atDate | | 6 | 7 | 8 | 11 |

関連	—
利用例	日時から時間だけを表すオブジェクトを取得する場合 時間に日付を追加して日時を表すオブジェクトを取得する場合

　LocalDateTimeなどの日時を表すオブジェクトと、LocalDateやLocalTimeといった日付・時間のみを表すオブジェクトは、次のようにして相互に変換できます。

● 日時を表すオブジェクトを相互に変換する

```
LocalDateTime dateTime1 = LocalDateTime.now();

// LocalDateTimeをLocalDateに変換
LocalDate date = dateTime1.toLocalDate();

// LocalDateTimeをLocalTimeに変換
LocalTime time = dateTime1.toLocalTime();

// LocalDateをLocalDateTimeに変換
// LocalDateは日付しか持っていないので時間を指定する必要がある
LocalDateTime dateTime2 = date.atTime(0, 0);
LocalDateTime dateTime3 = date.atTime(LocalTime.of(0, 0));

// LocalTimeをLocalDateTimeに変換
// LocalTimeは時間しか持っていないので日付を指定する必要がある
LocalDateTime dateTime4 = time.atDate(LocalDate.of(2013, 12, 8));
```

　また、ZonedDateTimeやOffsetDateTimeから、LocalDateTime、LocalDate、LocalTimeへ変換することも可能です。

● ZonedDateTimeをLocalxxxに変換する

```
ZonedDateTime zoned = ZonedDateTime.now();

// ZonedDateTimeをLocalDateTime、LocalDate、LocalTimeに変換
LocalDateTime dateTime = zoned.toLocalDateTime();
LocalDate date = zoned.toLocalDate();
LocalTime time = zoned.toLocalTime();
```

158 Date and Time APIの日付を文字列にフォーマットしたい

| DateTimeFormatter | format | | 6 | 7 | **8** | 11 |

関連	—
利用例	日付を文字列にフォーマットする場合

　Date and Time APIでは、java.time.format.DateTimeFormatterクラスを使って日時を文字列にフォーマットできます。フォーマットは、以下の3通りの方法があります。

■あらかじめ定義されたフォーマットを使う

　DateTimeFormatterクラスには、ISO形式のフォーマットがあらかじめ用意されています。主なフォーマットには、表5.6のようなものがあります。

表5.6　DateTimeFormatterに定義されている主なフォーマット

フォーマット（定数）	意味	例
BASIC_ISO_DATE	ISO-8601の最も基本的な日付フォーマット	20141203
ISO_DATE	ISO-8601の日付フォーマット。時差を持っている場合はその情報も含む	2014-12-03 2014-12-03+01:00
ISO_TIME	ISO-8601の時刻フォーマット。時差を持っている場合はその情報も含む	10:15:30 10:15:30+01:00
ISO_DATE_TIME	ISO-8601の日時フォーマット。時差やタイムゾーンを持っている場合はその情報も含む	2014-12-03T10:15:30 2014-12-03T10:15:30+01:00[Europe/Paris]

　上記の定数をLocalDateTimeやZonedDateTimeのformat()メソッドに渡すことで、文字列にフォーマットできます。

●ISO-8601形式の文字列にフォーマットする

```
LocalDateTime local = LocalDateTime.now();

// 日付文字列にフォーマット
String format1 = local.format(DateTimeFormatter.ISO_DATE);
    // => 2014-03-22
```

```
// 日時文字列にフォーマット
String format2 = local.format(DateTimeFormatter.ISO_DATE_TIME);
    // => 2014-03-22T14:35:58.722

ZonedDateTime zoned = ZonedDateTime.now();

// ZonedDateTimeは時差やタイムゾーンの情報も含まれる
String format3 = zoned.format(DateTimeFormatter.ISO_DATE);
    // => 2014-03-22+09:00

String format4 = zoned.format(DateTimeFormatter.ISO_DATE_TIME);
    // => 2014-03-22T14:35:58.722+09:00[Asia/Tokyo]
```

ISO-8601に沿った基本的なフォーマットで十分な場合に利用するとよいでしょう。

フォーマットパターンを指定する

標準では提供されていない独自のフォーマットを指定する場合は、まずDateTimeFormatter#ofPattern()メソッドでDateTimeFormatterインスタンスを取得します。

```
// フォーマットを指定してDateTimeFormatterを生成
DateTimeFormatter formatter = DateTimeFormatter.ofPattern("uuuu/MM/dd HH:mm");
```

指定できるフォーマットには、表5.7のようなものがあります。

表5.7　DateTimeFormatterに指定できる主なフォーマット

文字	意味	表示例
u	年	2010
M	月（数値表記）	7
L	月（文字列表記）	July
d	日	25
E	曜日	Friday
a	午前・午後	AM
H	時刻（24時間表記）	23
K	時刻（12時間表記）	11
m	分	30
s	秒	55
S	ミリ秒	978
z	タイムゾーン	PST
Z	時差	-08:00

5.2 Date and Time API

　生成したDateTimeFormatterをLocalDateTimeやZonedDateTimeのformat()メソッドに渡すことで、文字列にフォーマットできます。

●独自の日時文字列にフォーマットする

```
LocalDateTime dateTime = LocalDateTime.now();

// 文字列にフォーマット
String format = dateTime.format(formatter);
    // => 2014/03/22 12:05
```

ロケール固有のフォーマットを使う

　DateTimeFormatterクラスのofLocalizedDate()メソッドやofLocalizedDateTime()メソッドを使うと、ロケール固有のDateTimeFormatterインスタンスを取得できます。このDateTimeFormatterを、LocalDateTimeやZonedDateTimeのformat()メソッドに渡すことで、文字列にフォーマットできます。

●ロケール固有の文字列にフォーマットする

```
LocalDateTime local = LocalDateTime.now();

// ロケール固有の日付フォーマットを生成
DateTimeFormatter style1 = DateTimeFormatter.ofLocalizedDate(FormatStyle.FULL);
String format1 = local.format(style1);
    // => 2014年3月22日

ZonedDateTime zoned = ZonedDateTime.now();

// ロケール固有の日時フォーマットを生成
DateTimeFormatter style2 = DateTimeFormatter.ofLocalizedDateTime(FormatStyle.FULL);
String format2 = zoned.format(style2);
    // => 2014年3月22日 16時38分45秒 JST
```

　ただし、この方法はロケールによって結果が異なる点に留意して使うようにしてください。

159 Date and Time APIで日時の計算を行ないたい

plus | minus　　　　　　　　　　　　　　　6　7　8　11

関連	154　Date and Time APIで特定日時の日付を取得したい　P.262
	163　Date and Time APIで特定の期間を表したい　P.275

利用例	ある日付から30日後の日付を知りたい場合

　LocalDateTimeなどDate and Time APIの日時を表すクラスでは、日時の加算・減算に表5.8のようなメソッドが用意されています。

表5.8　日時の加算・減算を行なう主なメソッド

メソッド名	説明
plusYears minusYears	年を加算・減算
plusMonths minusMonths	月を加算・減算
plusDays minusDays	日を加算・減算
plusHours minusHours	時刻を加算・減算
plusMinutes minusMinutes	分を加算・減算
plusSeconds minusSeconds	秒を加算・減算
plusNanos minusNanos	ナノ秒を加算・減算
plusWeeks minusWeeks	週を加算・減算

　なお、LocalDateには時刻を加算・減算するメソッドはなく、LocalTimeには日付を加算・減算するメソッドはありません。

●日付の加算と減算

```
LocalDateTime dateTime = LocalDateTime.of(2013, 12, 8, 0, 0);

// 4年3ヶ月後
LocalDateTime result1 = dateTime.plusYears(4).plusMonths(3);
    // => 2018-03-08T00:00
```

```
// 10日後
LocalDateTime result2 = dateTime.plusDays(10);
    // => 2013-12-18T00:00

// 5時間30分後
LocalDateTime result3 = dateTime.plusHours(5).plusMinutes(30);
    // => 2013-12-08T05:30

// 30日前
LocalDateTime result4 = dateTime.minusDays(30);
    // => 2013-11-08T00:00

// 1分30秒前
LocalDateTime result5 = dateTime.minusMinutes(1).minusSeconds(30);
    // => 2013-12-07T23:58:30

// 3週間前
LocalDateTime result6 = dateTime.minusWeeks(3);
    // => 2013-11-17T00:00
```

また、plus()メソッドやminus()メソッドに、加算または減算する単位を指定して加算・減算を行なうこともできます。単位はChronoUnitで指定できます。

●日付を加算・減算する単位を指定する
```
// 5年後
LocalDateTime result7 = dateTime.plus(5, ChronoUnit.YEARS);
    // => 2018-12-08T00:00

// 6ヶ月前の日付を取得
LocalDateTime result8 = dateTime.minus(6, ChronoUnit.MONTHS);
    // => 2013-06-08T00:00
```

なお、plus()メソッドやminus()メソッドに期間を表すDurationやPeriodのインスタンスを渡すことで、加算・減算を行なうこともできます。詳細については レシピ163・164 を参照してください。

160 Date and Time APIで日付の前後関係を調べたい

| isEqual | isAfter | isBefore | | | 6 | 7 | 8 | 11 |

関連	—
利用例	ある日付が該当の日付より前か調べる場合

Date and Time APIの日時を表すクラスでは、次のメソッドで日付の前後関係を調べることができます。

- isEqual()メソッド ……… 日時が等しい場合にtrueを返す
- isAfter()メソッド ……… 引数の日時より後の場合にtrueを返す
- isBefore()メソッド ……… 引数の日時より前の場合にtrueを返す

●日付の前後関係を調べる

```
LocalDateTime localDateTime1 = …
LocalDateTime localDateTime2 = …

if(localDateTime1.isEqual(localDateTime2)){
    // localDateTime1とlocalDateTime2が同じ場合
} else if(localDateTime1.isBefore(localDateTime2)){
    // localDateTime1がlocalDateTime2より前の場合
} else if(localDateTime1.isAfter(localDateTime2)){
    // localDateTime1がlocalDateTime2より後の場合
}
```

また、compareTo()メソッドを使って日付の大小比較を行なうこともできます。A.compareTo(B)のように実行した場合、戻り値は次のようになります。

- AとBが一致 ➡ 0
- AがBより前 ➡ 負の値（0より小さい）
- AがBより後 ➡ 正の値（0より大きい）

161 Date and Time APIで月の最終日を調べたい

| with | TemporalAdjusters | lastDayOfMonth | 6   7   **8**   11 |

関　連	―
利用例	ある月の最終日が何日なのか知りたい場合

　Date and Time APIの日時を表すクラスでは、with()メソッドを使って日付を調節できます。このメソッドとjava.time.temporal.TemporalAdjusters#lastDayOfMonth()メソッドを組み合わせることで、当該の月の最終日の日付を得ることができます。

● 月末の日付を取得する

```
// 2014年2月の最終日を取得
LocalDate localDate1 = LocalDate.of(2014, 2, 1);
LocalDate endDate1 = localDate1.with(TemporalAdjusters.lastDayOfMonth());
    // => 2014-02-28

// 2016年2月（うるう年）の最終日を取得
LocalDate localDate2 = LocalDate.of(2016, 2, 1);
LocalDate endDate2 = localDate2.with(TemporalAdjusters.lastDayOfMonth());
    // => 2016-02-29
```

　なお、LocalTimeのような時間情報しか持たないクラスのインスタンスにTemporalAdjusters#lastDayOfMonth()メソッドによる調整を行なおうとすると、DateTimeExceptionがスローされます。

　TemporalAdjustersには、この他にも表5.9のような調整を行なうためのメソッドが用意されています。

表5.9　TemporalAdjustersのメソッド

メソッド名	説明
dayOfWeekInMonth	指定週の指定した曜日の日付を取得する
firstDayOfMonth	月の初日の日付を取得する
firstDayOfNextMonth	翌月の初日の日付を取得する
firstDayOfYear	年の初日の日付を取得する
firstInMonth	月の最初の指定曜日の日付を取得する
lastDayOfMonth	月の最終日の日付を取得する
lastDayOfYear	年の最終日の日付を取得する
next	次の指定曜日の日付を取得する
nextOrSame	次（当日も含む）の指定曜日の日付を取得する
ofDateAdjuster	LocalDateをラムダ式で任意の日時に調整する
previous	直前の指定曜日の日付を取得する
previousOrSame	直前（当日も含む）の指定曜日の日付を取得する

162 文字列を Date and Time API のオブジェクトに変換したい

| DateTimeFormatter | parse | | 6 | 7 | 8 | 11 |

| 関連 | 147 日付を文字列にフォーマットしたい P.254 |
| 利用例 | 文字列をもとに Date and Time APIの日付を生成する場合 |

　LocalDateTimeやLocalDateなどのクラスは、parse()メソッドを使って、日時を表す文字列からインスタンスを生成できます。デフォルトでは、クラスごとに指定できる文字列の形式が決まっています。

●デフォルトのフォーマットでパースする

```
// "2007-12-03T10:15:30"のような文字列からLocalDateTimeを生成
LocalDateTime dateTime = LocalDateTime.parse("2013-12-24T12:00");

// "2007-12-03"のような文字列からLocalDateを生成
LocalDate date = LocalDate.parse("2013-12-25");

// "2007-12-03T10:15:30+01:00"のような文字列からOffsetDateTimeを生成
OffsetDateTime offsetDateTime = OffsetDateTime.parse("2014-01-01T00:00:00+01:00");

// "2007-12-03T10:15:30+01:00[Europe/Paris]"のような文字列からZonedDateTimeを生成
ZonedDateTime zonedDateTime =
    ZonedDateTime.parse("2014-01-01T00:11:10+09:00[Asia/Tokyo]");
```

　また、DateTimeFormatterクラスを使って、指定したフォーマットの文字列からインスタンスを生成することもできます。指定できるフォーマットについては レシピ147 を参照してください。

●フォーマットを指定してパースする

```
// フォーマットを指定してDateTimeFormatterを生成
DateTimeFormatter formatter = DateTimeFormatter.ofPattern("uuuu/MM/dd HH:mm");

// "uuuu/MM/dd HH:mm"形式の文字列からLocalDateTimeを生成
LocalDateTime dateTime = LocalDateTime.parse("2013/12/31 00:00", formatter);
```

163 Date and Time APIで特定の期間を表したい

Duration　　　　　　　　　　　　　　　　　6　7　**8**　**11**

関　連	—
利 用 例	特定の期間を表す場合

　Date and Time APIで期間を表すには、Durationクラスを使います。次のようにして表したい期間を指定してインスタンスを生成します。

●Durationインスタンスを生成する

```
// 3日間
Duration duration1 = Duration.ofDays(3);

// 2時間
Duration duration2 = Duration.ofHours(2);

// 30分
Duration duration3 = Duration.ofMinutes(30);

// 10秒
Duration duration4 = Duration.ofSeconds(10);
```

　Durationインスタンスを、LocalDateTimeやLocalDateなど日付を表すクラスのplus()メソッド、minus()メソッドに渡すことで、そのDurationインスタンスが表す期間を日付に加算・減算できます。

●期間を日付に加算・減算する

```
// 2014年12月8日を表すLocalDateTimeインスタンスを生成
LocalDateTime dateTime = LocalDateTime.of(2014, 12, 8, 0, 0);

// 3日間を表すDurationを生成
Duration duration = Duration.ofDays(3);

// LocalDateにDurationを加算
LocalDateTime result = dateTime.plus(duration); // => 2014-12-11T00:00
```

164 Date and Time APIで2つの日付の間隔を調べたい

| Period | between | | 6 | 7 | 8 | 11 |

関連	—
利用例	2つの日付の差が何日あるか知りたい場合

　Periodクラスのbetween()メソッドを使います。戻り値のPeriodインスタンスから、getYears()、getMonths()、getDays()といったメソッドを使って、2つの日付の間隔の年数、月数、日数を取得できます。

●Date and Time APIで2つの日付の間隔を調べる

```java
// 2つの日を生成
LocalDate date1 = LocalDate.of(2014, 7, 12);
LocalDate date2 = LocalDate.of(2015, 10, 20);

// 間隔を取得
Period period = Period.between(date1, date2);

// 年数を取得
int years = period.getYears();    // => 1
// 月数を取得
int months = period.getMonths();  // => 3
// 日数を取得
int days = period.getDays();      // => 8
```

　Periodクラスのインスタンスは、表す間隔の年数、月数、日数などを指定して生成することもできます。また、LocalDateTimeやLocalDateなど日付を表すクラスのplus()メソッド、minus()メソッドに渡すことで、そのPeriodインスタンスが表す間隔を日付に加算・減算できます。

●間隔を日付に加算・減算する

```java
// 2013年12月8日を表すLocalDateインスタンスを生成
LocalDate date = LocalDate.of(2013, 12, 8);

// 1年6ヶ月を表すPeriodを生成
Period period = Period.of(1, 6, 0);

// LocalDateにPeriodを加算
LocalDate result = date.plus(period); // => 2015-06-08
```

165 DateオブジェクトをDate and Time APIの日付に変換したい

| Date | Instant | toInstant | ofInstant |

関連 | 166 Date and Time APIをDateオブジェクトの日付に変換したい P.278

利用例 | DateオブジェクトをDate and Time APIの日付に変換する場合

　Date#toInstant()メソッドでDateオブジェクトを一度java.time.Instantクラスに変換してから、LocalDateTimeやZonedDateTimeなどのofInstant()メソッドでDate and Time APIの日付オブジェクトを生成します。

●DateからDate and Time APIのクラスに変換

```
// 現在日時を生成
Date nowDate = new Date();

// 現在日時をjava.time.Instantに変換
Instant instant = nowDate.toInstant();

// InstantからZonedDateTimeに変換
ZonedDateTime dateTime = ZonedDateTime.ofInstant(instant, ZoneId.systemDefault());
```

　ZonedDateTimeは、Instant#atZone()メソッドを使って変換することもできます。

```
// atZone()メソッドを使ってZonedDateTimeに変換
ZonedDateTime dateTime = instant.atZone(ZoneId.systemDefault());
```

　OffsetDateTimeは、Instant#atOffset()メソッドを使って変換することもできます。

```
// atOffset()メソッドを使ってOffsetDateTimeに変換
OffsetDateTime dateTime = instant.atOffset(ZoneOffset.ofHours(-9));
```

166 Date and Time APIをDateオブジェクトの日付に変換したい

| Date | Instant | toInstant | from |

関　連	165 DateオブジェクトをDate and Time APIの日付に変換したい　P.277
利用例	Date and Time APIのオブジェクトをDateオブジェクトに変換する場合

　ZonedDateTime#toInstant()メソッドで一度java.time.Instantオブジェクトに変換してから、Date#from()メソッドでDateオブジェクトを生成します。

●Date and Time APIのクラスからDateに変換する

```
// 現在日時を生成
ZonedDateTime now = ZonedDateTime.now();

// Instantに変換
Instant instant = now.toInstant();

// InstantからDateに変換
Date dateNow = Date.from(instant); // =>Sun Oct 27 13:46:36 JST 2013
```

　LocalDateTimeは、ZoneOffsetを指定してInstantオブジェクトに変換する必要がある点に注意してください。

```
LocalDateTime now = LocalDateTime.now();

// ZoneOffsetを指定してInstantに変換
Instant instant = now.toInstant(ZoneOffset.ofHours(-9));

Date dateNow = Date.from(instant);
```

> **NOTE**
>
> **LocalDateTimeとタイムゾーンからDateに変換**
> 　タイムゾーンがわかっている場合は、一度LocalDateTimeをZonedDateTimeに変換してから、Dateオブジェクトを生成するとよいでしょう。
>
> ●LocalDateTimeとタイムゾーンを使ってDateに変換する
>
> ```
> LocalDateTime local = LocalDateTime.now();
>
> // タイムゾーンを指定してZonedDateTimeを生成
> ZonedDateTime zoned = local.atZone(ZoneId.systemDefault());
> // Dateに変換
> Date date = Date.from(zoned.toInstant());
> ```

PROGRAMMER'S RECIPE

第 **06** 章

ファイル・入出力

167 Javaでのファイル操作について知りたい

| File | Path |

| 関　連 | ― |
| 利用例 | ファイル操作を行なうAPIの種類を知りたい場合 |

　Javaには、ファイル操作用のAPIとして、Java 1.0の頃から存在するjava.io.Fileと、Java 7で導入されたNIO2に含まれるファイル操作APIの2種類があります。
　NIO2を使うことで、java.io.Fileでは不可能な以下のような操作が可能になります。

- シンボリックリンクやパーミッションを扱うことができる
- ファイルの上書き移動やコピーが簡単な操作で行なえる
- ファイルの変更を監視できる

　このように、java.io.FileよりもNIO2のファイル操作APIのほうが高機能なため、Java 7以降であればファイル操作には基本的にNIO2を使用するとよいでしょう。ただし、既存のJavaライブラリなどjava.io.Fileを使用しているものも多く、ファイル操作を完全にNIO2だけで行なうことが難しい場合もあります。そのため、java.io.Fileとjava.nio.file.Pathは相互に変換できるようになっており、必要に応じて使い分けることができるようになっています。

java.io.File

　java.io.Fileはファイルやディレクトリを表すクラスで、ファイルのパスを指定してインスタンスを生成します。

● Fileオブジェクトを作成する

```java
// 絶対パスを指定
File file1 = new File("C:\\Users\\takezoe\\test.txt");

// カレントディレクトリからの相対パスを指定
File file2 = new File("test.txt");
File file3 = new File("..\\hoge\\test.txt");

// 親ディレクトリと、親ディレクトリからの相対パスを指定
File parent = new File("C:\\Users\\takezoe");
File file4 = new File(parent, "hoge\\test.txt");
```

6.1 導入

> **NOTE**
>
> **パス区切り文字**
>
> パス区切り文字は、Windowsの場合は「¥」、Unix系OSの場合は「/」というようにプラットフォームによって異なります。そのため、さまざまなプラットフォームで動作する必要のあるプログラムを記述する場合は、パスをハードコードしないようにするなどの注意が必要です。
> プラットフォームのパス区切り文字は、File.separatorプロパティで取得できます。
>
> ```
> // Windowsの場合"¥"、Unix系OSの場合"/"
> String sep = File.separator;
> ```

Fileには、ファイルやディレクトリに対する操作を行なうためのさまざまなメソッドが用意されています。

●**Fileを使用したファイル操作**

```
// ディレクトリを作成
File dir = new File("dir");
dir.mkdir();

// ファイルを作成
File file = new File(dir, "test.txt");
file.createNewFile();
```

java.nio.file.Path（Java 7以降）

NIO2では、java.nio.file.Pathでパスを表します。Pathオブジェクトの生成には、java.nio.file.FileSystem#getPath()メソッドを使います。

●**Pathオブジェクトを生成する**

```
// デフォルトのファイルシステムを取得
FileSystem fs = FileSystems.getDefault();

// 絶対パスを指定
Path path1 = fs.getPath("C:¥¥Users¥¥takezoe¥¥test.txt");
// パス区切り文字を使用せずにパスを指定
Path path2 = fs.getPath("C:", "Users", "takezoe", "test.txt");
// カレントディレクトリからの相対パスを指定
Path path3 = fs.getPath("dir", "test.txt");
```

また、次のようにjava.nio.file.Paths#get()メソッドでPathオブジェクトを生成することもできます。

```
Path path = Paths.get("dir", "testr.txt");
```

NIO2ではパスそのものを表すPathクラスと、そのパスが表すファイルやディレクトリに対する操作は分離されており、ファイルやディレクトリに対する操作を行なうにはjava.nio.file.Filesのstaticメソッドを使います。

●NIO2を使用したファイル操作

```
// ディレクトリを作成
Path dir = Paths.get("dir");
Files.createDirectory(dir);

// ファイルを作成
Path file = dir.resolve("test.txt");
Files.createFile(file);
```

FileとPathの相互変換

java.io.Fileとjava.nio.file.Pathは、以下のようにして相互に変換できます。

●FileとPathの変換

```
// FileをPathに変換
File file = …
Path path = file.toPath();

// PathをFileに変換
Path path = …
File file = path.toFile();
```

6.2 ファイル

168 ファイルやディレクトリが存在するか調べたい

| File | exists | | 6 | 7 | 8 | 11 |

関　連	188　パスが存在するかどうかを調べたい　P.304
利 用 例	ファイルやディレクトリが存在する場合のみ処理を行なう場合

　File#exists()メソッドを使います。ファイルまたはディレクトリが存在する場合はtrueを、存在しない場合はfalseを返します。

●ファイルが存在するかどうか調べる

```
File file = new File("test.txt");

if(file.exists()){
    … ファイルが存在する場合の処理 …
} else {
    … ファイルが存在しない場合の処理 …
}
```

MEMO

169 ファイルかディレクトリかを調べたい

| File | isFile | isDirectory | | 6 | 7 | 8 | 11 |

関連	193 パスが示すファイルやディレクトリの属性を取得・設定したい P.310
利用例	ファイルかディレクトリかで処理を分ける場合

File#isFile()メソッドやFile#isDirectory()メソッドを使います。

File#isFile()メソッドはファイルの場合はtrueを、File#isDirectory()メソッドはディレクトリの場合はtrueを返します。

●ファイルかディレクトリかを調べる

```
File file = …

// ファイルかどうかを調べる
if(file.isFile()){
    System.out.println(file.getName() + "はファイルです。");
}

// ディレクトリかどうかを調べる
if(file.isDirectory()){
    System.out.println(file.getName() + "はディレクトリです。");
}
```

170 ファイルやディレクトリを削除したい

File | delete

| 関連 | 189 パスが示すファイルやディレクトリを削除したい P.305 |
| 利用例 | 不要になったファイルやディレクトリを削除する場合 |

File#delete()メソッドでファイルまたはディレクトリを削除できます。削除に成功した場合はtrueを、失敗した場合はfalseを返します。

●ファイルの削除

```java
File file = …

if(!file.delete()){
    System.out.println("ファイルの削除に失敗しました。");
}
```

ディレクトリを削除する場合、ディレクトリが空になっている必要があります。ディレクトリ内にファイルが存在する場合は、次のように再帰的に削除する必要があります。

●ディレクトリを再帰的に削除する

```java
/**
 * ディレクトリを再帰的に削除するメソッド
 */
private void deleteDirectory(File dir){
    // ディレクトリ内のファイルを削除
    for(File file: dir.listFiles()){
        if(file.isDirectory()){
            // ディレクトリの場合は再帰的に削除
            deleteDirectory(file);
        } else {
            // ファイルの場合は削除
            file.delete();
        }
    }
    // ディレクトリを削除
    dir.delete();
}

// ディレクトリを再帰的に削除
File dir = …
deleteDirectory(dir);
```

171 ファイルを移動したい

| File | renameTo | | 6 | 7 | 8 | 11 |

関　連	191　パスが示すファイルやディレクトリをコピーしたい　P.307
利用例	ファイルやディレクトリをリネームする場合

　File#renameTo()メソッドでファイルまたはディレクトリをリネームできます。引数には、Fileオブジェクトを渡します。リネームに成功した場合はtrueを、失敗した場合はfalseを返します。

●ファイルをリネームする

```
File oldFile = new File("test.txt");
File newFile = new File("readme.txt");

// test.txtをreadme.txtにリネーム
oldFile.renameTo(newFile);
```

> **NOTE**
>
> **パーティションが異なる場合のファイル移動**
> 　File#renameTo()メソッドは、異なるディレクトリのFileオブジェクトを渡すことでファイルの移動にも使用できますが、移動元と移動先のパーティションが異なる場合は移動できません。このような場合は、NIO2のFiles#move()メソッド レシピ190 を使うか、ファイルの内容をコピーしてから移動元のファイルを削除するといった処理が必要です。

172 ファイルのサイズを調べたい

File | length　　6　7　8　11

関連	193　パスが示すファイルやディレクトリの属性を取得・設定したい　P.310
利用例	ファイルが特定のサイズを超えているかを調べる場合

File#length()メソッドを使うと、ファイルのサイズをバイト単位で取得できます。

● ファイルのサイズを取得する

```
File file = new File("test.txt");

// ファイルのサイズをバイト単位で取得
long size = file.length();
```

ディレクトリに対して呼び出した場合や存在しないファイルの場合、length()メソッドは0を返します。

MEMO

173 ファイルの最終更新日時を調べたい

| File | lastModified | setLastModified | | 6 | 7 | 8 | 11 |

| 関連 | 193 パスが示すファイルやディレクトリの属性を取得・設定したい P.310 |
| 利用例 | ファイルが特定の日時より古いかどうか調べる場合 |

　File#lastModified()メソッドを使います。このメソッドでは、ファイルやディレクトリの最終更新日時を、エポック時間（グリニッジ標準時の1970年1月1日0時0分0秒）からのミリ秒で取得できます。

●ファイルの最終更新日時を取得する

```java
File file = new File("test.txt");

// ファイルの最終更新日時をミリ秒で取得
long time = file.lastModified();

// 取得した最終更新日時をDateオブジェクトに変換
Date date = new Date(time);

// 取得した最終更新日時をCalendarオブジェクトに変換
Calendar cal = Calendar.getInstance();
cal.setTime(date);
```

　存在しないファイルやディレクトリの場合など、最終更新日時を取得できないときには、lastModified()メソッドはエラーにならず0を返します。

> **NOTE**
>
> **ファイルの最終更新日時を設定する**
>
> File#setLastModified()メソッドでファイルの更新日時を設定することもできます。
>
> ```java
> // ファイルの最終更新日時を現在日時に設定
> file.setLastModified(System.currentTimeMillis());
> ```

174 ファイルの属性を調べたい

| File | canRead | canWrite | canExecute | isHidden | 6   7   8   11

| 関連 | 175 ファイルの属性を設定したい　P.290 |
| | 193 パスが示すファイルやディレクトリの属性を取得・設定したい　P.310 |

| 利用例 | ファイルのアクセス権を取得する場合 |

FileクラスのcanRead()メソッド、canWrite()メソッド、canExecute()メソッドで、それぞれファイルが読み取り可能か、書き込み可能か、実行可能かを調べることができます。また、isHidden()メソッドでファイルが隠しファイルかどうかを調べることができます。

●ファイルの属性を取得する

```java
File file = new File("test.txt");

// ファイルが読み取り可能かどうかを取得
boolean canRead = file.canRead();
// ファイルが書き込み可能かどうかを取得
boolean canWrite = file.canWrite();
// ファイルが実行可能かどうかを取得
boolean canExecute = file.canExecute();
// ファイルが隠しファイルかどうかを取得
boolean isHidden = file.isHidden();
```

NOTE

隠しファイル

isHidden()メソッドは、Windowsの場合はファイルの属性が隠しファイルに設定されているとき、MacやLinuxの場合は「.」で始まるファイルのときにtrueを返します。

なお、Java 7以降であれば、java.nio.file.attributeパッケージに含まれるクラスを使って、プラットフォーム固有の属性など、より詳細な情報の取得・設定が可能です。詳細については レシピ193 を参照してください。

175 ファイルの属性を設定したい

| File | setReadable | setWritable | setExecutable | 6 7 8 11 |

| 関連 | 174 ファイルの属性を調べたい　P.289 |
| | 193 パスが示すファイルやディレクトリの属性を取得・設定したい　P.310 |

| 利用例 | ファイルのアクセス権を設定する場合 |

　FileクラスのsetReadable()メソッド、setWritable()メソッド、setExecutable()メソッドで、それぞれファイルが読み取り可能か、書き込み可能か、実行可能かを設定できます。これらのメソッドは、設定に成功した場合はtrueを、失敗した場合はfalseを返します。

●ファイルの属性を設定する

```java
File file = new File("test.txt");

// ファイルを読み取り可能に設定
file.setReadable(true);
// ファイルを書き込み可能に設定
file.setWritable(true);
// ファイルを実行可能に設定
file.setExecutable(true);
```

　これらのメソッドは、第2引数で読み取りや書き込みを所有者のみに制限するかどうかを指定できます。例えば、次のようにすると、ファイルの所有者のみ書き込みが可能になります。

```java
file.setWritable(true, true);
```

　なお、Java 7以降であれば、java.nio.file.attributeパッケージに含まれるクラスを使って、プラットフォーム固有の属性など、より詳細な情報の取得・設定が可能です。詳細については レシピ193 を参照してください。

176 ファイルの絶対パスを取得したい

| File | getAbsolutePath | getAbsoluteFile | 6 7 8 11 |

| 関連 | 182 パスを絶対パスに変換したい P.298 |
| 利用例 | ファイルの絶対パスを取得する場合 |

File#getAbsolutePath()メソッドを使います。このメソッドでは、ファイルまたはディレクトリの絶対パスを文字列で取得できます。取得できるパスは、Windowsの場合「C:¥sample¥test.txt」などのようにプラットフォーム固有のドライブレターやパス区切り文字を含むものになります。

●ファイルの絶対パスを取得する

```
// カレントディレクトリが "C:¥Users¥takezoe" の場合
File file = new File("lib");

// ファイルの絶対パスを取得する
String absolutePath = file.getAbsolutePath(); // => "C:¥Users¥takezoe¥lib"
```

File#getAbsoluteFile()メソッドは、Fileオブジェクトを絶対パスのFileオブジェクトに変換できます。

●絶対パスのFileオブジェクトに変換する

```
// カレントディレクトリが "C:¥Users¥takezoe" の場合
File file = new File("lib");

// 絶対パスを持つFileオブジェクトに変換する
File absoluteFile = file.getAbsoluteFile(); // => "C:¥Users¥takezoe¥lib"
```

> **NOTE**
>
> パスを正規化する
>
> Fileオブジェクトが示すパスが「.」や「..」などを含む場合、File#getCanonicalPath()メソッド、File#getCanonicalFile()メソッドで正規化できます。
>
> ```
> File file = new File("C:¥¥Users¥¥takezoe¥¥..¥¥test.txt");
>
> // 正規化したパスを取得
> String path = file.getCanonicalPath(); // => "C:¥Users¥test.txt"
> // 正規化したパスを示すFileオブジェクトを取得
> File normalized = file.getCanonicalFile();
> ```

177 親ディレクトリを取得したい

| File | getParent | getParentFile | | 6 | 7 | 8 | 11 |

| 関 連 | 183 親ディレクトリのパスを取得したい P.299 |
| 利用例 | ファイルが格納されているディレクトリを取得する場合 |

　File#getParent()メソッドで親ディレクトリ名を、File#getParentFile()メソッドで親ディレクトリを表すFileオブジェクトを取得できます。

● 親ディレクトリを取得する

```
File file = new File("C:\\Users\\takezoe\\test.txt");

// 親ディレクトリ名を取得
String parentDirName = file.getParent(); // => "C:\Users\takezoe"

// 親ディレクトリを表すFileオブジェクトを取得
File parentDir = file.getParentFile(); // => "C:\Users\takezoe"
```

　これらのメソッドは、Fileオブジェクトが内部的に持っているファイルパスから親ディレクトリを返します。Fileオブジェクトが表すパスから親ディレクトリを取得できない場合は、nullを返します。

```
// Fileのパスから親ディレクトリを取得できない場合
File dir = new File("lib");
File parentDir = dir.getParentFile(); // => null
```

　このような場合、一度getAbsoluteFile()メソッド レシピ176 で絶対パスを持つFileオブジェクトに変換すれば、正しく親ディレクトリを取得できます。

```
// カレントディレクトリが "C:\Users\takezoe" の場合
File dir = new File("lib"); // => "lib"

// 絶対パスに変換
File absoluteDir = dir.getAbsoluteFile(); // => "C:\Users\takezoe\lib"

// 親ディレクトリを取得
File parentDir = absoluteDir.getParentFile(); // => "C:\Users\takezoe"
```

178 ディレクトリ内のファイル一覧を取得したい

| File | list | listFiles | FilenameFilter | FileFilter |

関連	194 パスが示すディレクトリ内のファイル一覧を取得したい　P.316
	195 ディレクトリ内のファイルを再帰的に処理したい　P.317

利用例	特定のディレクトリ配下のファイルをまとめて処理する場合

　File#list()メソッドでディレクトリ内のファイル・ディレクトリ名の一覧を配列で取得できます。また、listFiles()メソッドでディレクトリ内のファイル、ディレクトリの一覧をFileオブジェクトの配列として取得できます。

●ディレクトリ内のファイルの一覧を取得する

```
File dir = new File("lib");

// libディレクトリ内のファイル名の一覧を取得
String[] fileNames = dir.list();
for(String fileName: fileNames){
    System.out.println(fileName);
}

// libディレクトリ内のファイルをFileオブジェクトの配列で取得
File[] files = dir.listFiles();
for(File file: files){
    System.out.println(file.getAbsolutePath());
}
```

　list()メソッドにはjava.io.FilenameFilterを渡すことができ、取得するファイルの一覧をフィルタリングできます。FilenameFilterは引数にディレクトリとファイル名を取り、結果に含めるファイルの場合はtrueを、結果に含めないファイルの場合はfalseを返すように実装します。

●FilenameFilterによるフィルタリング

```
String[] fileNames = dir.list(new FilenameFilter() {
    @Override
    public boolean accept(File dir, String name) {
        // ファイル名の先頭が「.」で始まるファイルは除く
        return !name.startsWith(".");
    }
});
```

listFiles()メソッドには、FilenameFilterだけでなく、java.io.FileFilterを指定することもできます。こちらは引数にFileオブジェクトを取ります。

●FileFilterによるフィルタリング

```java
File[] files = dir.listFiles(new FileFilter() {
    @Override
    public boolean accept(File pathname) {
        // ファイル以外は除く
        return pathname.isFile();
    }
});
```

COLUMN　Windowsで有効なドライブを取得する

　Windowsのファイルシステムは、C:¥、D:¥などドライブに対応した複数のルートディレクトリを持ちます。File#listRoots()メソッドで有効なドライブを取得できます。

```java
File[] roots = File.listRoots();
```

　なお、File#listRoots()メソッドは、UNIX系のプラットフォームでは"/"を返します。

179 空のファイルを作成したい

| File | createNewFile |

| 関　連 | 185　パスからファイルを作成したい　P.301 |
| 利用例 | 新しいファイルを作成する場合 |

　File#createNewFile()メソッドを使います。ファイルの作成に成功した場合はtrueを、すでにファイルが存在した場合は何もせずfalseを返します。また、親ディレクトリが存在しないなどの理由でファイルの作成に失敗した場合は、IOExceptionがスローされます。

●空のファイルを作成する

```
File file = new File("test.txt");

// 空のtest.txtを作成
if(file.createNewFile()){
    System.out.println("test.txtを作成しました。");
} else {
    System.out.println("test.txtはすでに存在します。");
}
```

180 一時ファイルを作成したい

| File | createTempFile | | 6 | 7 | 8 | 11 |

| 関連 | 192 パスから一時ファイルやディレクトリを作成したい P.309 |
| 利用例 | 処理途中のデータを一時的にファイルに書き出す場合 |

File#createTempFile()メソッドを使います。引数には、一時ファイルのプレフィックスとサフィックスを指定します。一時ファイルの作成に失敗した場合は、IOExceptionがスローされます。

● 一時ファイルを作成する

```java
// 一時ファイルを作成
File file = File.createTempFile("temp", ".txt");

// 作成した一時ファイルのパスを出力
System.out.println(file.getAbsolutePath());
    // => "C:\Users\takezoe\AppData\Local\Temp\temp2882652318580784773.txt"
```

一時ファイルは、システムプロパティ「java.io.tmpdir」 レシピ289 で指定されたディレクトリに作成され、重複しないファイル名が自動的に付与されます。次のようにして一時ファイルを作成するディレクトリを指定することもできます。

```java
// C:\tempに一時ディレクトリを作成
File file = File.createTempFile("temp", ".txt", "C:\\tempdir");
```

> **NOTE**
>
> **一時ファイルをVMの終了時に削除する**
>
> File#deleteOnExit()メソッドを呼び出しておくと、そのファイルはJava VMの終了時に自動的に削除されます。これを利用して、Java VMの終了時に一時ファイルを削除できます(ただし、Java VMがクラッシュなどにより異常終了した場合、削除は保証されません)。
>
> ```java
> // 一時ファイルを作成
> File file = File.createTempFile("temp", ".txt");
> // VMの終了時に一時ファイルを削除するよう設定
> file.deleteOnExit();
> ```

181 ディレクトリを作成したい

| File | mkdir | mkdirs |

| 関連 | 186 パスからディレクトリを作成したい P.302 |
| 利用例 | 複数のファイルをまとめて1つのディレクトリに保存する場合 |

　File#mkdir()メソッドを使います。ディレクトリの作成に成功した場合はtrueを、失敗した場合はfalseを返します。
　mkdir()メソッドでディレクトリを作成するには、親ディレクトリがあらかじめ存在する必要があります。親ディレクトリが存在しない場合、mkdir()メソッドの代わりにmkdirs()メソッドを使うことで、親ディレクトリもまとめて作成できます。

● ディレクトリを作成する

```java
// カレントディレクトリにhogeディレクトリを作成する
File dir1 = new File("hoge");
dir1.mkdir();

// カレントディレクトリにhoge/fugaディレクトリを作成する
File dir2 = new File("hoge/fuga");
dir2.mkdirs();
```

182 パスを絶対パスに変換したい

| Path | toAbslutePath | isAbsolute |

関連	176 ファイルの絶対パスを取得したい P.291
	184 パスに対する相対パスを解決したい P.300

利用例	相対パスから絶対パスを取得する場合

Path#toAbslutePath()メソッドで相対パスを絶対パスに変換できます。また、Path#isAbsolute()メソッドでパスが絶対パスかどうかを調べることができます。

●相対パスを絶対パスに変換する

```java
// カレントディレクトリからの相対パスを指定
Path path1 = Paths.get("temp", "test.txt"); // => "temp¥test.txt"
System.out.println(path1.isAbsolute()); // => false

// 絶対パスに変換
Path path2 = path1.toAbsolutePath(); // => "C:¥Users¥takezoe¥temp¥test.txt"
System.out.println(path2.isAbsolute()); // => true
```

> **NOTE**
>
> **Pathを正規化する**
>
> Path#normalize()メソッドで「.」や「..」などを含む冗長なパスを正規化できます。
>
> ```java
> // 冗長なパス
> Path path = Paths.get("C:", ".", "temp", "..", "etc"); // => C:¥.¥temp¥..¥etc
> // パスを正規化
> Path normalizedPath = path.normalize(); // => C:¥etc
> ```

183 親ディレクトリのパスを取得したい

| Path | getParent |

| 関　連 | 177　親ディレクトリを取得したい　P.292 |
| 利用例 | ファイルが格納されているディレクトリのパスを取得する場合 |

　Path#getParent()メソッドで、親ディレクトリのパスを持つPathオブジェクトを取得できます。
　このメソッドは、実際のファイルシステム上の親ディレクトリではなく、パス表記上の親パスを返します。例えば「C:¥temp¥.」の親パスは、「C:¥temp」になります（このような冗長な表記のパスは、normalizeメソッドで正規化できます。詳細はP.298のNOTE「Pathを正規化する」参照）。親パスが取得できない場合はnullを返します。

●親ディレクトリのパスを取得する

```
Path path1 = Paths.get("temp", "test.txt"); // => "temp¥test.txt"

// 親ディレクトリのパスを取得
Path parent1 = path1.getParent();    // => "temp"

// 親ディレクトリのパスが取得できない場合
Path path2 = Paths.get("test.txt");  // => "test.txt"
Path parent2 = path2.getParent();    // => null
```

　また、Path#getRoot()メソッドでパスのルートコンポーネントを取得できます。ルートコンポーネントを持たないパスの場合、nullを返します。

●パスのルートコンポーネントを取得する

```
// ルートコンポーネントを持つパスの場合
Path path1 = Paths.get("C:", "temp", "test.txt"); // => "C:¥temp¥test.txt"
Path root1 = path1.getRoot(); // => "C:¥"

// ルートコンポーネントを持たないパスの場合
Path path2 = Paths.get("temp", "test.txt"); // => "temp¥test.txt"
Path root2 = path2.getRoot(); // => null
```

184 パスに対する相対パスを解決したい

| Path | resolve | resolveSibling |

関連	182 パスを絶対パスに変換したい P.298
利用例	ディレクトリ配下のファイルのパスを取得する場合 同じディレクトリ内のファイルのパスを取得する場合

Path#resolve()メソッド、またはPath#resolveSibling()メソッドを使います。

Path#resolve()メソッドを使う

現在のパスに対する相対パスとして解決します。ディレクトリを示すパスに対して、その配下のファイルやディレクトリのパスを取得する際に便利です。

●resolve()メソッドで相対パスを解決する

```java
Path path1 = Paths.get("C:¥¥temp");
Path path2 = Paths.get("test.txt");

Path path3 = path1.resolve(path2); // => "C:¥temp¥test.txt"
```

Path#resolveSibling()メソッドを使う

現在のパスの親パスに対する相対パスとして解決します。ファイルやディレクトリを示すパスに対して、同一ディレクトリ内の別のファイルやディレクトリのパスを取得する際に便利です。

●resolveSibling()メソッドで相対パスを解決する

```java
Path path1 = Paths.get("C:¥¥temp¥¥test1.txt");
Path path2 = Paths.get("test2.txt");

Path path3 = path1.resolveSibling(path2); // => "C:¥temp¥test2.txt"
```

185 パスからファイルを作成したい

Path | Files | createFile　　　　　　　　　6　7　8　11

関連	179　空のファイルを作成したい　P.295 186　パスからディレクトリを作成したい　P.302 187　パスからリンクを作成したい　P.303
利用例	新しいファイルを作成する場合

Files#createFile()メソッドでPathから新しい空のファイルを作成できます。ファイルがすでに存在する場合はFileAlreadyExistsExceptionが、ファイルの作成に失敗した場合はIOExceptionがスローされます。

●新しいファイルを作成する

```
Path path = Paths.get("test.txt");

// 新しい空のファイルを作成する
Files.createFile(path);
```

Files#createFile()メソッドの引数にjava.nio.file.attribute.FileAttributeを渡すことで、作成するファイルの属性をPOSIXのパーミッションに応じて指定できます。次は、パーミッションを指定してファイルを作成するサンプルです。

●パーミッションを指定してファイルを作成する

```
Set<PosixFilePermission> permission = PosixFilePermissions.fromString("rwxr-x---");
FileAttribute<Set<PosixFilePermission>> attribute =
    PosixFilePermissions.asFileAttribute(permission);

Path path = Paths.get("test.txt");
Files.createFile(path, attribute);
```

ただし、WindowsはPOSIXのパーミッションに対応していないため、Windows上で上記のコードを実行するとUnsupportedOperationExceptionがスローされます。

186 パスからディレクトリを作成したい

| Path | Files | createDirectory | createDirectories |

関連	181 ディレクトリを作成したい P.297
	185 パスからファイルを作成したい P.301
	187 パスからリンクを作成したい P.303

| 利用例 | 複数のファイルをまとめて1つのディレクトリに保存する場合 |

Files#createDirectory()メソッドでPathから新しいディレクトリを作成できます。

●ディレクトリを作成する

```
Path path = Paths.get("hoge");

// hogeディレクトリを作成
Files.createDirectory(path);
```

Files#createDirectory()メソッドは、作成するディレクトリの親ディレクトリが存在しない場合はjava.nio.file.NoSuchFileExceptionをスローしますが、Files#createDirectories()メソッドを使うと、ネストしたディレクトリをまとめて作成できます。

●ネストしたディレクトリを作成する

```
Path path = Paths.get("hoge", "fuga");

// hoge/fugaディレクトリを作成
Files.createDirectories(path);
```

Files#createDirectory()メソッド、Files#createDirectories()メソッドのどちらも、第3引数以降にFileAttributeを渡すことで、作成するディレクトリの属性を指定できます レシピ185 。

187 パスからリンクを作成したい

`Path` | `Files` | `createLink` | `createSymbolicLink`   6 7 8 11

関連	185 パスからファイルを作成したい P.301 186 パスからディレクトリを作成したい P.302
利用例	ハードリンクやシンボリックリンクを作成する場合

　Files#createLink()メソッドでハードリンクを、Files#createSymbolicLink()メソッドでシンボリックリンクを作成できます。プラットフォームがこれらの機能をサポートしていない場合はUnsupportedOperationExceptionを、すでにファイルなどが存在するためリンクを作成できない場合はFileAlreadyExistsExceptionをスローします。

●ハードリンクを作成する

```
Path path = Paths.get("doc", "readme.txt");
Path link1 = Paths.get("link.txt");

// doc/readme.txtのハードリンクをlink.txtとして作成
Files.createLink(link, path);
```

　Files#createSymbolicLink()メソッドには、第3引数以降に作成するシンボリックリンクの属性をFileAttributeで指定できます レシピ185 。

●シンボリックリンクを作成する

```
Path path = Paths.get("doc", "readme.txt");
Path link = Paths.get("link.txt");

// doc/readme.txtのシンボリックリンクをlink.txtとして作成
Files.createSymbolicLink(link, path);
```

> **NOTE**
> **Windows 7以降でのシンボリックリンクの作成**
> 　Windows環境でFiles#createSymbolicLink()メソッドを呼び出すと、次のような例外が発生します。
>
> ```
> Exception in thread "main" java.nio.file.FileSystemException: CreateLink
> Sample_symlink.java: クライアントは要求された特権を保有していません。
> ```
>
> 　この場合、Java VMを管理者モードで実行する必要があります（Eclipse上から実行する場合は、Eclipseを管理者モードで起動しておく必要があります）。

188 パスが存在するかどうかを調べたい

| Path | Files | exists |

| 関連 | 168 ファイルやディレクトリが存在するか調べたい P.283 |
| 利用例 | ファイルやディレクトリが存在する場合のみ処理を行なう場合 |

パスが存在することを調べる場合はFiles#exists()メソッドを、存在しないことを調べる場合はFiles#notExists()メソッドを使います。

● パスが存在するかどうか調べる

```
Path path = Paths.get("test.txt");

// パスが存在することを調べる
if(Files.exists(path)){
    …パスが存在する場合の処理…
}

// パスが存在しないことを調べる
if(Files.notExists(path)){
    …パスが存在しない場合の処理…
}
```

Files#exists()メソッドやFiles#notExists()メソッドの引数には、オプションでLinkOption.NOFOLLOW_LINKSを指定できます。このオプションを指定すると、Pathが示すファイルがシンボリックリンクだった場合にリンク先をたどらないようになります。

● シンボリックリンクをたどらないようにする

```
if(Files.exists(path, LinkOption.NOFOLLOW_LINKS)){
    ⋮
}
```

189 パスが示すファイルやディレクトリを削除したい

`Path | Files | delete | deleteIfExists`

関連	170 ファイルやディレクトリを削除したい　P.285
利用例	不要になったファイルやディレクトリを削除する場合

Files#delete()メソッドで、Pathが示すファイルやディレクトリを削除できます。

ディレクトリを削除する場合、ディレクトリが空になっている必要があります。削除対象のパスが存在しない場合はNoSuchFileExceptionが、ディレクトリが空ではないために削除できない場合はDirectoryNotEmptyExceptionがスローされます。

● ファイルを削除する

```
Path path = Paths.get("test.txt");

// test.txtを削除
Files.delete(path);
```

なお、Files#delete()メソッドの代わりにFiles#deleteIfExists()メソッドを使うことで、パスが存在する場合のみ削除できます。このメソッドの場合、パスが存在しなくてもNoSuchFileExceptionはスローされません。

190 パスが示すファイルやディレクトリを移動したい

| Path | Files | move |

関連	171 ファイルを移動したい　P.286
	191 パスが示すファイルやディレクトリをコピーしたい　P.307

利用例	ファイルやディレクトリをリネームまたは移動する場合

　Files#move()メソッドを使います。引数には、移動元、移動先のPathを指定します。

●ファイルを移動する

```
Path from = Paths.get("hoge.txt");
Path to   = Paths.get("fuga.txt");

// hoge.txtをfuga.txtに移動
Files.move(from, to);
```

　移動先のファイルやディレクトリがすでに存在する場合、FileAlreadyExistsExceptionがスローされますが、次のようにStandardCopyOption#REPLACE_EXISTINGオプションを指定することで上書きできます。ただし、このオプションを指定した場合でも移動先のディレクトリが空でない場合は、DirectoryNotEmptyExceptionがスローされます。

```
// 移動先のファイルを上書きする
Files.move(from, to, StandardCopyOption.REPLACE_EXISTING);
```

191 パスが示すファイルやディレクトリをコピーしたい

| Path | Files | copy |

| 関連 | 190 パスが示すファイルやディレクトリを移動したい P.306 |
| 利用例 | ファイルやディレクトリをバックアップする場合 |

Files#copy()メソッドを使います。引数には、コピー元、コピー先のPathを指定します。

● ファイルをコピーする

```
Path from = Paths.get("hoge.txt");
Path to   = Paths.get("fuga.txt");

// hoge.txtをfuga.txtにコピー
Files.copy(from, to);
```

移動先のファイルやディレクトリがすでに存在する場合、FileAlreadyExistsExceptionがスローされますが、次のようにStandardCopyOption#REPLACE_EXISTINGオプションを指定することで上書きできます。ただし、このオプションを指定した場合でも移動先のディレクトリが空でない場合は、DirectoryNotEmptyExceptionがスローされます。

```
// 移動先のファイルを上書きする
Files.copy(from, to, StandardCopyOption.REPLACE_EXISTING);
```

Files#copy()メソッドには、この他にも表6.1のオプションを指定できます。

表6.1　File#copyメソッドに指定可能なオプション

オプション	説明
REPLACE_EXISTING	コピー先のファイルまたはディレクトリを上書きする。ただし、ディレクトリが空でない場合は上書きしない
COPY_ATTRIBUTES	ファイル、ディレクトリの属性をコピー先に引き継ぐ
NOFOLLOW_LINKS	シンボリックリンクをたどらずに、シンボリックそのものをコピーする

複数のオプションを指定する場合は、次のようにします。

```
// 複数のオプションを指定する
Files.copy(from, to,
    StandardCopyOption.REPLACE_EXISTING,
    StandardCopyOption.COPY_ATTRIBUTES);
```

なお、Files#copy()メソッドは、Pathのコピーだけでなく、InputStreamからPathにコピーしたり、PathからOutputStreamにコピーするものも用意されています。これらのメソッドは、コピーしたバイト数を返します。

●ストリームに対するcopyメソッド

```
// InputStreamをPathで指定したファイルへコピー
try (InputStream in = new FileInputStream("hoge.txt")) {
    Path path = Paths.get("fuga.txt");
    long size = Files.copy(in, path);
    System.out.println(size + "バイトをコピーしました。");
}

// Pathで指定したファイルをOutputStreamへコピー
try (OutputStream out = new FileOutputStream("fuga.txt")) {
    Path path = Paths.get("hoge.txt");
    long size = Files.copy(path, out);
    System.out.println(size + "バイトをコピーしました。");
}
```

192 パスから一時ファイルやディレクトリを作成したい

| Path | Files | createTempFile | createTempDirectory | 6 | 7 | 8 | 11 |

| 関連 | 180 一時ファイルを作成したい P.296 |
| 利用例 | 処理途中のデータを一時的にファイルに書き出す場合 |

Files#createTempFile()メソッドやFiles#createTempDirectory()メソッドを使います。

Files#createTempFile()メソッドでは、一時ファイルを作成できます。一時ファイルは、システムプロパティ「java.io.tmpdir」 レシピ289 で指定されたディレクトリに作成されます。このとき、重複しないファイル名が自動的に付与されますが、作成するディレクトリを明示的に指定することもできます。

●一時ファイルを作成する

```
// 一時ファイルを作成
Path path1 = Files.createTempFile("temp", ".txt");
// 作成した一時ファイルのパスを出力
System.out.println(path1.toString());
    // => "C:\Users\takezoe\AppData\Local\Temp\temp6105142649445558814.txt"

// ディレクトリを指定して一時ファイルを作成
Path path2 = Files.createTempFile(Paths.get("C:", "tempdir"), "temp", ".txt");
// 作成した一時ファイルのパスを出力
System.out.println(path2.toString()); // => "C:\tempdir\temp817611668313012006.txt"
```

Files#createTempDirectory()メソッドでは、一時ディレクトリを作成できます。一時ディレクトリは、一時ファイルと同様、デフォルトではシステムプロパティ「java.io.tmpdir」で指定されたディレクトリに作成されますが、作成するディレクトリを明示的に指定することもできます。

●一時ディレクトリを作成する

```
// 一時ディレクトリを作成
Path path1 = Files.createTempDirectory("dir");
// 作成した一時ディレクトリのパスを出力
System.out.println(path1.toString());
    // => "C:\Users\takezoe\AppData\Local\Temp\dir8007627574342506469"

// ディレクトリを指定して一時ディレクトリを作成
Path path2 = Files.createTempDirectory(Paths.get("C:", "tempdir"), "dir");
// 作成した一時ディレクトリのパスを出力
System.out.println(path2.toString()); // => "C:\tempdir\dir6835176709756152315"
```

193 パスが示すファイルやディレクトリの属性を取得・設定したい

| Path | Files | getFileAttributeView | readAttributes | 6 | 7 | 8 | 11 |

関連	174 ファイルの属性を調べたい P.289
	175 ファイルの属性を設定したい P.290

利用例	ファイルの作成日時、更新日時、サイズなどの情報を取得する場合
	ファイルのアクセス権を取得・設定する場合

NIO2では、java.nio.file.attributeパッケージに含まれるクラスを使ってファイルやディレクトリの詳細な属性にアクセスできます。このパッケージには、用途やプラットフォームに応じてファイルの属性を取得・設定するための「ビュー」と「属性クラス」が用意されています（表6.2）。

表6.2 ファイル属性にアクセスするためのビュー

ビューのインターフェース名	属性クラス名	説明
BasicFileAttributeView	BasicFileAttributes	作成日時、最終更新日時、最終アクセス日時、サイズ、ディレクトリかどうか、シンボリックリンクかどうかなどファイルの基本的な情報にアクセスするためのビュー
AclFileAttributeView	AclEntry	ファイルのアクセス権の設定にアクセスするためのビュー。このビューはWindowsでしか使用できない
FileOwnerAttributeView	UserPrincipal	ファイルの所有者情報にアクセスするためのビュー
DosFileAttributeView	DosFileAttributes	DOS固有の属性情報（読み取り専用かどうか、隠しファイルかどうかなど）にアクセスするためのビュー。このビューはWindowsでしか使用できない
PosixFileAttributeView	PosixFileAttributes	UNIX固有の属性情報（パーミッションなど）にアクセスするためのビュー。このビューはUNIX系のプラットフォームでしか使用できない

これらのビューを使ってファイルの属性を取得する方法を次に示します。

●ビューを使用してファイルの属性を取得・設定する

```
Path path = Paths.get("sample.txt");

// ビューを取得
BasicFileAttributeView view =
    Files.getFileAttributeView(path, BasicFileAttributeView.class);

// ビューから属性クラスを取得
BasicFileAttributes attrs = view.readAttributes();
// 属性クラスからファイルの最終更新日時を取得
FileTime lastModifiedTime = attrs.lastModifiedTime();
```

```
// ビューを使用してファイルの最終更新日時を設定
FileTime currentTime = FileTime.fromMillis(System.currentTimeMillis());
view.setTimes(currentTime, null, null);
```

なお、属性の取得だけが目的であれば、次のようにFiles#readAttributes()メソッドを使うことで、属性クラスを直接取得できます。

```
BasicFileAttributes attrs = Files.readAttributes(path, BasicFileAttributes.class);
```

また、Files#getAttribute()メソッドを使うと、ビュー名と属性名を文字列で指定して直接値を取得することもできます。

```
FileTime lastModifiedTime =
    (FileTime) Files.getAttribute(path, "basic:lastModifiedTime");
```

BasicFileAttributeView

ファイルの作成日時、最終更新日時、最終アクセス日時、サイズ、ディレクトリかどうか、シンボリックリンクかどうかなどファイルの基本的な情報を取得できます。

● ファイルの基本的な情報を取得する

```
Path path = Paths.get("sample.txt");

// ビューを取得
BasicFileAttributeView view =
    Files.getFileAttributeView(path, BasicFileAttributeView.class);
// ビューから属性クラスを取得
BasicFileAttributes attrs = view.readAttributes();

// 最終更新日時
FileTime lastModifiedTime = attrs.lastModifiedTime();
// 最終アクセス日時
FileTime lastAccessTime = attrs.lastAccessTime();
// 作成日時
FileTime creationTime = attrs.creationTime();
// ディレクトリかどうか
boolean isDirectory = attrs.isDirectory();
// 通常のファイルかどうか
boolean isRegularFile = attrs.isRegularFile();
```

```
// シンボリックリンクかどうか
boolean isSymbolicLink = attrs.isSymbolicLink();
// ディレクトリ、通常のファイル、シンボリックリンクのいずれにも該当しないか
boolean isOther = attrs.isOther();
```

BasicFileAttributeView#setTimes()メソッドで、ファイルの作成日時、最終更新日時、最終アクセス日時を更新できます。

●ファイルのタイムスタンプを設定する

```
Path path = Paths.get("sample.txt");

// 最終更新日時 (nullの場合は更新しない)
FileTime lastModifiedTime = FileTime.fromMillis(System.currentTimeMillis());
// 最終アクセス日時 (nullの場合は更新しない)
FileTime lastAccessTime = null;
// 作成日時 (nullの場合は更新しない)
FileTime creationTime = null;

// ビューを取得してタイムスタンプを設定
BasicFileAttributeView view = Files.getFileAttributeView(path,
BasicFileAttributeView.class);
view.setTimes(lastModifiedTime, lastAccessTime, creationTime);
```

AclFileAttributeView

Windowsにおけるファイルのアクセス権限を取得・設定できます。

●ファイルのアクセス権限の取得・設定

```
Path path = Paths.get("sample.txt");

AclFileAttributeView view =
    Files.getFileAttributeView(path, AclFileAttributeView.class);

//////////////////////////////////////////////////
// アクセス権限を取得
//////////////////////////////////////////////////
List<AclEntry> acl = view.getAcl();

//////////////////////////////////////////////////
// アクセス権限を設定
//////////////////////////////////////////////////
// ユーザを検索
```

```java
UserPrincipalLookupService service =
    FileSystems.getDefault().getUserPrincipalLookupService();
UserPrincipal user = service.lookupPrincipalByName("takezoe");
// ユーザに読み取り、書き込みを許可するAclEntryを作成
AclEntry entry = AclEntry.newBuilder()
    .setType(AclEntryType.ALLOW)
    .setPrincipal(user)
    .setPermissions(AclEntryPermission.READ_DATA, AclEntryPermission.WRITE_DATA)
    .build();
// 作成したAclEntryをACLの先頭に追加
acl.add(0, entry);
// アクセス権限を設定
view.setAcl(acl);
```

FileOwnerAttributeView

ファイルの所有者を取得・設定できます。

● ファイル所有者の取得・設定

```java
Path path = Paths.get("sample.txt");

// ビューを取得
FileOwnerAttributeView view =
    Files.getFileAttributeView(path, FileOwnerAttributeView.class);

//////////////////////////////////////////////////
// ファイル所有者の取得
//////////////////////////////////////////////////
// ファイル所有者のユーザ名を表示
UserPrincipal owner = view.getOwner();
System.out.println(owner.getName());


//////////////////////////////////////////////////
// ファイル所有者の設定
//////////////////////////////////////////////////
// ユーザを検索
UserPrincipalLookupService service =
    FileSystems.getDefault().getUserPrincipalLookupService();
UserPrincipal user = service.lookupPrincipalByName("takezoe");
// ファイルの所有者を設定
view.setOwner(user);
```

DosFileAttributeView

DOSのファイル属性（読み取り専用属性、隠し属性、システム属性、アーカイブ属性）を取得・設定できます。。

● DOSのファイル属性の取得・設定

```java
Path path = Paths.get("sample.txt");

// ビューを取得
DosFileAttributeView view = Files.getFileAttributeView(path, DosFileAttributeView.class);

//////////////////////////////////////////////////
// DOSのファイル属性の取得
//////////////////////////////////////////////////
// ビューから属性クラスを取得
DosFileAttributes attrs = view.readAttributes();
// 読み取り専用属性を取得
boolean isReadOnly = attrs.isReadOnly();
// 隠し属性を取得
boolean isHidden = attrs.isHidden();
// システム属性を取得
boolean isSystem = attrs.isSystem();
// アーカイブ属性を取得
boolean isArchive = attrs.isArchive();

//////////////////////////////////////////////////
// DOSのファイル属性の設定
//////////////////////////////////////////////////
// 読み取り専用属性を設定
view.setReadOnly(true);
// 隠し属性を設定
view.setHidden(true);
// システム属性を設定
view.setSystem(true);
// アーカイブ属性を設定
view.setArchive(true);
```

PosixFileAttributeView

UNIX系プラットフォームのファイル属性（グループ、パーミッション）を取得・設定できます。

●グループ、パーミッションの取得・設定

```java
Path path = Paths.get("sample.txt");

// ビューを取得
PosixFileAttributeView view = Files.getFileAttributeView(path,
PosixFileAttributeView.class);

// ビューから属性クラスを取得
PosixFileAttributes attrs = view.readAttributes();

////////////////////////////////////////////////////
// グループを取得
////////////////////////////////////////////////////
GroupPrincipal group = attrs.group();
System.out.println(group.getName());

////////////////////////////////////////////////////
// パーミッションを取得
////////////////////////////////////////////////////
Set<PosixFilePermission> permissions = attrs.permissions();
// Setにenumが含まれているかどうかでパーミッションを判定できる
boolean ownerRead     = permissions.contains(PosixFilePermission.OWNER_READ);
boolean ownerWrite    = permissions.contains(PosixFilePermission.OWNER_WRITE);
boolean ownerExecute  = permissions.contains(PosixFilePermission.OWNER_EXECUTE);
boolean groupRead     = permissions.contains(PosixFilePermission.GROUP_READ);
boolean groupWrite    = permissions.contains(PosixFilePermission.GROUP_WRITE);
boolean groupExecute  = permissions.contains(PosixFilePermission.GROUP_EXECUTE);
boolean othersRead    = permissions.contains(PosixFilePermission.OTHERS_READ);
boolean othersWrite   = permissions.contains(PosixFilePermission.OTHERS_WRITE);
boolean othersExecute = permissions.contains(PosixFilePermission.OTHERS_EXECUTE);

////////////////////////////////////////////////////
// グループを設定
////////////////////////////////////////////////////
// グループを検索
UserPrincipalLookupService service = FileSystems.getDefault().getUserPrincipalLookupService();
GroupPrincipal newGroup = service.lookupPrincipalByGroupName("guest");
// グループを設定
view.setGroup(newGroup);

////////////////////////////////////////////////////
// パーミッションを設定
////////////////////////////////////////////////////
// 所有者に実行権限を追加
permissions.add(PosixFilePermission.OWNER_EXECUTE);
view.setPermissions(permissions);
```

194 パスが示すディレクトリ内のファイル一覧を取得したい

| Path | Files | list |

関連	035	リソースを確実にクローズしたい　P.070
	128	Streamを使いたい　P.230
	195	ディレクトリ内のファイルを再帰的に処理したい　P.317

利用例	特定のディレクトリ配下のファイルをまとめて処理する場合

　Java 8以降では、Files#list()メソッドで、Pathで指定したディレクトリ配下のファイル、ディレクトリの一覧をjava.util.stream.Stream レシピ128 で取得できます。このStreamは、InputStreamなどと同様に、使い終わったら必ずclose()メソッドを呼び出す必要があります。次の例では、try-with-resources構文 レシピ035 を使って確実にクローズされるようにしています。

●パス配下のファイル、ディレクトリの一覧を取得する

```java
Path parent = Paths.get("dir");

// parent直下のファイル、ディレクトリの一覧を取得
try(Stream<Path> children = Files.list(parent)){
    // 取得したファイル、ディレクトリの絶対パスを表示
    children.forEach(path -> {
        System.out.println(path.toAbsolutePath().toString());
    });
}
```

　Files#list()メソッドが返すStreamには、例えば次のようにfilter()メソッドを使ってフィルタリングを行なうなど、ラムダ式を使用してさまざまな処理を行なうことができます。

●ファイル名が.javaで終わるファイルの一覧を取得する

```java
try(Stream<Path> children =
    Files.list(parent).filter(path -> path.getFileName().endsWith(".java"))){
    ︙
}
```

195 ディレクトリ内のファイルを再帰的に処理したい

| Path | Files | walkFileTree | FileVisitor |

| 関連 | 178 ディレクトリ内のファイル一覧を取得したい P.293 |
| 利用例 | 特定のディレクトリ配下のファイルをまとめて処理する場合 |

　Files#walkFileTree()メソッドで、Pathで指定したディレクトリ配下のファイルを再帰的に処理できます。
　引数には、起点となるPathと、java.nio.file.FileVisitorインターフェースのインスタンスを渡します。FileVisitorには、表6.3のメソッドが定義されています。

表6.3　FileVisitorのメソッド

メソッド	説明
preVisitDirectory	ディレクトリを処理する前に呼び出される
visitFile	ファイルを処理する
visitFileFailed	ファイルの処理に失敗した場合に呼び出される
postVisitDirectory	ディレクトリ内のすべてのファイルを処理した後に呼び出される

　java.nio.file.FileVisitorインターフェースを実装したjava.nio.file.SimpleFileVisitorというクラスが用意されているので、このクラスを継承することで、必要なメソッドをオーバーライドするだけで済みます。

●ファイルを再帰的に処理する

```java
Path path = Paths.get("dir");

Files.walkFileTree(path, new SimpleFileVisitor<Path>() {
    /**
     * ファイルごとにこのメソッドが呼び出される
     */
    @Override
    public FileVisitResult visitFile(Path file,
            BasicFileAttributes attrs) throws IOException {
        // ファイルの絶対パスを表示
        System.out.println(file.toAbsolutePath());
        // ファイルの処理を継続
        return FileVisitResult.CONTINUE;
    }
});
```

このサンプルでは、ファイルごとにFileVisitor#visitFile()メソッドが呼び出されます。このメソッドは、表6.4のいずれかを返すように実装します。

表6.4 FileVisitor#visitFile()メソッドの戻り値

値	説明
FileVisitResult.CONTINUE	処理を継続する
FileVisitResult.TERMINATE	このファイルで処理を終了する
FileVisitResult.SKIP_SUBTREE	このディレクトリ配下のファイルをスキップする
FileVisitResult.SKIP_SIBLINGS	このファイルと同じ階層のファイルをスキップする

例えば、特定のファイル名が見つかるまで検索を行ない、目的のファイルが見つかったら処理を終了するコードは、次のようになります。

●ファイルが見つかったら処理を終了する

```java
Files.walkFileTree(path, new SimpleFileVisitor<Path>(){
    @Override
    public FileVisitResult visitFile(Path file,
            BasicFileAttributes attrs) throws IOException {
        if(file.getFileName().toString().equals("Sample.java")){
            // ファイルが見つかったらそこで処理を終了
            System.out.println("Sample.javaを見つけました！");
            return FileVisitResult.TERMINATE;
        } else {
            // ファイルが見つからない場合は処理を継続
            return FileVisitResult.CONTINUE;
        }
    }
});
```

196 パスが示すファイルを読み込みたい

| Path | Files | readAllBytes | readAllLines |

関連	197 パスが示すファイルを1行ずつ読み込みたい P.320
	204 ファイルの内容をバイト配列で読み込みたい P.330
	206 ファイルの内容を文字列で読み込みたい P.332

| 利用例 | ファイルをバイト配列または文字列で読み込む場合 |

Files#readAllBytes()メソッドやFiles#readAllLines()メソッドを使います。

Files#readAllBytes()メソッドでは、Pathが示すファイルの内容をバイト配列として読み込むことができます。

●ファイルの内容をバイト配列で読み込む

```java
Path path = Paths.get("test.txt");

byte[] bytes = Files.readAllBytes(path);
```

Files#readAllLines()メソッドでは、Pathが示すファイルの内容を文字列として読み込むことができます。戻り値は、1行ごとの内容（改行は含みません）を格納したListになります。

●ファイルの内容を文字列で読み込む

```java
Path path = Paths.get("test.txt");

// ファイルの内容を1行ごとのListとして読み込み
List<String> lines = Files.readAllLines(path, StandardCharsets.UTF_8);
// 読み込んだファイルの内容をコンソールに出力
for(String line: lines){
    System.out.println(line);
}
```

Files#readAllLines()メソッドの第2引数では文字コードをjava.nio.charset.Charsetで指定できますが、第2引数を省略した場合はUTF-8で読み込まれます。Charsetの詳細については レシピ053 を参照してください。

197 パスが示すファイルを1行ずつ読み込みたい

| Path | Files | lines |

関連	196 パスが示すファイルを読み込みたい P.319
	209 クラスパスからファイルを読み込みたい P.337

利用例	巨大なテキストファイルを読み込む場合

　Java 8以降では、Files#lines()メソッドで、ファイルの内容をjava.util.stream.Streamで1行ずつ読み込むことができます。

　Files#readAllLines()メソッドと似ていますが、readAllBytes()メソッドはファイルの内容を一度にすべてメモリ上に読み込んでしまうのに対し、lines()メソッドは遅延読み込みを行なうStreamを返します。そのため、巨大なファイルを読み込んで逐次処理を行なうような場合は、lines()メソッドを使うとよいでしょう。

●ファイルの内容を1行ずつ読み込む

```java
Path path = Paths.get("test.txt");

// ファイルの内容を1行ごとの文字列を返すStreamとして取得
try(Stream<String> lines = Files.lines(path, StandardCharsets.UTF_8)){
    // 読み込んだファイルの内容をコンソールに出力
    lines.forEach(s -> {
        System.out.println(s);
    });
}
```

　Files#lines()メソッドの第2引数では文字コードをjava.nio.charset.Charsetで指定できますが、第2引数を省略した場合はUTF-8で読み込まれます。Charsetの詳細については レシピ053 を参照してください。

　なお、Files#lines()メソッドが返すStreamは、FileInputStreamなどと同様、使い終わったらclose()メソッドでクローズする必要があります。ただし、StreamはAutoCloseableインターフェースを実装しているので、上記のサンプルのようにtry-with-resources文 レシピ035 を使うことで確実にクローズできます。

198 パスが示すファイルに書き出したい

| Path | Files | write |

| 関連 | 205 バイト配列をファイルに書き出したい　P.331 |
| | 207 文字列をファイルに書き出したい　P.334 |

| 利用例 | ファイルにバイト配列または文字列を書き込む場合 |

　Files#write()メソッドで、Pathが示すファイルにバイト配列または文字列を書き出すことができます。ファイルが存在しない場合は作成され、すでに存在する場合は上書きされます。

●バイト配列または文字列をファイルに書き出す

```
Path path = Paths.get("test.txt");

// バイト配列をファイルに書き出す
byte[] bytes = …
Files.write(path, bytes);

// 文字列をファイルに書き出す
List<String> lines = …
Files.write(path, lines, StandardCharsets.UTF_8);
```

　なお、Files#write()メソッドの引数にはjava.nio.files.OpenOptionを指定でき、ファイルの書き込みモードを指定できます。例えば次のようにすると、ファイルを上書きするのではなく、追記で書き込みが行なわれます。

```
Files.write(path, lines, StandardCharsets.UTF_8, StandardOpenOption.APPEND);
```

199 パスからストリームやチャネルを取得したい

| Path | Files | newInputStream | newOutputStream | | 6 | 7 | 8 | 11 |
| newByteChannel |

| 関連 | 201 Javaでの入出力について知りたい　P.325 |
| | 211 チャネルを使ってファイルの入出力を行ないたい　P.341 |

| 利用例 | ファイルに対して複雑な入出力処理を行なう場合 |

　Files#newInputStream()メソッド、Files#newOutputStream()メソッド、Files#newByteChannel()メソッドで、それぞれPathが示すファイルに対するInputStream、OutputStream、ByteChannelを取得できます。

●Pathから入出力ストリームを取得する

```
Path path = Paths.get("test.txt");

// InputStreamを取得
InputStream in = Files.newInputStream(path);

// OutputStreamを取得
OutputStream out = Files.newOutputStream(path);

// ByteChannelを取得
ByteChannel channel = Files.newByteChannel(path);
```

　これらのメソッドの第2引数以降にjava.nio.file.OpenOptionを渡すことで、オープンモードを指定できます。OpenOptionは、java.nio.file.StandardOpenOptionというenumで指定します。

●オープンモードを指定する

```
import static java.nio.file.StandardOpenOption.*;

// すでに存在するファイルを追記モードでオープン
OutputStream out1 = Files.newOutputStream(path, APPEND);

// ファイル（存在しない場合は新規作成）を追記モードでオープン
OutputStream out2 = Files.newOutputStream(path, CREATE, APPEND);

// ファイルを作成し書き込みモードでオープン（すでにファイルが存在する場合は例外をスロー）
OutputStream out3 = Files.newOutputStream(path, CREATE_NEW);
```

OpenOptionとして指定可能な値は、表6.5のとおりです。

表6.5 OpenOptionとして指定可能な値

値	説明
APPEND	ファイルを追記モードでオープンする
CREATE	ファイルが存在しない場合作成する
CREATE_NEW	ファイルを作成する。すでにファイルが存在する場合は例外をスローする
DELETE_ON_CLOSE	クローズ時にファイルを削除する
DSYNC	ファイルの内容が同期的にストレージデバイスに書き込まれる
READ	ファイルを読み取りモードでオープンする
SPARSE	新規に作成するファイルがスパースファイル（データに空白の領域がある場合にディスクを割り当てず効率的にデータを格納することができるファイル形式のこと）である場合に指定する
SYNC	ファイルの内容およびメタデータが同期的にストレージデバイスに書き込まれる
TRUNCATE_EXISTING	ファイルを書き込みモードでオープンする場合に内容をクリアする
WRITE	ファイルを書き込みモードでオープンする

MEMO

200 ファイルやディレクトリの変更を監視したい

| WatchService | | | 6 | 7 | 8 | 11 |

関　連	―
利用例	ファイルが変更されたら自動的に再読み込みする場合

　java.nio.file.WatchServiceを使うことで、指定したディレクトリ内のファイルやディレクトリが変更された場合に通知を受け取ることができます。

●ファイルやディレクトリの変更を監視する

```java
// Cドライブの直下を監視
Path dir = Paths.get("C:¥¥");
WatchService watcher = FileSystems.getDefault().newWatchService();
// 監視するイベントの種類を設定
dir.register(watcher,
             StandardWatchEventKinds.ENTRY_CREATE,
             StandardWatchEventKinds.ENTRY_DELETE,
             StandardWatchEventKinds.ENTRY_MODIFY);

while(true) {
    WatchKey watchKey = watcher.take();
    for (WatchEvent<?> event: watchKey.pollEvents()) {
        WatchEvent.Kind<?> kind = event.kind();
        if (kind == OVERFLOW){
            continue;
        }
        // 変更のあったパスを取得
        Path name = (Path) event.context();
        Path child = dir.resolve(name);

        if(kind == StandardWatchEventKinds.ENTRY_CREATE){
            System.out.println(child + "が作成されました。");
        } else if(kind == StandardWatchEventKinds.ENTRY_DELETE){
            System.out.println(child + "が削除されました。");
        } else if(kind == StandardWatchEventKinds.ENTRY_MODIFY){
            System.out.println(child + "が更新されました。");
        }
    }
    watchKey.reset();
}
```

6.4 入出力

201 Javaでの入出力について知りたい

| java.io パッケージ | java.nio パッケージ | | 6 | 7 | 8 | 11 |

| 関　連 | ― |
| 利用例 | ファイルやネットワークの入出力を行なうAPIを知りたい場合 |

　Javaでの入出力処理は、java.ioパッケージに含まれているクラス、インターフェースを用いて行ないます。

InputStream、OutputStream
　java.io.InputStream、java.io.OutputStreamは、バイト列の入出力を行なうためのインターフェースです。具体的な実装クラスには、ファイルの入出力を行なうためのjava.io.FileInputStreamやjava.io.FileOuputStream、メモリ上のバイト配列に対して入出力を行なうjava.io.ByteArrayInputStream、java.io.ByteArrayOutputStreamなどがあります。

Reader、Writer
　java.io.Reader、java.io.Writerは、文字列の入出力を行なうためのインターフェースです。具体的な実装クラスには、ファイルの入出力を行なうためのFileReader、FileWriterなどがあります。java.io.InputStreamReaderやjava.io.OutputStreamWriterなどのラッパークラスを使うことで、InputStream、OutputStreamをReader、Writerとして扱うことも可能です。

Channel
　Java 1.4で追加されたNIO（New I/O）と呼ばれるAPIで、java.nioパッケージで提供されています。ヒープ外のメモリを使用した大容量のバッファによる高速な入出力処理や、ノンブロッキングI/Oを用いた通信処理などを実装できます（第10章「10.1 ネットワーク」参照）。Channelは、上記のInputStream、OutputStreamやReader、Writerと異なり、入力用と出力用のクラスにわかれていません。具体的な実装クラスには、ファイルの入出力を行なうためのjava.nio.channels.FileChannelやソケットの入出力を行なうためのjava.nio.channels.SocketChannelなどがあります。

NOTE

ストリームを確実にクローズする

　InoutStream、OutputStreamやReader、Writerは、使い終わったら必ずクローズする必要があります。Java 6以前では、入出力処理の途中で例外が発生した場合でもストリームを確実にクローズするために、try ～ finallyでクローズ処理を行なう必要がありました。Java 7以降では、try-with-resources構文 レシピ035 を使って簡潔に記述できます。

● ストリームを確実にクローズする

```java
// Java 6以前
FileInputStream in = null;
try {
    in = new FileInputStream("sample.txt");
    …FileInputStreamからの読み込み処理…
} finally {
    if(in != null){
        try {
            in.close ( );
        } catch(Exception ex){
            // クローズ時に発生した例外は無視
        }
    }
}

// Java 7以降
try(FileInputStream in = new FileInputStream("sample.txt")){
    …FileInputStreamからの読み込み処理…
}
```

　本書のサンプルコードはJava 7のtry-with-resources構文を使用していますが、Java 6の場合は適宜読み替えてください。

202 コンソールにメッセージを出力したい

| System.out | System.err | PrintStream | | 6 | 7 | 8 | 11 |

| 関連 | 203 コンソールからの入力を受け取りたい P.329 |
| 利用例 | プログラムの処理結果をコンソールに出力する場合 |

System.outにメッセージを出力します。

System.outは、java.io.PrintStream型のフィールドです。System.outのprint()メソッドやprintln()メソッドを使うと、コンソールにメッセージを出力できます。print()メソッドは行末に改行を出力しないのに対し、println()メソッドは改行を出力します。また、これらのメソッドは任意の型のオブジェクトを渡すことができますが、基本型や文字列以外のオブジェクトについてはtoString()メソッドの結果が出力されます。

●コンソールにメッセージを出力する

```
// 改行なし
System.out.print(1);
System.out.print("文字列");

// 改行あり
System.out.println(1);
System.out.println("文字列");

// オブジェクトの場合はtoString()の結果を出力
System.out.println(new java.util.Date()); // => "Tue Aug 13 14:23:59 JST 2013"
```

また、System.out.printf()メソッドで書式付き文字列を出力することもできます。指定可能なフォーマットについては レシピ052 を参照してください。

●コンソールに書式付き文字列を出力する

```
Calendar cal = Calendar.getInstance();
int month = cal.get(Calendar.MONTH) + 1;
int day   = cal.get(Calendar.DATE);

System.out.printf("Today is %d/%d.", month, day);
```

> **NOTE**
>
> **標準エラー出力**
>
> System.outの代わりにSystem.errを使うと、標準エラー出力にメッセージを出力できます。
>
> ```
> System.err.println("標準エラー出力にメッセージを出力");
> ```

COLUMN　toString()メソッドの重要性

System.out.println()メソッドにオブジェクトを渡した場合、toString()メソッドの結果が出力されます。同様に、ロギングライブラリやIDEのデバッガなどでも、変数の値としてtoString()メソッドの戻り値が出力されます。そのため、toString()メソッドをオーバーライドしてオブジェクトの内部状態を確認しやすい結果を返すようにしておくとデバッグなどの際に役立ちます。

例えば、次のクラスのインスタンスを生成してSystem.out.println()メソッドに渡しても、そのインスタンスの状態に関する情報は得られません。

```java
public class Person {
    private String name;
    private int age;

    public Person(String name, int age){
        this.name = name;
        this.age = age;
    }
}
```

▼実行結果

```
sample.Person@6ddaa877
```

しかし、次のようにtoString()メソッドをオーバーライドしておくと、フィールドの値がわかりやすく出力できます。

```java
@Override
public String toString(){
    return String.format("name: %s, age: %d", this.name, this.age);
}
```

▼実行結果

```
name: Naoki Takezoe, age: 34
```

203 コンソールからの入力を受け取りたい

System.in 6 7 8 11

関　連	202　コンソールにメッセージを出力したい　P.327
利 用 例	プログラムでユーザの入力を受け取る場合

System.inからデータを読み取ります。

System.inは、InputStream型のフィールドです。次のようにjava.io.InputStreamReaderでラップしてReaderに変換することで、ユーザが入力した内容を文字列として取得できます。さらに、java.io.BufferedReaderでラップすることで、readLine()メソッドで1行ずつ読み込めるようになります。

● コンソールからの入力を取得する

```
BufferedReader reader = new BufferedReader(new InputStreamReader(System.in));

// ユーザに入力を促すためのメッセージ
System.out.print("お名前をどうぞ：");

// コンソールからの入力を取得する
String name = reader.readLine();

// 入力された内容を表示
System.out.println("こんにちは、" + name + "さん！");
```

204 ファイルの内容を バイト配列で読み込みたい

FileInputStream　6　7　8　11

関連	196 パスが示すファイルを読み込みたい　P.319
	205 バイト配列をファイルに書き出したい　P.331

利用例	バイナリファイルを読み込む場合

　FileInputStreamを使います。
　FileInputStreamから読み込んだ内容をいったんjava.io.ByteArrayOutputStreamに書き出し、最後にtoByteArray()メソッドを呼び出すことで書き出した内容をバイト配列で取得できます。次のサンプルでは、FileInputStreamをBufferedInputStreamでラップすることで、読み込みをバッファリングしています。

●ファイルをバイト配列として読み込む

```java
try(BufferedInputStream in = new BufferedInputStream(
        new FileInputStream("test.jpg"));
    ByteArrayOutputStream out = new ByteArrayOutputStream()){

    // InputStreamの内容をByteArrayOutputStreamに書き出す
    byte[] buf = new byte[1024 * 8];
    int length = 0;
    while((length = in.read(buf)) != -1){
        out.write(buf, 0, length);
    }

    // 書き出した内容をバイト配列として取得
    byte[] bytes = out.toByteArray();
    :
}
```

205 バイト配列を ファイルに書き出したい

FileOutputStream　6　7　8　11

関連	196　パスが示すファイルを読み込みたい　P.319 204　ファイルの内容をバイト配列で読み込みたい　P.330
利用例	バイナリファイルを作成する場合

　FileOutputStreamを使い、write()メソッドにbyte型の配列を渡すことでバイナリの書き出しを行なうことができます。

　次のサンプルでは、java.io.BufferedOutputStreamでFileOutputStreamをラップしています。BufferedOutputStreamは、OutputStreamへの書き込みをバッファリングすることで処理を効率化するためのものです。

●ファイルにバイト配列を書き出す

```
// ファイルに書き出す内容
byte[] bytes = …

// バイト配列をファイルに書き出す
try(BufferedOutputStream out =
        new BufferedOutputStream(new FileOutputStream("test.txt"))){

    out.write(bytes);
}
```

206 ファイルの内容を文字列で読み込みたい

InputStreamReader | BufferedReader

関連	196 パスが示すファイルを読み込みたい P.319
	207 文字列をファイルに書き出したい P.334

利用例	テキストファイルを読み込む場合

　InputStreamReaderでFileInputStreamをラップすることで、Readerインターフェースに変換します。
　次のサンプルでは、InputStreamReaderをさらにjava.io.BufferedReaderでラップしています。BufferedReaderは、Readerからの読み込みをバッファリングすることで処理を効率化するためのものです。また、BufferedReaderでラップすることで、readLine()メソッドで1行ごとに読み込むこともできるようになります。

● ファイルの内容を文字列で読み込む

```
try(BufferedReader reader = new BufferedReader(
    new InputStreamReader(
        new FileInputStream("sample.txt"), StandardCharsets.UTF_8))){

    String line = null;

    // ファイルの内容を1行ずつ読み込んでコンソールに出力する
    while((line = reader.readLine()) != null){
        System.out.println(line);
    }

}
```

NOTE

BufferedReader#readLine()メソッドの戻り値

　BufferedReader#readLine()メソッドの戻り値は、1行分の文字列から末尾の改行コードを取り除いたものになります。

NOTE

FileReader、FileWriter使用時の注意点

ファイルに文字列で入出力を行なうためのReader、Writerの実装クラスとして、java.io.FileReader、java.io.FileWriterがあります。これらのクラスを使うと、InputStreamやOutputStreamをReaderやWriterに変換しなくても、ファイルに対して文字列の入出力を行なうことができます。

例えば上記のサンプルは、FileReaderを使うことで次のように記述できます。

```java
try(FileReader reader = new FileReader("sample.txt")){
    String line = null;
    while((line = reader.readLine()) != null){
        System.out.println(line);
    }
}
```

しかし、これらのクラスは文字コードが指定できず、常にプラットフォームのデフォルトエンコーディングを使用してしまうため、文字化けの危険があります。ファイルに日本語が含まれる場合などは、InputStreamReaderやOutputStreamWriterを使用し、明示的に文字コードを指定するほうがよいでしょう。

Readerを使わずに、FileInputStream レシピ204 で読み込んだバイト配列を文字列に変換することもできます。この場合は、バイト配列から文字列を生成する際に文字コードを指定します。

● ファイルから読み込んだバイト配列を文字列に変換する

```java
try(BufferedInputStream in = new BufferedInputStream(new FileInputStream("test.jpg"));
ByteArrayOutputStream out = new ByteArrayOutputStream()){

    // InputStreamの内容をByteArrayOutputStreamに書き出す
    byte[] buf = new byte[1024 * 8];
    int length = 0;
    while((length = in.read(buf)) != -1){
        out.write(buf, 0, length);
    }
    byte[] bytes = out.toByteArray();

    // 読み込んだバイト配列を文字列に変換する
    String str = new String(bytes, StandardCharsets.UTF_8);
}
```

207 文字列をファイルに書き出したい

| OutputStreamWriter | BufferedWriter | | 6 | 7 | 8 | 11 |

| 関連 | 196 パスが示すファイルを読み込みたい P.319 |
| | 206 ファイルの内容を文字列で読み込みたい P.332 |

| 利用例 | テキストデータをファイルに保存する場合 |

　OutputStreamWriterによってFileOutputStreamをラップすることで、Writerインターフェースに変換します。

　次のサンプルでは、OutputStreamWriterをさらにjava.io.BufferedWriterでラップしています。BufferedWriterは、Writerへの書き出しをバッファリングすることで処理を効率化するためのものです。

● ファイルに文字列を書き出す

```
try(BufferedWriter writer = new BufferedWriter(
    new OutputStreamWriter(
        new FileOutputStream("test.txt"), StandardCharsets.UTF_8))){

    // ファイルに文字列を出力
    writer.write("ファイルに文字列を出力");
    // ファイルに改行を出力
    writer.newLine();
}
```

208 ファイルの任意の部分に対する入出力を行ないたい

RandomAccessFile　　6　7　8　11

関連	—
利用例	ファイルの一部に対する入出力を高速に行なう場合

java.io.RandomAccessFileを使います。

InputStream、OutputStreamやReader、Writerは、ファイルの先頭から順番に読み込み、書き込みを行ないます。そのため、ファイルの一部だけを変更したり読み込んだりする場合には、不要な部分をスキップする必要があり、非効率です。RandomAccessFileを使うと、ファイル内の指定した位置から読み込み、書き込みを行なうことができます。

● ファイル内の特定の位置から読み込み、書き込みを行なう

```java
// 操作対象のファイル
File file = new File("test.dat");

try(RandomAccessFile randomAccessFile = new RandomAccessFile(file, "rw")){
    // ファイルポインタの位置を先頭から3バイト目に移動
    randomAccessFile.seek(3);

    // 3バイト目から1バイト読み込み
    byte b = randomAccessFile.readByte();
    System.out.println((char) b);

    // 4バイト目から2バイト読み込み
    byte[] bytes = new byte[2];
    randomAccessFile.read(bytes);
    System.out.println(new String(bytes));

    // ファイルポインタの位置を先頭から1バイト目に移動
    randomAccessFile.seek(1);
    // 1バイト目から3文字を上書き
    randomAccessFile.write("012".getBytes());
}
```

RandomAccessFileのコンストラクタの第2引数には、ファイルのアクセスモードとして表6.6のいずれかを指定します。

表6.6 RandomAccessFileのアクセスモード

値	説明
r	読み取り専用でファイルを開く。writeメソッドを呼び出すと、IOExceptionがスローされる
rw	読み取りおよび書き込み用にファイルを開く。ファイルが存在しない場合は作成される
rws	読み取りおよび書き込み用にファイルを開く。ファイルの内容またはメタデータを更新したとき、記憶装置にも同時に書き込みを行なう。システムがクラッシュした場合の情報の破損を防ぐために使用する
rwd	rwsと同様。ただしメタデータについては記憶装置への書き込みを行なわないため、入出力の数を減らすことができる

MEMO

209 クラスパスからファイルを読み込みたい

| Class | getResourceAsStream |

関　連	—
利用例	jarファイル内に格納したファイルを読み込む場合

Class#getResourceAsStream()メソッドを使います。

●クラスパスからファイルを読み込む

```
try (InputStream in =
        ClasspathResourceSample.class.getResourceAsStream("sample.txt")) {

    if (in == null) {
        // リソースが存在しない場合
        System.out.println("リソースは存在しません。");
    } else {
        // 内容を読み込んで標準出力に表示
        ByteArrayOutputStream out = new ByteArrayOutputStream();
        byte[] buf = new byte[1024 * 8];
        int length = 0;
        while ((length = in.read(buf)) != -1) {
            out.write(buf, 0, length);
        }
        System.out.println(new String(out.toByteArray(), StandardCharsets.UTF_8));
    }
}
```

Class#getResourceAsStream()メソッドには、読み込むファイルを対象のクラスからの相対パス、またはクラスパスルートからの絶対パスで指定します。パスの先頭を/で始めると、絶対パスでの指定になります。

表6.7にクラスパス内のリソースのパスの指定例を示します。

表6.7　リソースのパスの指定例

指定例	説明
sample.txt	当該のクラスと同じパッケージにあるsample.txt
../sample.txt	当該のクラスの1つ上のパッケージにあるsample.txt
/sample.txt	クラスパスルートにあるsample.txt
/jp/co/shoeisha/javarecipe/io/file/sample.txt	jp.co.shoeisha.javarecipe.io.fileパッケージにあるsample.txt

210 プロパティファイルの内容を読み込みたい

| Properties | 6 7 8 11 |

| 関連 | — |
| 利用例 | プログラムの設定などを外部ファイルに記述する場合 |

java.util.Propertiesオブジェクトを使います。

アプリケーションの設定などをプロパティファイルと呼ばれる外部ファイルに記述しておき、java.util.Propertiesオブジェクトに読み込むことができます。

プロパティファイルの作成

プロパティファイルは、「キー＝値」という形式で記述します。また、プロパティファイルの先頭に＃を記述すると、その行はコメントになります。

次にプロパティファイルの例を示します。

●プロパティファイルの例

```
# JDBC Configuration
jdbc.driver=org.h2.Driver
jdbc.url=jdbc:h2:mem:mydb;DB_CLOSE_DELAY=-1
jdbc.user=sa
jdbc.password=password
```

プロパティファイルの読み込み

プロパティファイルをPropertiesを使って読み込むコードは、次のようになります。

●プロパティファイルの読み込み

```java
// プロパティファイルを読み込むための入力ストリームを作成
try(Reader reader = new InputStreamReader(
        new FileInputStream("sample.properties"), StandardCharsets.UTF_8)){

    // 入力ストリームからロード
    Properties properties = new Properties();
    properties.load(reader);

    System.out.println("JDBCドライバ=" + properties.getProperty("jdbc.driver"));
    System.out.println("URL=" + properties.getProperty("jdbc.url"));
    System.out.println("ユーザ=" + properties.getProperty("jdbc.user"));
    System.out.println("パスワード=" + properties.getProperty("jdbc.password"));
}
```

上記の例の実行結果は、次のようになります。

▼実行結果

```
JDBCドライバ=org.h2.Driver
URL=jdbc:h2:mem:mydb;DB_CLOSE_DELAY=-1
ユーザ=sa
パスワード=password
```

プロパティファイルの保存
プロパティファイルは、読み込みだけでなく保存も可能です。

●プロパティファイルを保存する

```
// Propertiesオブジェクトにプロパティを設定
Properties properties = new Properties();
properties.setProperty("jdbc.driver", "org.h2.Driver");
properties.setProperty("jdbc.url", "jdbc:h2:mem:mydb;DB_CLOSE_DELAY=-1");
properties.setProperty("jdbc.user", "ユーザ");
properties.setProperty("jdbc.password", "password");

// プロパティファイルに保存
try(Writer writer = new OutputStreamWriter(
        new FileOutputStream("sample2.properties"), StandardCharsets.UTF_8)){
    properties.store(
        writer,                 // ファイルに書き込みを行なうためのWriter
        "JDBC Configuration");  // コメント（プロパティファイルの先頭に出力される）
}
```

XML形式のプロパティファイル
　Java 5以降では、プロパティファイルをXML形式で記述することも可能です。例として挙げたプロパティファイル（sample.properties）をXML形式にすると、次のようになります。

●XML形式のプロパティファイル

```
<?xml version="1.0" encoding="UTF-8"?>
<!DOCTYPE properties SYSTEM "http://java.sun.com/dtd/properties.dtd">
<properties>
    <entry key="jdbc.driver">org.h2.Driver</entry>
    <entry key="jdbc.url">jdbc:h2:mem:mydb;DB_CLOSE_DELAY=-1</entry>
    <entry key="jdbc.user">sa</entry>
    <entry key="jdbc.password">password</entry>
</properties>
```

XML形式のプロパティファイルを読み込むには、Properties#loadFromXML()メソッドを使います。

●XML形式のプロパティファイルを読み込む

```
try(FileInputStream in = new FileInputStream("sample.xml")){
    Properties properties = new Properties();
    properties.loadFromXML(in);
        ⋮
}
```

XML形式で保存するには、Properties#storeToXML()メソッドを使います。

●XML形式でプロパティファイルを保存する

```
try(OutputStream out = new FileOutputStream("sample.xml")){
        ⋮
    properties.storeToXML(out, "JDBC Configuration");
```

211 チャネルを使ってファイルの入出力を行ないたい

FileChannel | ByteBuffer

6 7 8 11

関連	199 パスからストリームやチャネルを取得したい P.322
利用例	ファイルの入出力を高速に行なう場合

java.nio.channels.FileChannelを使います。

FileChannelからの読み込み

次は、FileChannelから読み込んだファイルの内容をコンソールに出力するサンプルです。

●FileChannelでファイルの内容を読み込む

```java
try (FileInputStream in = new FileInputStream("test.txt");
        FileChannel channel = in.getChannel()) {

    // バッファのサイズ
    int bufferSize = 1024 * 8;

    // バッファを作成
    ByteBuffer buffer = ByteBuffer.allocate(bufferSize);

    // コンソールに出力するためのチャネル
    WritableByteChannel out = Channels.newChannel(System.out);

    // チャネルからファイルの内容を読み込み
    while (channel.read(buffer) != -1) {
        // バッファのリミットを読み込んだ位置に設定し、ポジションを先頭に戻す
        buffer.flip();

        // バッファの内容をコンソールに出力
        out.write(buffer);

        // バッファをクリア
        buffer.clear();
    }
}
```

> **NOTE**
>
> **ダイレクトバッファ**
>
> 　FileChannelへの入出力には、ByteBufferを使います。ByteBufferは、ByteBuffer#allocate()メソッドで生成する通常のバッファに加え、次のようにByteBuffer#allocateDirect()メソッドで生成できるダイレクトバッファを使うこともできます。
>
> ```
> // ダイレクトバッファを作成
> ByteBuffer directBuffer = ByteBuffer.allocateDirect(bufferSize);
> ```
>
> 　ダイレクトバッファは、Java VMのヒープ外に確保され、入出力にプラットフォームのネイティブAPIが使用されるため、通常のバッファよりも高速に処理を行なうことができます。ただし、ダイレクトバッファは、通常のバッファと比べると生成と廃棄に時間がかかるため、ある程度大きなサイズが必要で、なおかつ寿命の長いバッファが必要な場合に使用するとよいでしょう。

FileChannelへの書き出し

次は、特定の文字列をFileChannelに書き出すサンプルです。

● FileChannelでファイルに出力する

```java
try(FileOutputStream out = new FileOutputStream("samplex.txt");
        FileChannel channel = out.getChannel()){

    // バッファのサイズ
    int bufferSize = 1024 * 8;

    // バッファを作成
    ByteBuffer buffer = ByteBuffer.allocate(bufferSize);

    // バッファの内容を設定
    buffer.put("あいうえお".getBytes(StandardCharsets.UTF_8));

    // バッファのリミットを読み込んだ位置に設定し、ポジションを先頭に戻す
    buffer.flip();

    // チャネルにバッファの内容を書き出す
    channel.write(buffer);
}
```

NOTE

FileChannelによるファイルコピー

ファイルからファイルへのコピーであれば、FileChannelのtransferFrom()メソッド、またはtransferTo()メソッドを使って、もっと簡単に記述することもできます。

```
// transferFrom()メソッドでコピー
outChannel.transferFrom(inChannel, 0, inChannel.size());
// transferTo()メソッドでコピー
inChannel.transferTo(0, inChannel.size(), outChannel);
```

▌読み書き可能なFileChannel

RandomAccessFile レシピ208 からチャネルを取得することで、読み書き可能なFileChannelを取得できます。

●ファイルへの入出力が可能なFileChannel

```java
try(RandomAccessFile file = new RandomAccessFile("test.txt", "rw");
        FileChannel channel = file.getChannel()){

    // チャネルの読み書きに使用するバッファを作成
    int bufferSize = 1024 * 8;
    ByteBuffer buffer = ByteBuffer.allocate(bufferSize);

    // チャネルへの書き込み
    buffer.put("123".getBytes());
    buffer.flip();
    channel.write(buffer);

    // チャネルのポジションを先頭に戻し、バッファをクリア
    channel.position(0);
    buffer.clear();

    // チャネルからの読み込み
    channel.read(buffer);
}
```

212 ファイルをロックしたい

| FileChannel | FileLock | | 6 | 7 | 8 | 11 |

| 関　連 | ─ |
| 利用例 | ファイルへの出力処理の排他制御を行なう場合 |

　FileChannel#lock()メソッド、またはFileChannel#tryLock()メソッドを使います。これらのメソッドは、ロックに成功するとjava.nio.channels.FileLockオブジェクトを返しますが、すでにロックされていた場合の挙動は次のように異なります。

- FileChannel#lock()メソッド ………… すでにロックされている場合、ロックが取得できるまで待機する
- FileChannel#tryLock()メソッド ……… すでにロックされている場合、nullを返す

　なお、すでに同一のJava VM内でロックを取得している場合、これらのメソッドはjava.nio.channels.OverlappingFileLockExceptionをスローします。
　FileChannel#lock()メソッドを使ってファイルのロックを行なうサンプルを次に示します。

●FileChannel#lock()メソッドでロックを取得する

```
try(FileOutputStream out = new FileOutputStream("sample.txt");
    FileChannel channel = out.getChannel()){

    // ロックを取得
    FileLock lock = channel.lock();

    try {

        … ファイルへの書き込み処理 …

    } finally {
        // ロックは必ず解放する
        lock.release();
    }
}
```

213 ファイルをzipファイルに圧縮・展開したい

| ZipOutputStream | ZipInputStream | ZipEntry | | 6 | 7 | 8 | 11 |

関連	—
利用例	複数のファイルをzipファイルに圧縮する場合 zipファイルからファイルを取り出す場合

　圧縮にはjava.util.zip.ZipOutputStreamを、展開にはjava.util.zip.ZipInputStreamを使います。

zipファイルへの圧縮

　zipファイルを作成するには、java.util.zip.ZipOutputStreamを使います。ZipOutputStreamにファイルごとにjava.util.zip.ZipEntryオブジェクトを追加し、ファイル内容を書き出していきます。

　次のサンプルは、カレントディレクトリに存在するsample.txtとdataディレクトリ内のbooks.csvというファイルをsample.zipにまとめています。

● zipファイルを作成する

```
try(ZipOutputStream zos = new ZipOutputStream(new FileOutputStream("sample.zip"))) {
    { // ZIPファイルにsample.txtを追加
        ZipEntry entry = new ZipEntry("sample.txt");
        zos.putNextEntry(entry);
        byte[] data = Files.readAllBytes(Paths.get("sample.txt"));
        zos.write(data);
    }
    { // ZIPファイルにdata/books.csvを追加
        ZipEntry entry = new ZipEntry("data/books.csv");
        zos.putNextEntry(entry);
        byte[] data = Files.readAllBytes(Paths.get("books.csv"));
        zos.write(data);
    }
}
```

zipファイルの展開

zipファイルを展開するには、java.util.zip.ZipInputStreamを使います。ファイルごとにjava.util.zip.ZipEntryを取得しながらZipInputStreamを読み取ることで、zipファイルに格納されているファイルの内容を取得できます。

次のサンプルは、sample.zipをカレントディレクトリに展開しています。

●zipファイルを展開する

```java
try(ZipInputStream zis = new ZipInputStream(new FileInputStream("sample.zip"))){
    ZipEntry entry = null;
    while((entry = zis.getNextEntry()) != null){
        if (entry.isDirectory()){
            // ディレクトリの場合
            new File(entry.getName()).mkdir();
        } else {
            // ファイルの場合
            try(FileOutputStream out = new FileOutputStream(entry.getName())){
                byte[] buf = new byte[1024 * 8];
                int length = 0;
                while((length = zis.read(buf)) != -1){
                    out.write(buf, 0, length);
                }
            }
        }
    }
}
```

NOTE

日本語ファイルの圧縮・展開

Windows上で動作する圧縮・展開ツールで作成したzipファイルをJavaで展開する際や、逆にJavaで作成したzipファイルを他のツールで展開する際、日本語ファイル名が文字化けする場合があります。これは、zipファイル内に格納されているファイル名の文字コードと展開する際に使用する文字コードが一致していないためです。

Java 7以降であれば、ZipFileOutputStreamやZipInputStreamの第2引数に文字コードを指定することで、文字化けを回避できます（デフォルトではUTF-8が使用されます）。

●zipファイルの展開に使用する文字コードを指定する

```java
try(ZipFileInputStream in = new ZipFileInputStream(
    new FileInputStream("sample.txt"), Charset.forName("Windows-31J"))){
    …zipファイルの展開…
}
```

PROGRAMMER'S RECIPE

第 **07** 章

並行プログラミング

214 Javaの並行処理について知りたい

| スレッド | Concurrency Utilities | Fork/Join Framework | ラムダ | 6 | 7 | 8 | 11 |

| 関連 | 241 | Fork/Join Framework ってなに?　P.398 |

| 利用例 | Javaで並行処理を行なう場合 |

　Javaで並行処理を行なう場合、スレッド、Concurrency Utilities、Fork/Join Frameworkなど、さまざまな方法があります。

スレッド

　初期のJavaから利用可能な方法として、スレッド(Thread)があります。
　スレッドは、簡単な非同期処理であれば、手軽に利用できるので便利です。しかしその反面、プログラムがスレッドの制御を行なう必要があるため、扱うスレッドが増え、複雑な制御が必要になるにつれてその管理は大変になり、問題を引き起こしやすいという側面があります。

Concurrency Utilities

　その後、Java 5から、非同期処理にjava.util.concurrent.Executorインターフェースを使うConcurrency Utilitiesが導入されました。Concurrency Utilitiesは、主に次のような機能を提供しています。

- 非同期実行
- スレッドプール
- 並行コレクション
- ロック
- アトミック処理

　Concurrency Utilitiesを利用することで、プログラムがスレッドを直接操作しなくても、効率的なスレッド実行とライフサイクルの管理が可能です。
　Concurrency Utilitiesを使って並行処理を行なう際、その恩恵を得るためには処理を粗粒度に並列化する必要があります。処理の粒度と性能にはトレードオフがあり、あまりに細かい粒度で並列化しようとすると、スレッドの管理が逆にボトルネックとなってしまいます。例えば、ネットワークアプリケーションにおける1ユーザのリクエスト処理は粒度

としては比較的大きいので、マルチスレッド化することで多重時のレスポンス向上が見込めます。

Fork/Join Framework　Java7 以降

ところが、昨今ハードウェアのトレンドはCPUのマルチコア化です。粗粒度の並列化では、複数のコアを持つCPUを有効活用できなくなってきており、より多くのCPUを使ってレスポンスを向上させるためには、細粒度の並列化が求められるようになりました。

そこでJava 7から、Fork/Join FrameworkがConcurrency Utilitiesに追加されました。大きな処理を細かく分割（Fork）して並列化し、個々の処理結果を最後にマージ（Join）することで、別々のCPUを使って処理することが可能になります。Fork/Join Frameworkの詳細については レシピ241 を参照してください。

ラムダを使った実装へ　Java 8以降

Fork/Join Frameworkによって細粒度の並行処理が可能になりましたが、その反面、実際のコードは匿名クラスを使った煩雑な記述になりやすいという問題も抱えています。

Java 8から導入されたラムダは、このような問題の解決を目指し、よりシンプルに記述できて使いやすくなっています。例えば、Java 8で追加されたStreamは、内部的にFork/Join Frameworkを使った実装の1つです。

> **NOTE**
>
> **並行処理における最適な方法の選択**
>
> 　Javaの並行処理は時代と共に進化を続けています。ただし、どんな場面でも常に新しいものを使えばよいというわけでなく、状況に応じて適切なものを選択する必要があるという点に注意してください。例えば、Fork/Join Frameworkを使えば常に処理を高速化できるとは限りません。簡単な計算処理をFork/Join Frameworkを使って並列化しても、並列実行のスケジューリング処理のオーバーヘッドによって逆に遅くなってしまうことも十分にあり得ます。

215 スレッドで非同期処理を行ないたい

| Thread | Runnable | | 6 | 7 | 8 | 11 |

| 関連 | — |
| 利用例 | 時間のかかる処理を簡単に非同期化する場合 |

Threadクラス、またはRunnableインターフェースを使います。

Threadクラスを使う

Threadクラスを継承し、非同期に行なう処理をrun()メソッドに記述します。

●Threadを使って非同期処理を定義する

```
public class SampleThread extends Thread {
    @Override
    public void run() {
        … ここに非同期処理を記述する …
    }
}
```

非同期処理を開始するには、インスタンスを生成しstart()メソッドを実行します。

```
SampleThread thread = new SampleThread();
thread.start();
```

Runnableインターフェースを使う

すでに別のクラスを継承している場合は、Threadクラスを継承できません。このような場合は、Runnableインターフェースを実装し、非同期に行なう処理をrun()メソッドに記述します。

●Runnableを使って非同期処理を定義する

```
public class SampleRunnable implements Runnable {
    @Override
    public void run() {
        … ここに非同期処理を記述する …
    }
}
```

非同期処理を開始するには、Thread#start()メソッドを使います。Threadクラスのコンストラクタには、Runnableインターフェースを渡せるようになっているので、定義したクラスのインスタンスを渡します。

```
Thread thread = new Thread(new SampleRunnable());
thread.start();
```

NOTE

ユーザスレッドとデーモンスレッド

スレッドには、ユーザスレッドとデーモンスレッドの2種類があります。

ユーザスレッドとは、プログラムがスレッド処理の終了を待つようなスレッドのことです。例えば、main()メソッドはユーザスレッドです。一方、デーモンスレッドとは、プログラムを終了するタイミングでスレッドの処理が中断され終了するスレッドのことです。例えば、プログラムが起動中の間だけファイルの更新をチェックしたいときなどに使うことができます。

ユーザスレッドから開始したスレッドはユーザスレッドになり、デーモンスレッドから開始したスレッドはデーモンスレッドになります。よって、main()メソッドからThread#start()メソッドを実行すると、そのスレッドはユーザスレッドになります。

●ユーザスレッドの開始

```
public static void main(String[] args) {
    Thread thread = …
    thread.start();
}
```

ただし、開始前にThread#setDaemon()メソッドを使ってtrueと指定すれば、そのスレッドはデーモンスレッドになります。

●デーモンスレッドの開始

```
public static void main(String[] args) {
    Thread thread = …
    thread.setDaemon(true);
    thread.start();
}
```

216 スレッドで発生した実行時例外をハンドリングしたい

UncaughtExceptionHandler	6 7 8 11
関連	—
利用例	スレッドからスローされた実行時例外をハンドリングする場合

Thread.UncaughtExceptionHandlerインターフェースを使うことで、キャッチされない実行時例外（RuntimeException）の発生をハンドリングできます。

●実行時例外をハンドリングする

```java
public class MyHandler implements UncaughtExceptionHandler {
    // 例外によってスレッドが止まったときに呼び出される
    @Override
    public void uncaughtException(Thread t, Throwable e) {
        System.out.println("例外発生: " + t.getId());
        e.printStackTrace();
    }
}
```

このハンドラを登録するには、Thread#setUncaughtExceptionHandler()メソッドを使います。

```java
Thread thread = ...
thread.setUncaughtExceptionHandler(new MyHandler());
thread.start();
```

また、すべてのスレッドで有効なハンドラとして登録することもできます。

```java
Thread.setDefaultUncaughtExceptionHandler(new MyHandler());
```

217 マルチスレッドを排他制御したい

synchronized	6 7 8 11
関　連	―
利 用 例	複数スレッドでの処理を排他制御する場合

　synchronizedキーワードを使うことで、複数のスレッドが同時に処理を行なわないよう制御することができます。
　具体的には、次のように、排他制御したい処理をsynchronizedブロックで囲むだけです。

●synchronizedブロックを使って排他制御する

```
public class Card {
    private long balance = 1000;

    public void draw(long amount) {
        ... 処理 ...

        // this（自分自身のインスタンス）のロックを取得した1スレッドのみ実行できる
        synchronized(this) {
            balance - amount;
               :
        }
    }
}
```

　実行中のスレッド以外（ロックを取得できなかったスレッド）は、待ち状態になります。メソッドの処理全体を排他制御する場合は、メソッドにsynchronizedを付けることができます（これをsynchronizedメソッドと呼びます）。

●synchronizedメソッドを使って排他制御する

```
// メソッド実行前に、自分自身のインスタンスのロックを取得した1スレッドのみ実行できる
public synchronized void draw(long amount) {
    balance - amount;
      :
}
```

▍**任意のインスタンスを排他制御する**

　上記では自分自身のインスタンスに対する排他制御でしたが、synchronizedブロックはロック対象のインスタンスを指定できるため、任意のインスタンスに対して排他制御することもできます。

●任意のインスタンスを排他制御する

```java
class DrawThread extends Thread {
    // 排他制御を行なうインスタンス
    Card card;

    DrawThread(Card card) {
        this.card = card;
    }

    @Override
    public void run() {
        // cardインスタンスのロックを取得した1スレッドのみ実行できる
        synchronized (card) {
            card.draw(100);
             ⋮
        }
    }
}
```

218 マルチスレッドで同期を取りながら実行したい

`wait | notify | notifyAll`　　　6　7　8　11

関連	217　マルチスレッドを排他制御したい　P.353
利用例	追加・取得処理をマルチスレッド上で同期しながら処理を行なう場合

　マルチスレッド間でお互い協調し合って処理を実行したい場合は、wait()メソッド、notify()メソッド、notifyAll()メソッドを使います。

　例えば、コネクションプールを考えてみてください。プールには、全部でコネクションが5つあるとします。複数のスレッドが続けてコネクションを取得しようとした場合、6つ目以降のスレッドは使い終わったコネクションがプールに戻るまで待機する必要があります。

　このように、取得と返却をマルチスレッド上でうまく同期させながら処理を行なわなければならない場合に、wait()やnotifyAll()メソッドを使えます。

●マルチスレッドで同期を取る

```java
class Pool {
    List<String> pool = new LinkedList<>(Arrays.asList(
            "one", "two", "three", "four", "five"));

    public synchronized String get() {
        // Listが空の場合
        while (pool.size() == 0) {
            // notifyAll()メソッドが実行されるまで待機
            wait();                                          ❶
        }
        return pool.remove(0);
    }

    public synchronized void add(String value) {
        pool.add(value);

        // wait()メソッドによって待機しているスレッドを再開
        notifyAll();                                         ❷
    }
}
```

　Listが空でデータを取得できない場合、他のスレッドによってデータが格納されるまで待機します（❶）。wait()メソッドを呼び出すと、取得していたロックを解放するので、他

のスレッドがsynchronizedメソッドであるget()やadd()メソッドを実行できるようになります。よって、あるスレッドがデータを格納した後は、待機中のスレッドを再開させています（❷）。厳密には、add()メソッドを抜けた後（ロックを解放した後）に再開されます（図7.1）。

図7.1 wait()メソッド、notifyAll()メソッドによるスレッドの待ち合わせ

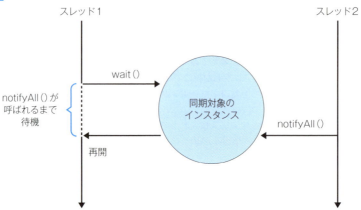

> **NOTE**
>
> **notify()とnotifyAll()**
>
> 　notify()メソッドは、待機中のスレッドのうち1つを再開させますが、再開するスレッドを指定できません。よって、もし待機する条件が複数あるような場合に（例えば、Listが空の場合とListから"one"が取得できない場合）、まだ再開してはいけないスレッドが選ばれてしまう可能性があります。このような処理は、待機条件やスレッドが多くなるにつれて挙動が複雑になり、バグを生みやすくなります。
>
> 　一方、notifyAll()メソッドは、待機中のスレッドすべてを再開させます。再開後、もう一度条件判定をするようにすれば、条件がfalseのスレッドのみ再度待機させることができます。こちらのほうが挙動をシンプルにできるため、再開にはnotifyAll()メソッドを使うことが多いです。

219 別スレッドが終了するまで待機したい

| join | | | | | 6 | 7 | 8 | 11 |

関連	—
利用例	別スレッドの結果を元に処理する場合

あるスレッド処理が終了したときに自分のスレッド処理を再開したい場合は、join()メソッドを使います。

● スレッド処理の終了を待機する

```java
// スレッドを定義
public class Task extends Thread {
    @Override
    public void run() {
        try {
            Thread.sleep(5000);
        } catch (InterruptedException e) {
            e.printStackTrace();
        }
        System.out.println("非同期処理の終了");
    }
}

Task thread = new Task();
// スレッド開始
thread.start();

// スレッドが終了するまで待機
thread.join();

// スレッド終了
System.out.println("メイン処理を再開");
```

実行すると、Taskスレッドの処理後にメインの処理が再開されていることがわかります。

▼実行結果

```
非同期処理の終了
メイン処理を再開
```

220 スレッドの処理を一時停止したい

sleep		6 7 8 11
関　連	―	
利 用 例	処理を一時的に止める場合	

sleep()メソッドを使って、このメソッドを実行したスレッドを一時的に停止させます。

● スレッドの処理を一時停止

```
// 5秒停止する。ミリ秒指定
Thread.sleep(5000);

// 5秒停止する
TimeUnit.SECONDS.sleep(5);

// 1分停止する
TimeUnit.MINUTES.sleep(1);
```

java.util.concurrent.TimeUnitは時間を表す列挙型で、sleep()メソッド以外にも時間の単位を変換する、次のようなメソッドが用意されています。

● TimeUnitを使って時間の単位を変換する

```
// 1時間をミリ秒に変換
long millis = TimeUnit.HOURS.toMillis(1);        // => 3600000

// 90分を秒に変換
long seconds = TimeUnit.MINUTES.toSeconds(90);   // => 5400

// 12日を時間に変換
long hours = TimeUnit.DAYS.toHours(12);          // => 288
```

221 スレッドに割り込みたい

| interrupt | InterruptedException | | 6 7 8 11 |

関連
218 マルチスレッドで同期を取りながら実行したい　P.355
219 別スレッドが終了するまで待機したい　P.357
220 スレッドの処理を一時停止したい　P.358

利用例　スレッドの待機をキャンセルする場合

　interrupt()メソッドを使うと、sleep()メソッドやwait()メソッド、join()メソッドによるスレッドの待機をキャンセルすることができます。

●スレッドに割り込む

```java
// スレッドを定義
public class Task extends Thread {
    @Override
    public void run() {
        try {
            Thread.sleep(5000);

        } catch (InterruptedException e) {
            …待機をキャンセルされたときの処理…
        }
    }
}

Task thread = new Task();
// スレッド開始
thread.start();

int random = (int)(Math.random() * 10);

if(random > 5) {
    // タスクをキャンセルする
    thread.interrupt();
}
```

　キャンセルされた場合、sleep()メソッドなどからはInterruptedExceptionがスローされるので、キャンセル時の処理が必要な場合はcatchブロックに記述するとよいでしょう。

222 マルチスレッドで1つのフィールドにアクセスしたい

| volatile | | 6 | 7 | 8 | 11 |

関連	−
利用例	マルチスレッド間で最新のフィールド値を参照する場合

volatile修飾子を付けると、スレッドがフィールド値を参照する際に必ず最新の値を読み込みます。

> **NOTE**
>
> **マルチスレッドにおけるフィールドの値**
>   Javaではマルチスレッド間でメインメモリを共有していますが、各スレッドは自分の作業メモリにコピーして処理を行なうことがあります。フィールドの読み書きはこの作業メモリ上のコピーに対して行なわれ、適宜メインメモリと同期が取られます。よって、メインメモリと作業メモリの間で不整合が生じる可能性があり、マルチスレッドにおいては、同じフィールドなのに自分のスレッドの値と他のスレッドの値が異なるという現象が発生し得ます。フィールドにvolatile修飾子を付けておくことでメインメモリ上の値と作業メモリ上の値を一致させることができるため、複数スレッドからフィールドにアクセスした場合でも値の一貫性を保証できます。

●マルチスレッドでフィールドにアクセスする

```java
public class Scheduler {
    private volatile boolean stopped;

    public void stop() {
        stopped = true;
    }

    public void loop() {
        while (!stopped) {
            // stopが要求されるまでここの処理を行なう
        }
    }
}
```

volatileフィールドは「最新の値を見る」という点でsynchronizedと同じですが、synchronizedと違ってフィールドに対する操作がアトミックに行なわれるわけではありません。例えば現在の値に依存するような変更（例えばインクリメント（++）など）をvolatileフィールドに対して行なうことは、安全とはいえません。

223 特定の時間に一度だけ処理を実行したい

| Timer | TimerTask | | 6 | 7 | 8 | 11 |

| 関　連 | — |
| 利用例 | タイマーで処理を実行する場合 |

　java.util.TimerTaskクラスを継承し、タイマーを使って実行する処理をrun()メソッドに記述します。

●**TimerTaskを使って処理を定義する**

```java
public class SampleTask extends TimerTask {
    private Timer timer;

    public SampleTask(Timer timer) {
        this.timer = timer;
    }

    @Override
    public void run() {
        ･･･ここに処理を記述する･･･

        // 破棄
        timer.cancel();
    }
}
```

　タイマーを使って処理を開始するには、java.util.Timer#schedule()メソッドを使います。schedule()メソッドにはTimerTaskクラスを渡せるようになっているので、定義したクラスのインスタンスを渡します。

●**指定した時刻に一度だけ実行する**

```java
Timer timer = new Timer();

// タイマーを起動する時間
Calendar cal = Calendar.getInstance();
cal.set(2014, Calendar.MAY, 1, 12, 0);

// 2014年5月1日12時に一度だけ実行
timer.schedule(new SampleTask(timer), cal.getTime());
```

一定時間経過した後に処理を実行することもできます。

●一定時間後に一度だけ実行

```
Timer timer = new Timer();

// 1分後に一度だけ実行
timer.schedule(new SampleTask(timer), TimeUnit.MINUTES.toMillis(1));
```

> **NOTE**
>
> **デーモンスレッドでタイマー処理を起動する**
>
> スレッドには、ユーザスレッドとデーモンスレッドの2種類があります。ユーザスレッドは、スレッドの処理が終了するまでプログラムを終了できません。一方、デーモンスレッドは、プログラムを終了するタイミングでスレッドの処理は中断され終了します。
>
> 上記のコードのように引数なしでTimerインスタンスを生成すると、タイマー処理はユーザスレッドで実行されます。よって、必ず最後にTimer#cancel()メソッドで破棄することが必要になります。
>
> 引数にtrueを指定してTimerインスタンスを生成することで、タイマー処理をデーモンスレッドで実行させることができます。プログラム終了時にタイマー処理も中断してしまってよい場合は、手軽に使うことができるので便利です。
>
> ```
> // デーモンスレッドで実行
> Timer timer = new Timer(true);
>
> timer.schedule(new TimerTask() {
>     @Override
>     public void run() {
>         …処理…
>     }
> }, TimeUnit.MINUTES.toMillis(1));
> ```

224 一定間隔で繰り返し処理を実行したい

Timer | **TimerTask**　　　　　　　　　　6　7　8　11

関　連	223　特定の時間に一度だけ処理を実行したい　P.361
利用例	定期的に処理を実行する場合

Timerを使ってTimerTaskをスケジューリング レシピ223 する際、schedule()メソッドの引数に実行間隔を指定します。

● 一定間隔で繰り返し実行する（schedule()メソッド）

```java
Timer timer = new Timer(true);

Calendar cal = Calendar.getInstance();
cal.set(2014, Calendar.MAY, 1, 12, 0);

// 2014年5月1日12時に起動し、1分間隔で繰り返し実行
timer.schedule(new TimerTask() {
    @Override
    public void run() {
        … 処理 …
    }
}, cal.getTime(), TimeUnit.MINUTES.toMillis(1));
```

Timerには、繰り返し処理を行なうメソッドとしてscheduleAtFixedRate()メソッドもあります。schedule()メソッドとの違いは、実行間隔の基準にあります。

- ● schedule()メソッド …………………… 前回のタスク終了から指定時間後に実行される
- ● cheduleAtFixedRate()メソッド ………… タスクを開始した時間から一定間隔で実行される

もし実行時間に遅延が発生した場合、schedule()メソッドは繰り返し処理にかかる時間がどんどん長くなります。scheduleAtFixedRate()メソッドにすると、次のタスクの実行を続けて行ない、遅れを取り戻すようにスケジューリングされるので、実行間隔は狭くなりますが、一定期間内に処理を終えることができます。

● 一定間隔で繰り返し実行する（scheduleAtFixedRate()メソッド）

```
Timer timer = new Timer(true);

// 実行直後に起動し、1分間隔で繰り返し実行
timer.scheduleAtFixedRate(new TimerTask() {
    @Override
    public void run() {
        … 処理 …
    }
}, 0, TimeUnit.MINUTES.toMillis(1));
```

MEMO

225 タスクを単一のスレッドで実行したい

| Executors | newSingleThreadExecutor | | 6 7 8 11 |

関連	215 スレッドで非同期処理を行ないたい　P.350
利用例	複数のタスクをシリアルに実行する場合

java.util.concurrent.ExecutorsのnewSingleThreadExecutor()メソッドで生成したExecutorServiceを使って、スレッドを実行します。

●タスクを単一のスレッドで実行する

```java
// 実行するタスク
public class TestThread extends Thread {
    @Override
    public void run(){
        // スレッドの開始時にスレッド名を表示
        System.out.println(getName() + ": Start");
        try {
            // 5秒待機する
            Thread.sleep(5000);
        } catch (InterruptedException e) {
            e.printStackTrace();
        }
        // スレッドの終了時にスレッド名を表示
        System.out.println(getName() + ": End");
    }
}

// 単一のスレッドで実行するExecutorServiceを生成
ExecutorService executorService = Executors.newSingleThreadExecutor();

// タスクを実行
executorService.execute(new TestThread());
executorService.execute(new TestThread());

// すべてのタスクが終了したらExecutorServiceをシャットダウン
executorService.shutdown();
```

　上記のサンプルでは、5秒待機するタスクを2回連続で実行していますが、単一のスレッドで実行されているため、1つ目のタスクの実行が終了後に2つ目のタスクが実行されます。また、ExecutorServiceは、shutdown()メソッド、またはshutdownNow()メソッドを呼び出さないとプログラムが終了しません。shutdown()メソッドは現在実行中のタスクの終了後に、shutdownNow()メソッドは即座に終了します。

226 タスクをスケジューリングして実行したい

| Executors | newSingleThreadScheduledExecutor | 6 7 8 11 |

| 関　連 | 215　スレッドで非同期処理を行ないたい　P.350 |
| 利用例 | タスクを一定間隔で繰り返し実行する場合 |

　java.util.concurrent.ExecutorsのnewSingleThreadScheduledExecutor()メソッドで生成したScheduledExecutorServiceを使ってスレッドを実行します。タスクの登録には、schedule()メソッドを使います。

● 指定時間後にタスクを実行する

```
// タスクをスケジュール可能なScheduledExecutorServiceを生成
ScheduledExecutorService executorService = Executors.newSingleThreadScheduledExecutor();

// 3秒後にタスクを実行
executorService.schedule(new Runnable(){
    @Override
    public void run(){
        System.out.println("Executed");
    }
}, 3000, TimeUnit.MILLISECONDS);

// すべてのタスクが終了したらScheduledExecutorServiceをシャットダウン
executorService.shutdown();
```

　ScheduledExecutorServiceでは、この他にscheduleAtFixedRate()メソッド、scheduleWithFixedDelay()メソッドで指定した間隔でタスクを実行できます。どちらのメソッドも引数は同じですが、次のような違いがあります。

- ● scheduleAtFixedRate() ………………… タスクを開始した時間から一定間隔で実行される
- ● scheduleWithFixedDelay() …………… 前回のタスク終了から指定時間後に実行される

　なお、これらのメソッドでタスクを登録した場合は、ScheduledExecutorService#shutdown()メソッドを呼び出すと、スケジューリングされたタスクがあってもScheduledExecutorServiceは終了してしまうので注意してください。

● 指定した間隔でタスクを実行する

```
// タスクをスケジュール可能なScheduledExecutorServiceを生成
ScheduledExecutorService executorService = Executors.newSingleThreadScheduledExecutor();

// 1秒後から3秒間隔でタスクを実行
executorService.scheduleAtFixedRate(new Runnable(){
    @Override
    public void run(){
        ︙
    }
}, 1000, 3000, TimeUnit.MILLISECONDS);
```

227 スレッドプールを利用してタスクを実行したい

| Executors | newFixedThreadPool | newCachedThreadPool | 6 | 7 | 8 | 11 |
| newScheduledThreadPool |

| 関連 | 215 スレッドで非同期処理を行ないたい P.350 |
| 利用例 | 多数の並列処理を行なう場合の性能を改善する場合 |

java.util.concurrent.Executorsの、次に挙げるメソッドで生成したExecutorServiceを使います。

- newFixedThreadPool()メソッド ………… 常に指定した数のスレッドをプールする
- newCachedThreadPool()メソッド ……… タスク数に応じてプールされるスレッド数が変化する。一定期間使われないスレッドは破棄される
- newScheduledThreadPool()メソッド …… 実行間隔を指定してタスクを実行可能なScheduledExecutorService レシピ226 のスレッドプール版

> **NOTE**
>
> **スレッドプールとは？**
>
> 要求のつどスレッドの生成と破棄を行なうのではなく、あらかじめ生成したスレッドを複数用意しておく方式をスレッドプールと呼びます。タスクの実行が要求された場合、スレッドプールから利用中ではないスレッドを割り当て、処理が完了したらスレッドはプールに戻されます。
>
> スレッドを再利用することでスレッドの生成・破棄のコストを削減できるため、同時に多数の要求を受け付ける必要があるサーバアプリケーションなどの場合に有効です。

次は、Executors#newFixedThreadPool()メソッドで生成したExecutorServiceを使う場合の例です。

●スレッドプールを使用してタスクを実行する

```
// 常に10スレッドをプールするExecutorServiceを生成
ExecutorService fixedThreadPool = Executors.newFixedThreadPool(10);

// タスクを実行
fixedThreadPool.execute(new TestThread());
fixedThreadPool.execute(new TestThread());

// すべてのタスクが終了したらExecutorServiceをシャットダウン
fixedThreadPool.shutdown();
```

その他のメソッドの場合も、ExecutorServiceの生成方法が異なるだけで使用方法は同じです。

```
// 必要に応じてスレッドのプール数が変化するExecutorServiceを生成
ExecutorService cachedThreadPool = Executors.newCachedThreadPool();

// 実行間隔を指定してタスクを実行可能なScheduledExecutorServiceを生成
// （プールするスレッドの最小数は5に指定）
ScheduledExecutorService scheduledThreadPool = Executors.newScheduledThreadPool(5);
```

なお、newScheduledThreadPool()メソッドで生成したScheduledExecutorServiceの場合、execute()メソッドではなく、schedule()メソッドなどでタスクを登録します。詳細については レシピ226 を参照してください。

228 非同期処理から結果を返したい

| Callable | Future | | 6 | 7 | 8 | 11 |

関連	215 スレッドで非同期処理を行ないたい P.350
利用例	非同期で行なった処理の結果を受け取って別の処理を行なう場合

ExecutorServiceで実行するタスクをRunnableインターフェースではなく、java.util.concurrent.Callableインターフェースを実装して作成します。

Callableインターフェースを実装したタスクをExecutorService#submit()メソッドで実行すると、非同期で実行されるタスクの処理結果を受け取るためのjava.util.concurrent.Futureオブジェクトが返却されます。

●非同期処理の結果を受け取る

```java
ExecutorService executorService = Executors.newSingleThreadExecutor();

// java.util.Dateを返すタスクを実行
Future<Date> future = executorService.submit(new Callable<Date>(){
    @Override
    public Date call() throws Exception {
        Thread.sleep(1000);
        return new Date();
    }
});

// 結果を取得(タスクの実行が完了するまでブロックされる)
Date date = future.get();

// すべてのタスクが終了したらExecutorServiceをシャットダウン
executorService.shutdown();
```

Future#get()メソッドはタスクの実行が完了するまでブロックしますが、待ち時間を指定することもできます。この待ち時間を超えてもタスクが結果を返さない場合は、java.util.concurrent.TimeoutExceptionがスローされます。

```java
// 待ち時間を30秒に指定して結果を取得
Date date = future.get(30, TimeUnit.SECONDS);
```

また、Futureオブジェクトには結果を取得するだけでなく、タスクの実行が終了しているかどうかを調べたり、タスクをキャンセルしたりするためのメソッドがあります。

```
// タスクが完了しているかどうかを調べる
boolean isDone = future.isDone();

// タスクがキャンセルされているかどうかを調べる
boolean isCancelled = future.isCancelled();

// タスクをキャンセル（すでに実行中のタスクはキャンセルしない）
future.cancel(false);

// タスクをキャンセル（すでに実行中のタスクもキャンセルする）
future.cancel(true);
```

NOTE

ExecutorServiceのexecute()メソッドとsubmit()メソッドの違い

　ExecutorServiceには、タスクを実行するためのメソッドとしてexecute()メソッドとsubmit()メソッドがあります。execute()メソッドはタスクを実行するだけのものですが、submit()メソッドはタスクの結果を受け取ることができるという違いがあります。

　通常、execute()メソッドにはRunnableを、submit()メソッドにはCallableを渡しますが、submit()メソッドにはCallableだけでなくRunnableを渡すこともできます。この場合、Future#get()メソッドはCallableの場合と同様、タスクの実行が終了するまでブロックし、処理が終了するとnullを返します。

```
// Runnableをsubmit()メソッドで実行
Future<?> future = executorService.submit(new Runnable() {
    @Override
    public void run(){
     :
    }
});

// タスクが終了するまでブロックし、nullを返す
Object result = future.get();
```

229 呼び出し元をブロックせずに非同期処理を行ないたい

| CompletableFuture | 6 7 8 11 |

| 関　連 | 228　非同期処理から結果を返したい　P.370 |
| 利用例 | 呼び出し元をブロックせずに非同期処理を行なう場合 |

　Future レシピ228 で非同期処理から値を返すことができますが、Future#get()メソッドの呼び出しがスレッドをブロックしてしまうという問題があります。Java 8で導入されたjava.util.concurrent.CompletableFutureを使うと、コールバックを使用して、呼び出し元スレッドをブロックすることなく値を返すことができます（図7.2）。

図7.2　FutureとCompletableFutureの違い

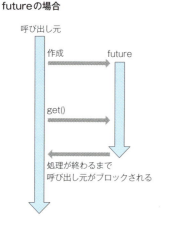
futureの場合

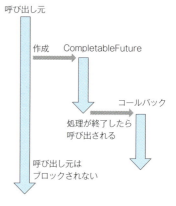
CompletableFutureの場合

● CompletableFutureで非同期処理の結果を受け取る

```java
CompletableFuture<String> future = CompletableFuture.supplyAsync(() -> {
    // 時間のかかる処理
    try {
        Thread.sleep(1000);
    } catch(InterruptedException e) {
        e.printStackTrace();
    }
    return "java";
});

// thenAcceptで結果を受け取る
future.thenAccept(System.out::println);

// thenApplyで処理を挟むこともできる
future
        .thenApply(String::toUpperCase)
        .thenAccept(System.out::println);

// 処理の終了を待つ
Thread.sleep(2000);
```

コールバックを設定するメソッドには、上記のサンプルで使用したthenApply()やthenAccept()に加えて、thenApplyAsync()やthenAcceptAsync()など、メソッド名の末尾に「Async」が付いたバージョンも存在します。これらのメソッドには次の違いがあります。

- **Asyncなし** ……… 前のタスクと同一のスレッド上で実行される
- **Asyncあり** ……… 新たなタスクとしてスレッドが割り当てられる

上記のサンプルのような一方通行の処理であれば、同期版のメソッドを使用したほうがスレッドの切り替えが発生しないため効率的です。しかし、次のように複数のCompletableFutureを合成するケースではAsyncなしのメソッドだと処理がシリアルに実行されてしまいます（図7.3）。

図7.3 　Asyncなしのメソッドを使用した場合

●複数のCompletableFutureを合成する

```java
CompletableFuture<String> future1 = CompletableFuture.supplyAsync(() -> {
    … 時間のかかる処理 …
});

// thenApplyを使用
CompletableFuture<String> future2 = future1.thenApply(s -> {
    … 時間のかかる処理 …
});

// thenApplyを使用
CompletableFuture<String> future3 = future1.thenApply(s -> {
    … 時間のかかる処理 …
});

// future1 → future3 → future2の順でシリアルに実行される
future2
        .thenCombine(future3, (String s1, String s2) -> s1 + " " + s2)
        .thenAccept(System.out::println);
```

このような場合にAsync版のメソッドを使用することで、並列に処理を行なうことができます（図7.4）。

図7.4 Async版のメソッドを使用した場合

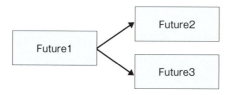

●複数のCompletableFutureを非同期に実行する

```java
CompletableFuture<String> future1 = CompletableFuture.supplyAsync(() -> {
    … 時間のかかる処理 …
});

// thenApplyAsyncを使用
CompletableFuture<String> future2 = future1.thenApplyAsync(s -> {
    … 時間のかかる処理 …
});
```

```
// thenApplyAsyncを使用
CompletableFuture<String> future3 = future1.thenApplyAsync(s -> {
    … 時間のかかる処理 …
});

// future1の実行後にfuture2とfuture3が並列に実行される
future2
        .thenCombine(future3, (String s1, String s2) -> s1 + " " + s2)
        .thenAccept(System.out::println);
```

CompletableFutureのエラー処理

非同期処理が例外で終了した場合、thenApply()やthenAccept()メソッドで指定したコールバックは呼び出されません。この場合、whenComplete()メソッドを使ってハンドリングを行ないます。

●CompletableFutureのエラーハンドリング

```
future.whenComplete((String s, Throwable ex) -> {
    // 第一引数がnullでない場合は処理成功
    if(s != null){
        System.out.println(s);
    }
    // 第2引数がnullでない場合は処理失敗
    if(ex != null){
        ex.printStackTrace();
    }
});
```

また、exceptionally()を挟むことで、例外処理時は初期値を設定するなどのフォールバック処理を行なうこともできます。

●CompletableFutureのエラーハンドリング

```
future.exceptionally( ex -> {
        // 例外発生時はスタックトレースだけ出力して空文字列として処理を続ける
        ex.printStackTrace();
        return "";
    })
    .thenAccept(System.out::println);
```

230 複数のタスクの戻り値を早く終わった順に取得したい

ExecutorCompletionService　6　7　8　11

関　連	228　非同期処理から結果を返したい　P.370
利用例	複数のタスクのうち処理が終わったものから結果を表示する場合

java.util.concurrent.ExecutorCompletionServiceを使います。

タスクの実行にExecutorCompletionServiceを使うことで、複数のタスクの戻り値を完了した順番に取得できます。例として、指定した時間だけ待機する次のようなスレッドがあるとします。

●指定した時間だけ待機するスレッド

```java
public class WaitTask implements Callable<String> {

    private long time;

    public WaitTask(long time){
        this.time = time;
    }

    @Override
    public String call() throws Exception {
        Thread.sleep(this.time);
        return time + "ミリ秒待機しました。";
    }
}
```

このスレッドを、次のようにExecutorCompletionServiceで複数実行します。

●複数のタスクの戻り値を完了した順に取得する

```java
ExecutorService threadPool = Executors.newFixedThreadPool(10);
ExecutorCompletionService service = new ExecutorCompletionService(threadPool);

service.submit(new WaitTask(5000));
service.submit(new WaitTask(3000));
service.submit(new WaitTask(1000));
```

```
while(true){
    Future<String> future = service.take();
    System.out.println(future.get());
}
```

すると、コンソールには、次のように処理が完了した順番にメッセージが出力されます。

▼実行結果

```
1000ミリ秒待機しました。
3000ミリ秒待機しました。
5000ミリ秒待機しました。
```

231 スレッドの同時実行数を制御したい

Semaphore	6 7 8 11
関連	—
利用例	共有リソースにアクセス可能なスレッド数を制限する場合

java.util.concurrent.Semaphoreを使います。

Semaphoreは実行可能なスレッド数を制御するためのカウンタを提供します。acquire()メソッドで実行権を取得し、処理の終了後にrelease()メソッドで実行権を解放します。すでに指定された数のスレッドが実行権を取得していた場合、acquire()メソッドは、実行中のいずれかのスレッドの処理が完了して空きができるまでブロックします。

●Semaphoreでスレッドの同時実行数を制御する

```java
public class SemaphoreThread extends Thread {

    private Semaphore semaphore;

    public SemaphoreThread(Semaphore semaphore){
        this.semaphore = semaphore;
    }

    public void run() {
        try {
            // セマフォを取得
            this.semaphore.acquire();
            // スレッド名を表示
            System.out.println(getName());
            // 5秒待機
            Thread.sleep(5000);
        } catch (InterruptedException e) {
            e.printStackTrace();
        } finally {
            // セマフォを解放
            this.semaphore.release();
        }
    }
}
```

```java
    public static void main(String[] args){
        // 3スレッドまで同時に実行可能なセマフォを生成
        Semaphore semaphore = new Semaphore(3);

        // 5つのスレッド同時に開始
        new SemaphoreThread(semaphore).start();
        new SemaphoreThread(semaphore).start();
        new SemaphoreThread(semaphore).start();
        new SemaphoreThread(semaphore).start();
        new SemaphoreThread(semaphore).start();
    }
}
```

　このサンプルを実行すると、コンソールにはまず次のように3スレッド分のメッセージが表示されます。

▼実行結果

```
Thread-0
Thread-3
Thread-1
```

　5秒経過すると、最初の3スレッドが終了し、残りの2スレッド分のメッセージが表示されます。

▼実行結果

```
Thread-0
Thread-3
Thread-1
Thread-2
Thread-4
```

232 スレッド間で相互に データの受け渡しをしたい

| Exchanger | | 6 | 7 | 8 | 11 |

| 関　連 | — |
| 利用例 | スレッド間でお互いの計算結果を交換する場合 |

　java.util.concurrent.Exchangerを使います。
　Exchanger#exchange()メソッドを使うと、2つのスレッド間で待ち合わせを行ない、データを交換できます。次のスレッドは、コンストラクタで受け取ったExchangerを使って別のスレッドとString型のデータを交換します。

●Exchangerで2つのスレッド間でデータを交換する

```java
public class ExchangeThread extends Thread {

    private String data;
        private long time;
        private Exchanger<String> exchanger;

        public ExchangeThread(String data, long time, Exchanger<String> exchanger){
            this.data = data;
            this.time = time;
            this.exchanger = exchanger;
    }

    public void run() {
        try {
            // 交換前のデータを表示
            System.out.println(getName() + "(交換前): " + this.data);
            // コンストラクタで指定されたミリ秒待機
            Thread.sleep(this.time);
            // データを交換
            data = exchanger.exchange(this.data);
            // 交換後のデータを表示
            System.out.println(getName() + "(交換後): " + this.data);
        } catch (InterruptedException e) {
            e.printStackTrace();
        }
    }
}
```

```java
    public static void main(String[] args){
        Exchanger<String> exchanger = new Exchanger<>();

        new ExchangeThread("data1", 1000, exchanger).start();
        new ExchangeThread("data2", 3000, exchanger).start();
    }

}
```

このサンプルを実行すると、コンソールには次のように出力されます。Thread-0とThread-1でデータが交換されていることがわかります。

▼実行結果

```
Thread-0(交換前): data1
Thread-1(交換前): data2
Thread-1(交換後): data1
Thread-0(交換後): data2
```

233 他の処理が完了するまでスレッドを待機したい

| CountDownLatch | CyclicBarrier | | 6 | 7 | 8 | 11 |

| 関連 | — |
| 利用例 | 複数のスレッドの開始タイミングを揃える場合 |

　java.util.concurrent.CountDownLatch、またはjava.util.concurrent.CyclicBarrierを使います。

CountDownLatch

　CountDownLatchは、指定した数のスレッドで待ち合わせを行なうためのカウンタを提供します。CountDownLatch#countDown()メソッドでカウンタをデクリメントし、CountDownLatch#await()メソッドでカウンタが0になるまで待機します。

●CountDownLatchでスレッド間の待ち合わせを行なう

```java
public class CountDownLatchThread extends Thread {

    private long time;
    private CountDownLatch counter;

    public CountDownLatchThread(long time, CountDownLatch counter){
        this.time = time;
        this.counter = counter;
    }

    public void run() {
        try {
            // コンストラクタで指定されたミリ秒待機
            Thread.sleep(this.time);
            // カウントダウン
            this.counter.countDown();
            System.out.println(getName() + ": Wait");
            // カウンタが0になるまで待機
            this.counter.await();
            System.out.println(getName() + ": End");
        } catch (InterruptedException e) {
            e.printStackTrace();
        }
    }
```

```java
    public static void main(String[] args) {
        // 3スレッドで待ち合わせを行なうCountDownLatchを生成
        CountDownLatch counter = new CountDownLatch(3);

        // 待機時間の異なる3つのスレッドを実行
        new CountDownLatchThread(1000, counter).start();
        new CountDownLatchThread(2000, counter).start();
        new CountDownLatchThread(3000, counter).start();
    }

}
```

このサンプルを実行すると、まず次のように、それぞれのスレッドがcountDown()メソッドを呼び出したタイミングで、"Wait"というメッセージを表示します。各スレッドは、await()メソッドで3つのスレッドが揃うまで待機状態に入ります。

▼実行結果

```
Thread-0: Wait    ←1秒後に表示される
Thread-1: Wait    ←2秒後に表示される
Thread-2: Wait    ←3秒後に表示される
```

3つのスレッドがcountDown()メソッドを呼び出すと、await()メソッドで待機していたスレッドが処理を再開し、次のように"End"メッセージが出力されます。

▼実行結果

```
Thread-0: Wait
Thread-1: Wait
Thread-2: Wait
Thread-2: End
Thread-0: End
Thread-1: End
```

> **NOTE**
> **一度使用したCountDownLatchは再利用できない**
> 　一度使用したCountDownLatchのインスタンスを再度使用することはできません。繰り返し待ち合わせを行なう必要がある場合は、後述するCyclicBarrierを使用することを検討してください。

CyclicBarrier

CyclicBarrierは、指定した数のスレッドで待ち合わせを行なうという点ではCountDownLatchと似ていますが、一度待機状態が解除された後、再度待ち合わせを行なうことができます。

次のサンプルは前述のCountDownLatchのサンプルと似ていますが、無限ループで繰り返し待ち合わせ処理を行ないます。

●CyclicBarrierでスレッド間の待ち合わせを行なう

```java
public class CyclicBarrierThread extends Thread {

    private long time;
    private CyclicBarrier barrier;

    public CyclicBarrierThread(long time, CyclicBarrier barrier){
        this.time = time;
        this.barrier = barrier;
    }

    public void run(){
        try {
            // 無限ループで繰り返し実行
            while(true){
                // コンストラクタで指定されたミリ秒待機
                Thread.sleep(this.time);
                // カウンタが0になるまで待機
                System.out.println(getName() + ": Wait");
                this.barrier.await();
                System.out.println(getName() + ": End");
            }
        } catch (InterruptedException|BrokenBarrierException e) {
            e.printStackTrace();
        }
    }

    public static void main(String[] args) {
        // 3スレッドで待ち合わせを行なうCyclicBarrierを生成
        CyclicBarrier barrier = new CyclicBarrier(3);

        // 待機時間の異なる3つのスレッドを実行
        new CyclicBarrierThread(1000, barrier).start();
        new CyclicBarrierThread(2000, barrier).start();
        new CyclicBarrierThread(3000, barrier).start();
    }

}
```

234 別スレッドからのデータを受け取るまで待機したい

| BlockingQueue | take | put | | 6 | 7 | 8 | 11 |

関　連	―
利用例	マルチスレッド間でデータの同期が必要な場合

　java.util.concurrent.BlockingQueueインターフェースを使います。
　BlockingQueueは、要素の取得時にキューが空で取得できなければ取得できるまで呼び出し元のスレッドを待機させたり、逆に要素の格納時にキューが一杯で格納できなければ空きが出て格納できるまで呼び出し元のスレッドを待機させることもできます。
　この特徴を利用すれば、マルチスレッド間でデータの同期が必要な場合に、シンプルなコードで確実に実現できます。
　BlockingQueueインターフェースには、用途に応じて表7.1の実装クラスが用意されています。

表7.1　BlockingQueueインターフェースの実装クラス

クラス	説明
LinkedBlockingQueue	要素同士をリンクで参照するBlockingQueue。容量を指定しなければ自動的に拡張される
ArrayBlockingQueue	容量が固定のBlockingQueue
SynchronousQueue	容量が空のBlockingQueue。要素の挿入・削除それぞれのスレッド処理があるまでお互いの操作を待機する
PriorityBlockingQueue	要素の取得に優先順位を付けることができるBlockingQueue
DelayQueue	挿入後、遅延時間が経過するまで要素を取得できないBlockingQueue。挿入できる要素はjava.util.concurrent.Delayedインターフェースの実装クラスのみ

　例えば、2つのスレッド間でデータの受け渡しを同期化したい場合は、SynchronousQueueを使うことができます。

●SynchronousQueueを使ったデータの受け渡し

```java
private final BlockingQueue<String> queue = new SynchronousQueue<>();

public String get() {
    // 先頭の要素を取得（キューからは削除される）
    // 追加が行なわれるまでブロックする
    return queue.take();
}
```

```java
public void add(String value) {
    // キューに要素を追加
    // 取得が行なわれるまでブロックする
    queue.put(value);
}
```

　上記のサンプルでは、get()メソッドを呼び出すと、キューに格納されている値が1つ返却されます。キューが空の場合、別スレッドからadd()メソッドで値が追加されるまでブロックします。

　キューを操作するメソッドには、表7.2のようなものがあります。

表7.2　キューを操作するメソッド

分類	メソッド	説明
要素を追加	add	追加できない場合はIllegalStateExceptionをスローする
	offer	追加できない場合はfalseを返す。タイムアウト値を設定して待機することも可能
	put	追加できない場合は待機する
要素を削除	remove	一致する要素が存在し削除した場合はtrueを返す
要素を取得し削除	poll	先頭の要素が取得できない場合はnullを返す。タイムアウト値を設定して待機することも可能
	take	先頭の要素が取得できるまで待機する
要素を取得（削除はしない）	element	先頭の要素を取得する。キューが空の場合はNoSuchElementExceptionをスローする
	peek	elementメソッドと同様だが、キューが空の場合はnullを返す

235 別スレッドがデータを受け取るまで待機したい

TransferQueue

関連	234 別スレッドからのデータを受け取るまで待機したい P.385
利用例	メッセージパッシング方式でデータのやり取りをする場合

　java.util.concurrent.TransferQueueインターフェースを使います。
　TransferQueueはBlockingQueueの1つで、データを受け取るスレッド（コンシューマ）がtake()やpoll()メソッドで取得できる状態であれば、データを追加するスレッド（プロデューサ）は処理を実行します。もしコンシューマが待機フェーズになっており取得できない状態であれば、プロデューサもキューへの追加を待機します。
　TransferQueueインターフェースの実装クラスとしてLinkedTransferQueueがあり、キューへの追加はtransfer()メソッドを使います。

●TransferQueueを使ってデータの受け渡し

```java
private final TransferQueue<String> queue = new LinkedTransferQueue<>();

public String receive() throws InterruptedException {
    Thread.sleep(5000);

    System.out.println("メッセージを受信します");
    // データを受け取る
    String message = queue.take();
    System.out.println(String.format("メッセージ「%s」を受信しました", message));

    return message;
}
public void send(String message) throws InterruptedException {
    System.out.println(String.format("メッセージ「%s」を送信します", message));
    // データを追加
    queue.transfer(message);
    System.out.println(String.format("メッセージ「%s」を送信しました", message));
}
```

実行直後は、次のように表示されます。

▼実行結果

メッセージ「a」を送信します

5秒経過し、データを取得できるようになると、次のように表示されます。

▼実行結果

```
メッセージ「a」を送信します
メッセージを受信します
メッセージ「a」を送信しました
メッセージ「a」を受信しました
```

なお、待機せずfalseを返したり、タイムアウト値を設定できるtryTransfer()メソッドもあります。

●tryTransfer()メソッドでキューへ追加する

```
// データの追加待ちになる場合は、待機せずfalseを返す
if(queue.tryTransfer(message)){
    …キューへ追加したときの処理…
}

// データの追加待ちにタイムアウト値を設定
// 5秒の待機時間が経過すると、待機をやめてfalseを返す
if(queue.tryTransfer(message, 5, TimeUnit.SECONDS)){
    …キューへ追加したときの処理…
}
```

236 Lockでマルチスレッドを排他制御したい

| ReentrantLock | lock | unlock | lockInterruptibly | tryLock | 6 7 8 11 |

関連	217 マルチスレッドを排他制御したい P.353
利用例	柔軟な排他制御を行なう場合

java.util.concurrent.locksパッケージにあるLockインターフェースの実装クラスReentrantLockを使います。

ロックの取得にはlock()メソッドを使い、ロックの解放にはunlock()メソッドを使います。

●Lockを使って排他制御する

```
private final Lock lock = new ReentrantLock();

public void method() {
    try {
        // ロックを取得。取得できるまで待機する
        lock.lock();

        … 処理 …

    } finally {
        // ロックを解放。必ずfinallyで行なう
        lock.unlock();
    }
}
```

また、ロックを取得するメソッドには、lockInterruptibly()やtryLock()もあります。

●lockInterruptibly()メソッド、tryLock()メソッドでロックを取得する

```
// lock()メソッドと同様だが、他のスレッドからinterrupt()メソッドが呼ばれていない
// 場合に限りロックを取得
// ロックの取得中にinterrupt()メソッドが呼ばれるとInterruptedExceptionをスローする
lock.lockInterruptibly();

// ロック待ちになる場合は、待機せずfalseを返す
if(lock.tryLock()){
    … ロックを取得したときの処理 …
}
```

```
// ロック待ちにタイムアウト値を設定
// 5秒の待機時間が経過すると、待機をやめてfalseを返す
if(lock.tryLock(5, TimeUnit.SECONDS)){
    … ロックを取得したときの処理 …
}
```

> **NOTE**
>
> **ロックの公平性**
>
> 　ReentrantLockクラスには、booleanの引数を持つコンストラクタがあり、引数にはロックの公平性を設定できます。
>
> 　引数に「false」を設定した場合（引数なしのコンストラクタも同様）は、「不公平ロック」になります。不公平ロックとは、ロックを取得する順番が決まっていないロックです。パフォーマンスは優れていますが、一部のスレッドがロックを取得できない状態（飢餓状態）になる可能性があります。
>
> 　引数に「true」を設定した場合は「公平ロック」になります。公平ロックとは、ロック待ちのスレッドの先頭から順番に取得するロックです。パフォーマンスは不公平ロックより劣りますが、飢餓状態を防ぐことができます。
>
> 　ただし、tryLock()メソッドはロックの公平性に関係なく、ロックを取得できる状態であれば直ちにロックを取得します。つまり、公平ロックを設定している場合でも、公平性を無視し割り込みます。タイムアウト値を指定するtryLock(long, TimeUnit)メソッドは、ロックの公平性に従うので割り込みは発生しません。

synchronizedとReentrantLockの違い

　排他制御は、レシピ217 のsynchronizedブロックを使って行なうこともできます。しかし、synchronizedブロックには、次のような制約があり、柔軟性に欠ける側面があります。

- ロック待ちにタイムアウト時間を設定できない
- ロック待ちの別スレッドにインタラプトできない
- ロックを取得した箇所のコードブロックと同じブロック内でロックを解放しなければいけない

　ReentrantLockにはこのような制約がないので、柔軟な排他制御を行なうことができます。ただし、上記のコードからもわかるとおり、ロックの制御をプログラマが行なうことになるため、デッドロックといった予期せぬバグを生む可能性が高くなります。

　コードブロックの一部のみロックするシンプルな排他制御であれば、ロックする範囲が明確なsynchronizedブロックを使い、柔軟な排他制御が必要な場合に限ってReentrantLockを使うとよいでしょう。

237 Lockで待ち合わせるスレッドの条件を指定したい

| Condition | await | signal | signalAll | | 6 | 7 | 8 | 11 |

| 関連 | 218 マルチスレッドで同期を取りながら実行したい　P.355 |
| | 236 Lockでマルチスレッドを排他制御したい　P.389 |

| 利用例 | マルチスレッド上で同期しながら処理を行なう場合 |

　Lock#newCondition()メソッドで取得した、java.util.concurrent.locks.Conditionインターフェースを使います。
　スレッドの待機にはawait()メソッドを使い、再開にはsignal()メソッドまたはsignalAll()メソッドを使います。これらのメソッドは、それぞれwait()、notify()、notifyAll()に相当します。

● Conditionを使ってマルチスレッドで同期を取る

```java
private final Lock lock = new ReentrantLock();
private final Condition condition = lock.newCondition();
List<String> pool = …

public String get() throws InterruptedException {
    try {
        lock.lock();
        // Listが空の場合は待機
        while (pool.size() == 0) {
            condition.await();
        }
        return pool.remove(0);
    } finally {
        lock.unlock();
    }
}

public void add(String value) {
    try {
        lock.lock();
        pool.add(value);
        // 待機しているスレッドを再開
        condition.signalAll();
    } finally {
        lock.unlock();
    }
}
```

238 参照・更新処理をマルチスレッドで行ないたい

ReentrantReadWriteLock	6 7 8 11
関連	—
利用例	読み書きに効率良いロックを使う場合

　java.util.concurrent.locksパッケージにある、ReadWriteLockインターフェースの実装クラスReentrantReadWriteLockを使います。このクラスは、読み込み処理を複数スレッドで、書き込み処理を1つのスレッドで行なうことで、例えば掲示板のような更新処理よりも参照処理のほうが多い場合にパフォーマンスの向上が期待できます。

　参照時のロックにはreadLock()メソッドを使い、更新時のロックにはwriteLock()メソッドを使います。

● 読み書きロック

```java
class BBSSample {
    private static ReadWriteLock lock = new ReentrantReadWriteLock();

    public void update() {
        // 書き込み用のロックを取得
        Lock writelock = lock.writeLock();
        try {
            writelock.lock();

            …更新処理を行なう…

        } finally {
            writelock.unlock();
        }
    }

    public String find() {
        // 読み込み用のロックを取得
        Lock readlock = lock.readLock();
        try {
            readlock.lock();

            return 取得結果

        } finally {
            readlock.unlock();
        }
    }
}
```

239 ロックを使わずにマルチスレッドでの読み取り処理を行ないたい

| StampedLock | tryOptimisticRead | validate | 6 7 8 11 |

| 関　連 | 238　参照・更新処理をマルチスレッドで行ないたい　P.392 |
| 利用例 | マルチスレッドでの値の更新・読み取りを高速化したい場合 |

　Java 8で導入されたjava.util.concurrent.locks.StampedLockを使うと、ロックを使わずにマルチスレッドでの一貫性のある読み取り処理を実装できます。

　これは「楽観的読み取り」と呼ばれ、読み取り用のロックを取得して別スレッドからの更新をブロックするのではなく、読み取り中に別スレッドからの更新が行なわれなかったことを読み取り処理の終了後に確認することで読み取った値の一貫性を保証します。これによって、読み取り処理が更新処理をブロックすることがなくなるため、マルチスレッドでの値の更新・読み取りの高速化が期待できます。

　ただし、もし読み取り中に別スレッドから更新が行なわれた場合は、エラーにしたり、リトライしたりといった処理をプログラム側で行なう必要があります。

　StampedLockは、通常の書き込みロック、読み取りロックにも使うことができ、ReentrantReadWriteLock レシピ238 の代わりに使うことができます。

●StampedLockを使った読み取り処理

```java
public class Square {

    private final StampedLock lock = new StampedLock();

    private double width;
    private double height;

    public Square(double width, double height){
        this.width  = width;
        this.height = height;
    }

    /**
     * 四角を拡大する。
     * @param magnification 倍率
     */
    public void expand(double magnification){
        // 書き込みロックを取得
        long stamp = lock.writeLock();
        width  = width  * magnification;
        height = height * magnification;
```

```java
        // 書き込みロックを解放
        lock.unlockWrite(stamp);
    }

    /**
     * 四角の面積を計算する。
     * @return 面積
     */
    public double calculateArea(){
        // 楽観的読み取りのためのスタンプを取得
        long stamp = lock.tryOptimisticRead();
        double currentWidth  = width;
        double currentHeight = height;
        // 他のスレッドから値が更新されていないことを確認
        if(!lock.validate(stamp)){
            try {
                // 他のスレッドから値が更新されていた場合は
                // 読み取りロックを取得したうえで再度読み取り
                stamp = lock.readLock();
                currentWidth  = width;
                currentHeight = height;
            } finally {
                // 読み取りロックを解放
                lock.unlockRead(stamp);
            }
        }
        // 面積を計算して返す
        return currentWidth * currentHeight;
    }
}
```

　上記のサンプルでは、更新処理では書き込み用のロックを取得していますが、読み取り処理ではStampedLockを使用して楽観的読み取りを行なっています。もし読み取り中に別スレッドから値が更新されていた場合は、読み取りロックを取得したうえで再度読み取り処理を行なうようにしています。これによって、面積を計算するcalculateArea()メソッドの実行中に別スレッドからexpand()メソッドを呼び出しても、面積の計算結果の一貫性が保証されます（例えばwidthだけが更新後の値で計算されてしまうということはありません）。

240 値の取得や更新をアトミックに行ないたい

AtomicInteger | AtomicBoolean　　6　7　8　11

関連	217　マルチスレッドを排他制御したい　P.353 222　マルチスレッドで1つのフィールドにアクセスしたい　P.360
利用例	マルチスレッドアプリケーションで排他制御を行なう場合 マルチスレッドアプリケーションでカウンタを実装する場合

　java.util.concurrent.atomicパッケージで提供されている、AtomicIntegerやAtomicLong、AtomicBooleanなどのデータ型を使います。
　通常、値の取得と更新をアトミックに行なうにはsynchronizedによる同期化が必要になりますが、これらのクラスには値の取得と更新をアトミックに行なうためのメソッドが用意されており、synchronizedを使うよりも高速に動作します。

> **NOTE**
> **volatile変数との違い**
> 　複数のスレッドからアクセスする変数には、volatile修飾子を付与することで、複数のスレッドからでも常に最新の値を参照できます レシピ222 。しかし、値の取得と設定をアトミックに行なうことはできないため、排他制御などに用いることはできません。

　次のサンプルは、複数のスレッドからアクセス可能なカウンタです。このカウンタは、複数のスレッドから同時にnext()メソッドを呼び出しても呼び出された順番に応じて必ず連続した値を返します。

●**AtomicIntegerを使用したカウンタ**

```java
public class AtomicCounter {

    // 初期値=0を指定してAtomicIntegerを生成
    private AtomicInteger counter = new AtomicInteger(0);

    public int next(){
        return counter.getAndIncrement();
    }

}
```

次にAtomicIntegerの主なメソッドの使用例を示します。AtomicBooleanやAtomicLongなども、扱う値がintではなくbooleanやlongになるだけで基本的な使用方法は同じです。

● AtomicIntegerの主なメソッド

```java
// 初期値=0を指定してAtomicIntegerを生成
AtomicInteger i = new AtomicInteger(0);

// 値を取得
int result1 = i.get();

// 値を設定
i.set(2);

// 値を取得してから引数で指定した値を加算
int result2 = i.getAndSet(2);

// 引数で指定した値を加算してから値を取得
int result3 = i.addAndGet(3);

// 値を取得してからインクリメント
int result4 = i.getAndIncrement();

// インクリメントしてから値を取得
int result5 = i.incrementAndGet();

// 値を取得してからデクリメント
int result6 = i.getAndDecrement();

// デクリメントしてから値を取得
int result7 = i.decrementAndGet();

// 値が5だった場合のみ10をセット
if(i.compareAndSet(5, 10)){
    System.out.println("値が5だった場合");
} else {
    System.out.println("値が5ではなかった場合");
}
```

この他、Java 8からは、セットする値をラムダ式で指定可能なメソッドが追加されました。

●ラムダ式でAtomicIntegerに値を設定する（Java 8以降）

```java
// 初期値=5を指定してAtomicIntegerを生成
AtomicInteger i = new AtomicInteger(5);

// 2倍してから値を取得
int result1 = i.updateAndGet(a -> a * 2);

// 1を加算してから値を取得
int result2 = i.accumulateAndGet(1, (a, b) -> a + b);
```

COLUMN　Java 8以降で数値の更新をアトミックに行なう

　Java 8以降では、数値の更新をアトミックに行なう場合、java.util.concurrent.atomic.LongAdderやDoubleAdderを使用できます。これらのクラスは複数のスレッドから頻繁に値を更新するようなケースでは、AtomicLongなどと比べると高速に動作します。
　次はLongAdderの使用例です。

●LongAdderの使用例

```java
// LongAdderを生成（初期値は0）
LongAdder longAdder = new LongAdder();
// 加算
longAdder.add(100);
// インクリメント
longAdder.increment();
// デクリメント
longAdder.decrement();
// 値をlong型で取得
long value = longAdder.longValue();
```

241 Fork/Join Frameworkってなに?

Fork/Join Framework		6 7 8 11
関連	242 マルチコアを活用してタスクを細粒度で並列実行したい	P.400
利用例	マルチコアを活用した並列処理を行なう場合	

　Fork/Join Frameworkは、Java 7からConcurrency Utilitiesに追加された、ExecutorServiceの実装です。大きなタスクを細かく分割（Fork）して並列化し、個々の処理結果を最後にマージ（Join）することで、複数のCPUを効率的に使って処理できるため、ハードウェアの処理能力を最大限活用して処理速度を向上させることができるという特徴があります。

　例えば、ネットワークアプリケーションにおけるユーザのリクエスト単位というのは、粒度として比較的大きくFork/Join Frameworkにはあまり適していません。1リクエスト処理の中でソートや計算処理などのようにもっと小さな単位で分割する必要があります。

タスクを細分化

　前述のとおり、Fork/Join FrameworkはExecutorServiceの実装の1つでしかないので、タスクを細分化するアルゴリズムはプログラマ自身で実装する必要があります。代表的なアルゴリズムとして、十分に小さくなるまでタスクを分割していき、目標とするサイズになったら実際に処理を行なう、という分割統治法（図7.5）があります。

7.5 Fork/Join Framework

図7.5 分割統治法

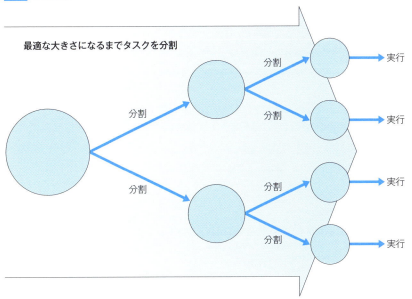

　実際には、このような分割を行なうアルゴリズムをForkJoinTaskクラスのサブクラスに記述します レシピ242 。

> **NOTE**
> **Java 8で追加された配列のパラレルソート**
> 　Java 8から、Fork/Join Frameworkを使った配列の並列ソートが可能になっています。使い方の詳細は レシピ098 を参照してください。

242 マルチコアを活用してタスクを細粒度で並列実行したい

| ForkJoinTask | RecursiveAction | RecursiveTask | | 6 | 7 | 8 | 11 |

| 関連 | 241 | Fork/Join Framework ってなに？ P.398 |
| 利用例 | データ量が多く複雑なソート処理や計算処理を並列に実行する場合 | |

　まず、java.util.concurrent.ForkJoinTaskクラスのサブクラスである次のクラスを継承し、compute()メソッドに分割およびマージ処理を記述します。

- **RecursiveAction** ……… 処理結果（戻り値）が不要な場合
- **RecursiveTask** ………… 処理結果（戻り値）が必要な場合

● 分割およびマージを行なうタスク

```java
class RecursionTask extends RecursiveTask<String> {
    private final List<String> data;
    private final String result;

    public RecursionTask(List<String> data, String result) {
        this.data = data;
        this.result = result;
    }

    @Override
    protected String compute() {
        int size = data.size();

        // データのサイズが3を超えている場合は分割
        if(size > 3) {
            int i = size / 2;

            // 2つに分割
            List<String> list1 = data.subList(0, i);
            List<String> list2 = data.subList(i, size);

            RecursionTask task1 = new RecursionTask(list1, result);

            // 分割したデータを非同期に実行
            task1.fork();
```

```
            RecursionTask task2 = new RecursionTask(list2, result);

            // 処理結果をマージして返す
            return task2.compute() + task1.join();
        }

        // データのサイズが小さいので処理を行なう
        StringBuilder sb = new StringBuilder();
        for(String str : data) {
            sb.append(String.format("「%s」", str));
        }
        return result + sb.toString();
    }
}
```

fork()メソッドで非同期に実行し、join()メソッドで結果を取得します。

このタスクを開始するには、ForkJoinPoolクラスのインスタンスを生成しinvoke()メソッドを実行します。

● **タスクを実行する**

```
List<String> pool = Arrays.asList("one", "two", "three", "four", "five", "six",
"seven", "eight", "nine", "ten");

// 引数なしコンストラクタを使った場合は、プロセッサ数分のワーカースレッドが生成される
ForkJoinPool forkjoin = new ForkJoinPool();

// 実行。結果を受け取るまで待機する
String result = forkjoin.invoke(new RecursionTask(pool, ""));
```

なお、invoke()メソッドの他に、次のようなメソッドを使ってタスクを開始することもできます。

- **execute()メソッド** ········ 非同期でタスクを実行する（戻り値はvoid）
- **submit()メソッド** ·········· 非同期でタスクを実行する（戻り値はFuture）

MEMO

PROGRAMMER'S RECIPE

第 **08** 章

JDBC

243 データベースに接続したい

JDBC | JDBCドライバ | DriverManager | getConnection | Connection

6 7 8 11

関連	005 クラスパスを指定したい P.015
利用例	データベースに接続して操作する場合

　Javaでデータベース操作をするには、java.sqlパッケージで提供されているJDBC（Java DataBase Connectivity）と呼ばれるAPIを使います。

　データベースに接続するには、接続しようとするデータベースに対応したJDBCドライバが必要です。このJDBCドライバは、Javaのバージョンや、データベースのバージョンによって異なる場合もあるので注意してください。

JDBCドライバの入手

　表8.1に、よく使われるOracle Database、MySQL、PostgreSQLのJDBCドライバのダウンロード先を示します。いずれも本レシピ執筆時の最新バージョンの組み合わせです。データベース製品やJavaのバージョンに合わせて、適切なJDBCドライバを入手してください。適切な組み合わせでない場合、正常に動作しないことが多いです。なお、表中のURLはいずれも執筆時（2018年9月）時点のものです。

表8.1 JDBCドライバの入手先

データベース名	入手先	注意点
MySQL	https://dev.mysql.com/downloads/connector/j	Platform Independentから入手
Oracle Database	https://www.oracle.com/technetwork/database/application-development/jdbc/downloads/index.html	Oracleのバージョンに応じてリンク先を選択する
PostgreSQL	https://jdbc.postgresql.org/download.html	PostgreSQLのバージョンとJDBCのバージョンに応じて複数ある

　いずれのJDBCドライバも、jarファイルを入手し、レシピ005 を参考にJarファイルをクラスパスに追加してください。

データベースへの接続

　ここでは、MySQLに接続する場合のサンプルコードを紹介します。Oracle DatabaseやPostgreSQLに接続するには、DriverManager#getConnection()メソッドの第1

引数として、データベース接続URLを表8.2のように変更します。

● MySQLに接続する

```
// 第1引数はjava_recipeデータベースに接続するデータベース接続URL
// 第2引数はユーザ名(root)、第三引数はパスワード(password)
try (Connection con = DriverManager.getConnection(
    "jdbc:mysql://localhost:3306/java_recipe", "root", "password")) {

    … ここでデータベースにアクセスする処理を実行 …

} catch (SQLException e) {
    // データベースの接続に失敗した場合
    e.printStackTrace();
}
```

表8.2 データベース接続URL

データベース名	URLの例
Oracle Database	jdbc:oracle:thin:@localhost:1521/PDBORCL
PostgreSQL	jdbc:postgresql://localhost:5432/java_recipe

なお、本章の以降のレシピで紹介するサンプルコードはMySQLを基本とします。OracleやPostgreSQLで記述が異なる場合はその旨明記します。

NOTE

Java 6では必ずコネクションをクローズする

Java 7では、try-with-resources構文 レシピ035 を使うことでConnectionやStatement、ResultSetを明示的にクローズするコードを記述する必要はありません。対して、Java 6以前を使っている場合は、次のように必ずfinallyブロックでクローズするようにしてください。

```
Connection con = null;
try {
    con = DriverManager.getConnection(
        "jdbc:mysql://localhost:3306/java_recipe", "root", "password")) {

    … ここでデータベースにアクセスする処理を実行 …

} finally {
    // 必ずConnectionをクローズする
    con.close();
}
```

> **NOTE**
>
> **JDBC4.0以降が使用できない場合**
>
> 　Java 6以前でJDBCを使用する場合、およびJDBC4.0以降をサポートしないJDBCドライバを使用する場合、JDBCドライバを明示的にロードする必要があります。JDBCドライバをロードするには、DriverManager#getConnection()メソッドを呼び出す前に次のコードを追加します。
>
> ●MySQLの場合
>
> ```
> Class.forName("com.mysql.jdbc.Driver");
> ```
>
> ●Oracleの場合
>
> ```
> Class.forName("oracle.jdbc.driver.OracleDriver");
> ```
>
> ●PostgreSQLの場合
>
> ```
> Class.forName("org.postgresql.Driver");
> ```
>
> 　JDBC4.0をサポートするドライバではこの記述は不要ですが、記述しても特に問題はありません。

MEMO

244 データベースを検索したい

| PreparedStatement | executeQuery | ResultSet | | 6 | 7 | 8 | 11 |

| 関　連 | 245　データベースに登録・更新・削除を行ないたい　P.410 |
| 利用例 | データベースをSQLで検索する場合 |

データベースから検索して結果を受け取るには、java.sql.PreparedStatement#executeQuery()メソッドを使います。

●データベースを検索する

```java
// SELECT文を発行するためのPreparedStatementを生成
try(PreparedStatement ps = con.prepareStatement(
        "SELECT lastname, firstname FROM writer WHERE firstname = ?")){ ──❶

    // プレースホルダ「?」に値をセット(第1引数はプレースホルダのインデックス)
    ps.setString(1, "Masanori"); ──❷

    // SQLを発行してResultSetを受け取る
    try(ResultSet rs = ps.executeQuery()){ ──❸
        // ResultSetから結果を取得
        while (rs.next()) {
            // 取得するカラムをカラム名で指定
            String lastName = rs.getString("lastname");

            // 取得するカラムをインデックスで指定
            String firstName = rs.getString(2);
            System.out.println("firstnameがMasanoriのライターは:" + lastName + " "
+ firstName);
        }
    }
}
```

PreparedStatementでは、❶のようにSQLにプログラムから値を渡したい部分にプレースホルダ(?)を記述できます。上記の例では、❷で、PreparedStatement#setString()メソッドを使いプレースホルダに対して文字列をバインドしていますが、この他にもバインドする値の型に応じて表8.3のメソッドを使用できます。

> **NOTE**
> プレースホルダのインデックス
> 　PreparedStatementにバインドするプレースホルダのインデックスは0からではなく、1から指定するという点に注意してください。

表8.3 PreparedStatementの主なメソッド

メソッド名	説明
setBigDecimal()	BigDecimal型のパラメータをバインドする
setBoolean()	boolean型のパラメータをバインドする
setByte()	byte型のパラメータをバインドする
setDate()	デフォルトのタイムゾーンを使用してjava.util.Date型のパラメータをバインドする
setDouble()	double型のパラメータをバインドする
setFloat()	float型のパラメータをバインドする
setInt()	int型のパラメータをバインドする
setLong()	long型のパラメータをバインドする
setObject()	Object型のパラメータをバインドする。実際の型によって対応するSQL型に自動的に変換される
setShort()	short型のパラメータをバインドする
setString()	String型のパラメータをバインドする
setTime()	java.sql.Time型のパラメータをバインドする
setTimestamp()	java.sql.Timestamp型のパラメータをバインドする

　検索結果は、❸のようにjava.sql.ResultSetで受け取り、next()メソッドを使って中身を1行ずつ取り出します。中身を取り出すときには、表8.4のようにJavaの型に対応したメソッドを呼び出すことで、適切な型で取り出すことができます。これらのメソッドは、取得するカラムをインデックス、またはカラム名で指定できます。

> **NOTE**
>
> **PreparedStatementで取得するカラムのインデックス**
> 　取得するカラムをインデックスで指定する場合は、プレースホルダへの値のバインドと同じく0ではなく1から指定する必要があります。

表8.4 ResultSetの主なメソッド

メソッド名	説明
getBigDecimal()	BigDecimal型でパラメータを取得する
getBoolean()	boolean型でパラメータを取得する
getByte()	byte型でパラメータを取得する
getDate()	java.util.Date型でパラメータを取得する
getDouble()	double型でパラメータを取得する
getFloat()	float型でパラメータを取得する
getInt()	int型でパラメータを取得する
getLong()	long型でパラメータを取得する
getObject()	Object型でパラメータを取得する
getShort()	short型でパラメータを取得する
getString()	String型でパラメータを取得する
getTime()	java.sql.Time型でパラメータを取得する
getTimestamp()	java.sql.Timestamp型でパラメータを取得する

> **NOTE**
>
> **StatementではなくPreparedStatementを使おう**
>
> JavaではSQLを発行する場合、PreparedStatementではなくStatementを使うこともできますが、Statementと比べて、PreparedStatementには次のようなメリットがあります。
>
> **メリット1** 実行時にプレースホルダに不正な文字列をバインドできないため、SQLインジェクション対策になる
>
> **メリット2** プレースホルダ以外のSQL構文解析がプリコンパイルされるため、実行速度に優れる
>
> そのため、SQL処理を行なう場合は可能な限り、PreparedStatementを使うようにしましょう。

245 データベースに登録・更新・削除を行ないたい

| PreparedStatement | executeUpdate | ResultSet | 6 7 8 11 |

関連	244 データベースを検索したい　P.407
	246 トランザクションを制御したい　P.412

| 利用例 | データベースに対してSQLで登録・更新・削除を行なう場合 |

　データベースに登録・更新・削除をするには、PreparedStatement#executeUpdate()メソッドを使います。戻り値はint型で、登録・更新・削除いずれの場合も変更を行なった行数です。

　なお、新たに生成したConnectionは、デフォルトではトランザクション制御が行なわれず、SQLを発行するつど自動的にコミットされます。プログラム中でトランザクションの制御を行なう必要がある場合は レシピ246 を参照してください。

●データベースの登録・変更・削除を行なうコード

```java
///////////////// INSERT /////////////////
// INSERT文を発行するためのPreparedStatementを生成
try(PreparedStatement ps = con.prepareStatement(
        "INSERT INTO writer(lastname, firstname) VALUES (?, ?)")){
    // プレースホルダに値をセット
    ps.setString(1, "Takahashi");
    ps.setString(2, "Kazuya");

    // SQLを発行して更新した行数を取得
    int result = ps.executeUpdate(); // => 1
}

///////////////// UPDATE /////////////////
// UPDATE文を発行するためのPreparedStatementを生成
try(PreparedStatement ps = con.prepareStatement(
        "UPDATE writer SET lastname = ? WHERE lastname = ?")){
    // プレースホルダに値をセット
    ps.setString(1, "Satoh");
    ps.setString(2, "Satou");

    // SQLを発行して更新した行数を取得
    int result = ps.executeUpdate(); // => 1
}
```

```
////////////////// DELETE //////////////////
// DELETE文を発行するためのPreparedStatementを生成
try(PreparedStatement ps = con.prepareStatement(
        "DELETE FROM writer WHERE lastname = ?")){
    // プレースホルダに値をセット
    ps.setString(1, "Takahashi");

    // SQLを発行して更新した行数を取得
    int result = ps.executeUpdate(); // => 1
}
```

　このようにPreparedStatementでは、更新時のSQLにもプレースホルダ（?）を含めることができます。パラメータのバインド方法については レシピ244 を参照してください。

　また、executeUpdate()メソッドでは、INSERT文やUPDATE文などのDML（Data Manuplation Language）以外にも、DDL（Data Definition Language）も実行できます。DMLを実行した場合の戻り値は更新した行数ですが、DDLを実行した場合の戻り値は0になります。

●DDLを実行する

```
try(PreparedStatement ps = con.prepareStatement(
        "CREATE TABLE `java_recipe`.`recipes` (`id` INT NOT NULL)")){
    int result = ps.executeUpdate(); // => 0
}
```

246 トランザクションを制御したい

| Connection | setAutoCommit | commit | rollback | 6 7 8 11 |

| 関　連 | 245 データベースに登録・更新・削除を行ないたい　P.410 |
| 利用例 | データベースでトランザクションを制御する場合 |

　データベースのトランザクションを制御するには、Connection#setAutoCommit()メソッドにfalseを指定して自動コミットモードを無効にします。

> **NOTE**
>
> **自動コミットモード**
> 　JDBCでデータベースにアクセスする場合、デフォルトでは自動コミットモードが有効になっているため、SQLを発行するたびに自動的にコミットされます。

　そのうえでデータベースに対する処理が成功した場合には、commit()メソッドを呼び出しデータベースに値を反映します。処理に失敗した場合や、例外が発生した場合は、rollback()メソッドを呼び出し、データベースへの値の反映を取り消します。

● トランザクション制御

```
// 自動コミットモードを解除
con.setAutoCommit(false);

// DELETE文を発行するためのPreparedStatementを生成
try (PreparedStatement ps = con.prepareStatement("DELETE FROM writer WHERE ⏎
lastName = ?")) {

    // まず1レコード削除
    ps.setString(1, "Takahashi");
    int deletedRows = ps.executeUpdate();

    // さらに1レコード削除
    ps.setString(1, "Takezoe");
    deletedRows = deletedRows + ps.executeUpdate();
```

```
        // 2レコード削除されていなければロールバック
        if (deletedRows == 2) {
            // 変更をコミット
            con.commit();
            System.out.println("2件のレコードの削除に成功したため、トランザクションをコ⏎
ミットしました。");
        } else {
            // 変更をロールバック
            con.rollback();
            System.out.println("2件のレコードの削除に失敗したため、トランザクションを⏎
ロールバックしました。");
        }
    } catch (SQLException e) {
        // 例外発生時もロールバック
        con.rollback();
        throw e;
    }
```

MEMO

247 ファイルをデータベースに格納したい

| setBlob | setBinaryStream | | 6 | 7 | 8 | 11 |

| 関連 | 245 データベースに登録・更新・削除を行ないたい　P.410 |
| | 248 データベースからファイルを取得したい　P.416 |

| 利用例 | データベースに画像を格納する場合 |

　画像などのファイルをデータベースに格納する場合、バイナリデータとして格納します。そのため、データベース側で事前にバイナリデータを扱う型（BLOB型）などを用意しておきます。

　JavaプログラムからバイナリデータをセットするにはPreparedStatement#setBlob()メソッドを使ってInputStreamを引数に渡します。ただし、PostgreSQLの場合はPreparedStatement#setBinaryStream()メソッドを使います。

> **NOTE**
>
> **BLOB型のカラムを持つデータベースを事前に作成する**
>
> 　データベースの製品によってBLOB型の格納できるデータサイズが異なります。格納するデータのサイズによって、適切なデータ型を指定してください。ただし、PostgreSQLの場合はPreparedStatement#setBinaryStream()メソッドを使います。
>
> ●Oracle
> ```
> CREATE TABLE image(imageName VARCHAR2(20), imageData BLOB);
> ```
>
> ●MySQL
> ```
> CREATE TABLE image(imageName text, imageData BLOB);
> ```
>
> ●PostgreSQL
> ```
> CREATE TABLE image(imagename TEXT, imagedata BYTEA);
> ```

今回は画像ファイル（Duke.png）を格納してみましょう。

●画像データを格納する MySQL Oracle

```java
// 画像データを格納するためのPreparedStatementを生成
try(PreparedStatement ps = con.prepareStatement(
        "INSERT INTO image(imageName, imageData) values (?, ?)")){
    // プレースホルダに画像ファイル名をセット
    ps.setString(1, "Duke");

    // プレースホルダに画像ファイルをInputStreamでセット
    ps.setBlob(2, new FileInputStream("src¥¥chapter09¥¥Duke.png"));

    // SQLを発行して更新した行数を取得
    int insertResult = ps.executeUpdate();
}
```

●画像データを格納する PostgreSQL

```java
// 画像データを格納するためのPreparedStatementを生成
try(PreparedStatement ps = con.prepareStatement(
        "INSERT INTO image(imagename, imagedata) values (?, ?)")){
    // 挿入する画像のストリームを取得
    File inputFile = new File("src¥¥chapter09¥¥Duke.png");
    FileInputStream input = new FileInputStream(inputFile);

    // プレースホルダに画像ファイル名をセット
    ps.setString(1, "Duke");

    // プレースホルダに画像ファイルをInputStreamでセット
    ps.setBinaryStream(2, input, inputFile.length());

    // SQLを発行して更新した行数を取得
    int insertResult = ps.executeUpdate();
}
```

248 データベースからファイルを取得したい

getBlob | Blob | getBinaryStream   6 7 8 11

関連	244 データベースを検索したい P.407
	247 ファイルをデータベースに格納したい P.414

利用例	データベースに格納した画像を取り出す場合

　画像などのファイルをデータベースから取得する場合、ResultSet#getBlob()メソッドを使います。getBlob()メソッドはBlobオブジェクトを返すので、Blob#getBytes()メソッドやBlob#getBinaryStream()メソッドを使ってファイルの内容を取得します。

　なお、Blob#getBytes()メソッドは、ファイルの内容を一度にメモリ上に読み込むため、巨大なファイルの場合は大量のメモリが必要になります。このような場合は、次のサンプルのように、Blob#getBinaryStream()メソッドで取得したInputStreamから少しずつファイルの内容を読み出すようにするとよいでしょう。

●データベースからファイルを取得する　MySQL　Oracle

```
// 画像データを取得するためのPreparedStatementを生成
try(PreparedStatement ps = con.prepareStatement(
        "SELECT imagedata FROM image where imagename = ?")){
    
    // プレースホルダに値をセット
    ps.setString(1, "Duke");
    
    // SQLを発行してResultSetを受け取る
    try(ResultSet rs = ps.executeQuery()){
        // ResultSetから結果を取得
        while (rs.next()) {
            // 画像データをBlob型で取得
            Blob imageData = rs.getBlob("imagedata");
            InputStream is = imageData.getBinaryStream();
            
            // FileOutputStreamを使ってデータを書き出す
            FileOutputStream fos = 
                new FileOutputStream("src\\chapter09\\DukeOut.png");
            
            // 4096バイトずつ読み込み
            byte[] buffer = new byte[4096];
            
            while (true) {
                int length = is.read(buffer);
                if (length < 0) {
```

```
                break;
            }
            fos.write(buffer, 0, length);
        }
    }
  }
}
```

PostgreSQLの場合、最新のJDBCドライバ (9.3) ではgetBlob()メソッドを使うと大きなファイルを取得したときにエラーが発生するため、ResultSet#getBinaryStream()メソッドを使います。

●データベースからファイルを取得する PostgreSQL

```
// 画像データを取得するためのPreparedStatementを生成
PreparedStatement ps = con.prepareStatement(
        "SELECT imagedata FROM image where imagename = ?");

// プレースホルダに値をセット
ps.setString(1, "Duke");

// SQLを発行してResultSetを受け取る
try(ResultSet rs = ps.executeQuery()){
    // ResultSetから結果を取得
    while (rs.next()) {
        // 画像データをBlob型で取得
        // PostgreSQLの場合はBlob型がオーバーフローするため次のようにする
        InputStream is = rs.getBinaryStream("imagedata");

        // FileOutputStreamを使ってデータを書き出す
        FileOutputStream fos =
            new FileOutputStream("src¥¥chapter09¥¥DukeOut.png");

        // 4096バイトずつ読み込み
        byte[] buffer = new byte[4096];

        while (true) {
            int length = is.read(buffer);
            if (length < 0) {
                break;
            }
            fos.write(buffer, 0, length);
        }
    }
  }
}
```

249 データベースのエラーコードに応じた処理をしたい

| SQLException | getErrorCode | 6 7 8 11 |

関　連	─
利用例	一意制約違反などのエラーコードが返却された場合に処理を変える場合

　データベースは、SQLの処理が正常に終了できない場合、特定のエラーコードを返却します。エラーコードは、SQLExceptionクラスのgetErrorCode()で取得できます。

　次のサンプルは、INSERT時に一意制約違反が発生した場合（すでにレコードが存在する場合）それをエラーコードによって検出し、代わりにUPDATEを行なうというものです。ここではMySQLの場合のサンプルコードを紹介しますが、エラーコードはデータベース製品によって異なります。詳細については各データベース製品のマニュアルなどを参照してください。

●エラーコードに応じて処理を変更する　MySQL

```java
// INSERT文を発行するためのPreparedStatementを生成
try (PreparedStatement ps = con.prepareStatement("INSERT INTO book(id, name) VALUES (1, 'Java_Recipe')")) {

    // まずはレコードのINSERTを実行
    int insertCount = ps.executeUpdate();

    // INSERTに成功した場合
    System.out.println(insertCount + "件INSERTしました");

} catch (SQLException e) {
    // 一意制約違反が発生した場合（エラーコード1062）はUPDATEを行なう
    if (e.getErrorCode() == 1062) {
        // UPDATE文を発行するためのPreparedStatementを生成
        try (PreparedStatement ps = con.prepareStatement("UPDATE book set name='Java_Recipe' where id = 1")) {
            int updateCount = ps.executeUpdate();
            System.out.println("一意制約違反が発生したため、bookテーブルのid=1を" 
+ updateCount + "件UPDATEしました");
        }
    }
}
```

250 ストアドプロシージャを呼び出したい

| prepareCall | CallableStatement | 6 7 8 11 |

| 関　連 | — |
| 利用例 | データベースに登録したストアドプロシージャを呼び出す場合 |

　ストアドプロシージャやストアドファンクションとは、通常のSQLでは難しい複雑な処理をデータベース側に定義・保存しておき、関数のように呼び出せるようにしたもので、処理時間やロジックの見通しをよくするために使われます。java.sql.CallableStatementを使うことで、Javaプログラムからストアドプロシージャやストアドファンクションを呼び出すことができます。
　ここではMySQL、Oracle Database、PostgreSQLの各データベースについてストアドプロシージャを呼び出す方法を説明します。

ストアドプロシージャの登録

　まず、データベースにストアドプロシージャを登録します。ストアドプロシージャの登録方法は、データベース製品によって異なります。

MySQLの場合

　MySQLのストアドプロシージャは、関数の中に通常のSQLを記述します。

●ストアドプロシージャ MySQL

```
delimiter //
CREATE PROCEDURE get_writer(IN input_lastname TEXT)
BEGIN
select lastname, firstname FROM writer WHERE lastname = input_lastname;
END
//
```

Oracle Databaseの場合

　Javaから呼び出したときにResultSetを使って操作できるように、データベースのカーソルを返却するストアドプロシージャを作成します。

●ストアドプロシージャ Oracle

```
CREATE OR REPLACE PROCEDURE get_writer(input_lastname IN VARCHAR2, cur OUT SYS_RE
FCURSOR)
AS
BEGIN
    OPEN cur FOR SELECT lastname, firstname FROM writer WHERE lastname = input_last
Name;
END get_writer;
/
```

PostgreSQLの場合

　Javaから呼び出したときにResultSetを使って操作できるように、データベースのカーソルを返却するストアドプロシージャを作成します。

●ストアドプロシージャ PostgreSQL

```
CREATE FUNCTION get_writer(TEXT) RETURNS refcursor AS '
DECLARE
    cur refcursor;
BEGIN
    OPEN cur FOR SELECT lastname, firstname FROM writer WHERE lastname = $1;
    RETURN cur;
END;
' LANGUAGE plpgsql;
```

Javaからストアドプロシージャを呼び出す

　Javaからデータベースのストアドプロシージャを呼び出すには、Connection#prepareCall()メソッドでCallableStatementを生成します。prepareCall()メソッドでは、PreparedStatementの場合と同様、「?」をプレースホルダとして動的に値をセットできます。

　ストアドプロシージャを呼び出すためのSQLや、データを取り出すときの処理はデータベース製品によって異なります。

MySQLの場合

　MySQLでは、CallableStatement#executeQuery()メソッドでストアドプロシージャを実行し、戻り値のResultSetから結果を受け取ります。

●ストアドプロシージャを呼び出す `MySQL`

```java
// ストアドプロシージャを呼び出すCallableStatementを生成
CallableStatement cs = con.prepareCall("CALL get_writer(?)");

// プレースホルダに値をセット
cs.setString(1, "Satoh");

// SQLを発行してResultSetを受け取る
ResultSet rs = cs.executeQuery();

while (rs.next()) {
    // カラム名を指定して結果を取得
    String lastName  = rs.getString("lastname");
    String firstName = rs.getString("firstname");
    System.out.println("get_writerの結果は:" + lastName + " " + firstName);
}
```

Oracle Databaseの場合

Oracle Databaseでは、CallableStatement#execute()メソッドでストアドプロシージャを実行し、getObject()メソッドでResultSetを取得します。

●ストアドプロシージャを呼び出す `Oracle`

```java
// ストアドプロシージャを呼び出すCallableStatementを生成
CallableStatement cs = con.prepareCall("call get_writer(?, ?)");

// 1つ目のプレースホルダにストアドプロシージャの入力引数をセット
cs.setString(1, "Satoh");
// 2つ目のプレースホルダにストアドプロシージャの戻り値（型はOracleのカーソル）をセット
cs.registerOutParameter(2, OracleTypes.CURSOR);

// SQLを発行する
cs.execute();

// CallableStatement実行結果の戻り値オブジェクトからResultSetを取得
ResultSet rs = (ResultSet) cs.getObject(2);

while (rs.next()) {
    // カラム名を指定して結果を取得
    String lastName  = rs.getString("lastname");
    String firstName = rs.getString("firstname");
    System.out.println("get_writerの結果は:" + lastName + " " + firstName);
}
```

PostgreSQLの場合

PostgreSQLでは、最初にオートコミットモードを解除します。その後、CallableStatement#execute()メソッドでストアドプロシージャを実行し、getObject()メソッドでResultSetを取得します。

●ストアドプロシージャを呼び出す `PostgreSQL`

```java
// カーソル移動するためオートコミットを解除
con.setAutoCommit(false);

// ストアドプロシージャを呼び出すCallableStatementを生成
CallableStatement cs = con.prepareCall("{? = CALL get_writer(?)}");

// 1つ目のプレースホルダにストアドプロシージャの戻り値をセット
cs.registerOutParameter(1, Types.OTHER);
// 2つ目のプレースホルダにストアドプロシージャの入力引数をセット
cs.setString(2, "Satoh");

// SQLを発行
cs.execute();

// CallableStatement実行結果からResultSetを取得
ResultSet rs = (ResultSet) cs.getObject(1);

while (rs.next()) {
    // カラム名を指定して結果を取得
    String lastName  = rs.getString("lastname");
    String firstName = rs.getString("firstname");
    System.out.println("get_writerの結果は:" + lastName + " " + firstName);
}
```

251 大量のデータをまとめて登録・更新したい

addBatch | clearBatch

関　連	246 トランザクションを制御したい　P.412
利用例	データベースに大量のデータを高速に登録する場合

　データベースに大量のデータを登録する場合、バッチ更新を行なうことでパフォーマンスを大幅に向上させることができます。バッチ更新とは、SQLをつど発行するのではなく、まとめてデータベースに送信するというもので、プレースホルダを持つPreparedStatementに対してaddBatch()メソッドで登録するデータ分のパラメータをセットした後、executeBatch()メソッドで一括実行します。

　SQLの実行中にエラーが発生した場合は、java.sql.BatchUpdateExceptionがスローされます。BatchUpdateException#getUpdateCounts()メソッドで、何件目のSQL更新まで成功したか判断できます。

●データベースへの更新をバッチ処理する

```java
// UPDATE文を発行するためのPreparedStatementを生成
try(PreparedStatement ps = con.prepareStatement("UPDATE writer set lastName = ?
where lastName = ?")){

    // 1件目のパラメータを設定
    ps.setString(1, "Satou");
    ps.setString(2, "Satoh");
    ps.addBatch();

    // 2件目のパラメータを設定
    ps.setString(1, "Taka");
    ps.setString(2, "Takahashi");
    ps.addBatch();

    // 異なるSQLを同時に実行することもできる
    ps.addBatch("INSERT INTO writer(lastName, firstName) VALUES ('Duke','')");

    // SQLを一括実行
    int results[] = ps.executeBatch();

    // 実行結果を出力
    for (int i = 0; i < results.length; i++) {
        System.out.println( ( i + 1 ) + "件目のSQLで更新した件数は" + results[i]
+ "件です");
    }
```

```
    // addBatchした内容をクリア
    ps.clearBatch();

} catch (BatchUpdateException e) {
    // バッチ処理に失敗した場合
    System.out.println(e.getUpdateCounts().length + "個までのSQL更新に成功しまし↵
た");
}
```

NOTE

バッチ更新時のトランザクション

　JDBCでは、トランザクションはデフォルトでは自動コミットモードです。バッチ更新の場合も同様で、例えばバッチ更新で5件のデータを更新しようとして5件目が失敗したとき、4件目まではコミットされた状態になります。これを避けたいときには、レシピ246 を参考に自動コミットモードを解除してからバッチ更新を行なうようにしてください。

NOTE

PreparedStatementを複数のバッチ処理で使いまわす場合

　PreparedStatementを複数のバッチ処理で使いまわす場合、addBatch()メソッドで追加した内容をclearBatch()メソッドでクリアしてから次の処理を行なう必要があります。

252 データベースのメタデータを取得したい

getMetaData | DatabaseMetaData　　6　7　8　11

関連	—
利用例	データベースの情報を取得して処理を変更する場合

　DatabaseMetaDataのさまざまなメソッドを呼び出すことで、データベースのスキーマやテーブル、カラムについての情報や特定の処理がサポートされるかなど各種情報を取得できます。
　取得できる主な情報には、表8.5のようなものがあります。

表8.5　DatabaseMetaDataで取得できる主な情報

メソッド名	取得できる情報
getColumns()	指定した列に関する情報
getPrimaryKeys()	指定したテーブルの主キー
getTypeInfo()	サポートされているすべてのデータ型
getMaxColumnsInGroupBy()	GROUP BY節中の列数の最大値
getMaxColumnsInOrderBy()	ORDER BY節中の列数の最大値
getDatabaseMajorVersion()	データベースのメジャーバージョン
getDatabaseMinorVersion()	データベースのマイナーバージョン
getDatabaseProductName()	データーベースの製品名
getJDBCMajorVersion()	JDBCドライバのメジャーバージョン
getMaxConnections()	並列接続の最大数
getMaxStatements()	同時にオープンできる最大の文の数
getTables()	指定したテーブルに関する情報
supportsBatchUpdates()	バッチアップデートがサポートされるか
supportsOuterJoins()	外部結合を何らかの形でサポートするか
supportsSchemasInDataManipulation()	DMLでスキーマ指定をサポートするか
supportsSelectForUpdate()	SELECT FOR UPDATEをサポートするか
supportsTransactions()	トランザクションをサポートするか
supportsTransactionIsolationLevel()	指定したトランザクション遮断レベル (java.sql.Connection# TRANSACTION_READ_COMMITTED、TRANSACTION_ READ UNCOMMITTED、TRANSACTION REPEATABLE READ、TRANSACTION_SERIALIZABLE) をサポートするか

●DatabaseMetaDataのサンプル

```java
DatabaseMetaData databaseMetaData = con.getMetaData();

// 結果は"MySQL"
System.out.println(databaseMetaData.getDatabaseProductName());

// メソッドによってはResultSetを返す
try (ResultSet rs = databaseMetaData.getColumns("", "java_recipe", "writer", "%")) {
    while (rs.next()) {
        System.out.println(rs.getString("COLUMN_NAME"));
        System.out.println(rs.getString("COLUMN_SIZE"));
        System.out.println(rs.getString("IS_AUTOINCREMENT"));
    }
    // マイナーバージョンを確認
    System.out.println(databaseMetaData.getJDBCMinorVersion()); // -> 0

    // 機能をサポートするか確認
    System.out.println(databaseMetaData.supportsBatchUpdates()); // -> true
}
```

PROGRAMMER'S RECIPE

第 09 章

JUnit

253 JUnitってなに?

JUnit

対応バージョン: 6 7 8 11

関連	254 テストを作成して実行したい　P.430
	255 プログラムの実行結果を確認したい　P.434

利用例	Javaの単体テストを自動化したい場合

　JUnit（https://www.junit.org/）とは、オープンソースのJavaのテスティングフレームワークです。JUnitを使用してテストケースを作成することでユニットテストを自動化できます。

　JUnitを使用して作成されたテストケースは、JUnitで用意されたテストランナーやJUnitが組み込まれているEclipseのような統合開発環境上で実行できます。

JUnitの機能

　JUnitには、大きく2つの機能があります。

❶テストケース作成支援

　ユニットテスト時に、テスト対象クラスのメソッドを呼び出して実行するテストケースを作成します。JUnitはテストケースの中で実行結果を検証するためのメソッドを提供しています。検証用メソッドについての詳細は、レシピ255 で説明します。

❷テストの実行と結果の表示

　JUnitではテストの前処理や後処理などテストケースの記述方法を規定しています。規定に従ってテストケースを作成することで、テストケースの実行とその実行結果が一目で確認できます。テストケースの実行方法の詳細は、レシピ254 で説明します。

JUnitのメリット

　JUnitを使用してテストケースを記述することで、次のようなメリットがあります。

メリット1 ユニットテスティングの統一化

　JUnitの規定に沿ってテストケースを作成し実行するため、ユニットテスティングの実行方法が統一化されます。そのため、作業効率とメンテナンス性を向上させることができます。

メリット2 ソースコードとテストコードの分離

JUnitを使うことで、テスト対象のソースコードとは別にテストコードを作成できます。ソースコードとテストコードのファイルを別々にできるため、ソースコード管理に有効です。

メリット3 テストの実行内容／結果の記録

JUnitは、実行するテストケースの内容をコーディングするため、
テストコードを見れば、どのような条件でどのような結果を確認したかがわかるようになっています。

メリット4 回帰テストの自動化

回帰テストとは、バグの修正に伴い他の箇所に影響して新たなバグが発生する「デグレード」を防止するため、一度実施したテストを再実施することです。JUnitを使えば、バグを修正するたびに一からテストを手作業でやり直す必要がなく、実行ボタンを押すだけで自動的に再実施できます。

> **NOTE**
>
> **JUnitを使うときの注意**
>
> なお、JUnitには、上記の様なたくさんのメリットがありますが、スレッドセーフかどうかの確認など、専用の環境やツールでないと、テストできないこともあります。
>
> また、自動化できるのはあくまでもテストの「実行」のため、テストケースの中でどのような内容を確認するかについては、自分で考える必要があります。

JUnitのバージョン

現在主に利用されているJUnitのバージョンにはJUnit 4とJUnit 5があります。本書ではより新しいバージョンであるJUnit 5で解説を行なっていますが、JUnit 5はJava 8以降でないと利用できないため注意してください。JUnit 4とJUnit 5の主な違いについてはP.437のコラム「JUnit 5とJUnit 4との比較」を参照してください。

254 テストを作成して実行したい

`@Test`

関連	255 プログラムの実行結果を確認したい P.434
	257 例外が発生することを確認したい P.439
	258 テストの前後に処理を行ないたい P.440
	259 テストクラスの実行前後に一度だけ処理を行ないたい P.441
	260 テストを一時的にスキップしたい P.442
	261 前提条件によってテストケースの実行有無を制御したい P.443

利用例	JUnitを使用してテストを実行したい場合

JUnitのテストケースは次のルールに従って記述します。

ルール1 テストクラスはpublicクラスとする。

ルール2 テストメソッドは@Testアノテーションを付与したpublicメソッドとする。また、引数は持たず、戻り値はvoidとする。

ただし、JUnit 5からは、クラスおよびメソッドのpublicは必須ではなくなりました。例として、次のようなユーティリティメソッドに対するテストケースを記述してみます。

●テスト対象のクラス

```java
package jp.co.shoeisha.sample;

public class StringUtils {

    public static boolean isEmpty(String value){
        // 引数がnullもしくは空文字の場合、trueを返却する
        if (value == null || "".equals(value)) {
            return true;
        } else {
            return false;
        }
    }

}
```

9.1 導入

テストケースの作成

　Eclipseでテストケースを作成するにはパッケージ・エクスプローラーなどでテスト対象のクラス（ここではStringUtils）を右クリックし、[新規] → [その他]を選択します。
　ウィザードを選択画面が表示されたら次に、[Java] → [JUnit] → [Junitテスト・ケース]を選択します（図9.1）。

図9.1　テストケースの作成

　するとテストケースを作成するためのウィザードが開くので、テストケースのクラス名やテスト対象のメソッドなど必要な情報を入力してテストケースのひな型を生成することができます（図9.2）。このとき、プロジェクトのクラスパスにJUnitのライブラリが登録されていなければ自動的に追加することができます。

図9.2 テストケース作成ウィザード

JUnit 5でのテストケースのソースコードは次のようになります。

●テストケース

```
package jp.co.shoeisha.sample;

import static org.junit.jupiter.api.Assertions.*;

import org.junit.jupiter.api.Test;

public class StringUtilsTest {

    @Test
    void isEmpty01() {
        // 引数がnullの場合、trueが返却されることを確認する
        assertTrue(StringUtils.isEmpty(null));
    }

    @Test
    void isEmpty02() {
        // 引数が空文字の場合、trueが返却されることを確認する
        assertTrue(StringUtils.isEmpty(""));
    }

    @Test
    void isEmpty02() {
        // 引数が空文字の場合、trueが返却されることを確認する
```

```
        assertTrue(StringUtils.isEmpty(""));
    }

    @Test
    void isEmpty03() {
        // 引数が任意の文字列の場合、falseが返却されることを確認する
        assertFalse(StringUtils.isEmpty("test"));
    }

}
```

　assertTrue()メソッド、assertFalse()メソッドはプログラムの実行結果がtrue/falseであるかを確認する際に使用するメソッドです。JUnitでは他にもさまざまなアサート用のメソッドが用意されています。詳細については、レシピ255 で説明します。

> **NOTE**
>
> **テストケースのパッケージ**
>
> 　テストケースは、次のような理由から、テスト対象と同じパッケージに作成することが一般的です。
>
> - テスト対象クラスをその都度インポートしなくてもよい
> - テスト対象クラスのprivateメソッド以外のメソッドをテストクラスから呼び出すことができる

テストケースの実行

　作成したテストケースを実行するには、Eclipse上でテストケース（ここではStringUtilsTest）を右クリックし、[実行] → [JUnitテスト] を選択します。すると次のようなビューが開き、テスト結果が表示されます（図9.3）。

　このビューではテストの成否を確認できるだけでなく、エラー発生時は値の比較結果やスタックトレースを確認したり、エラーの発生したテストケースにジャンプしたりすることもできます。

図9.3 JUnitビュー

255 プログラムの実行結果を確認したい

Assert | 6 | 7 | 8 | 11

関連	256 複数のassert文をまとめて処理したい P.438
利用例	プログラムの実行結果が正しいかどうかを判定したい場合

JUnit 5が提供するAssertionsクラスのテスト検証用メソッドを使用してメソッドの戻り値などが期待通りの値になっているかを確認します。

なお、JUnit 4までと異なり、期待値と実測値が異なる場合に表示するメッセージは引数の最初ではなく、最後に設定します。

比較検証

比較検証には、assertEquals()メソッド、assertArrayEquals()メソッド、assertIterableEquals()メソッドを使います。

- assertEquals() ………… 期待値と実測値が同じ値であることを検証
- assertArrayEquals() …… 期待値と実測値の配列オブジェクトが同じであることを検証
- assertIterableEquals() … 実測値と実測値のIterableオブジェクトが同じであることを検証

● 比較検証

```
// xが3であることを検証
assertEquals(3, x);
assertEquals(3, x, "xが3でない");        // 値が違う場合はメッセージ表示

// xが配列{1, 2, 3}であることを検証
int[] expected = { 1, 2, 3 };
assertArrayEquals(expected, x);
assertArrayEquals(expected, x, "xが配列{1, 2, 3}でない");    // 値が違う場合は
                                                            // メッセージ表示

// xがList{a, b, c}であることを検証
List<String> expected = Arrays.asList("a", "b", "c");
assertIterableEquals(expected, x);    // assertEquals( )でも比較可能だが、
                                       // 値が違う場合のエラー表示が異なる
assertIterableEquals(expected, x, "xがList{a, b, c}でない");    // 値が違う場合は
                                                                // メッセージ表示
```

真偽の検証

真偽値との比較検証には、assertTrue()メソッド、assertFalse()メソッドを使います。

- assertTrue() ……… 実測値がtrue（期待値）であることを検証
- assertFalse() ……… 実測値がfalse（期待値）であることを検証

●真偽の検証

```
// xがtrueであることを検証
assertTrue(x);
assertTrue(x, "xがtrueでない");    // 値が違う場合はメッセージ表示

// falseであることを検証
assertFalse(x);
assertFalse(x, "xがfalseでない");  // 値が違う場合はメッセージ表示
```

オブジェクト参照の検証

オブジェクト参照の比較検証には、assertSame()メソッド、assertNotSame()メソッドを使います。

- assertSame() ………… 期待値と実測値のオブジェクト参照が同じであることを検証
- assertNotSame() …… 期待値と実測値のオブジェクト参照が異なることを検証

●インスタンスや型の検証

```
// オブジェクトxがオブジェクトexpectedであることを検証
assertSame(expected, x);
assertSame(expected, x, "参照先が異なる");     // 値が違う場合はメッセージ表示

// 2つの引数のオブジェクト参照が異なることを検証
assertNotSame(expected, x);
assertNotSame(expected, x, "参照先が同じ");    // 値が違う場合はメッセージ表示
```

nullかどうかの検証

null値の検証には、assertNull()メソッド、assertNotNull()メソッドを使います。

- assertNull() ………… 実測値がnull（期待値）であることを検証
- assertNotNull() …… 実測値がnull（期待値）でないことを検証

●nullかどうかの検証

```
// xがnullであることを検証
assertNull(x);
assertNull(x, "xがnullでない");        // 値が違う場合はメッセージ表示

// nullでないことを検証
assertNotNull(x);
assertNotNull(x, "xがnullである");     // 値が違う場合はメッセージ表示
```

テストを強制的に失敗させる

あるブロックが実行されないことをテストしたい場合や、テスト内容を未記述のテストメソッドを後で忘れないようにしたい、などの理由でテストを強制的に失敗させたいことがあります。このような場合はAssertionsクラスのfail()メソッドを使用します。

● fail() …… テストを強制的に失敗させる

●強制的に失敗させる

```
fail();
fail("ここは通過してはならない");
```

COLUMN　JUnit 5とJUnit 4との比較

　JUnit 5ではJUnit 4からテストケースの記述方法が変更になっています。主なものを表9.Aにまとめています。

表9.A　JUnit 4とJUnit 5の対応表

説明	JUnit 4	JUnit 5
インポート対象	import static org.hamcrest.CoreMatchers.*; import static org.junit.Assert.*; import org.junit.Test;	import static org.junit.jupiter.api.Assertions.*; import org.junit.jupiter.api.Test;
テストクラス定義	publicが必須	publicは必須ではない
テストメソッドの定義	publicが必須	publicは必須ではない
テストメソッド単位の前後処理	@Before, @After	@BeforeEach, @AfterEach レシピ258
テストクラスの前後処理	@BeforeClass, @AfterClass	@BeforeAll, @AfterAll レシピ259
テストの未実行	@Ignore	@Disabled レシピ260
値比較のテスト	assertEquals(message, expected, actual) ※テスト失敗時のメッセージは第一引数 　もしくはassertThat()	assertEquals(expected, actual, message) ※テスト失敗時のメッセージは最後の引数 　assertThat()は提供されない
例外のテスト	@Test(expected)	assertThrows() レシピ257
カテゴライズ	@Category	@Tag レシピ267

256 複数のassert文をまとめて処理したい

| assertAll | | | 6 | 7 | 8 | 11 |

関 連	255 プログラムの実行結果を確認したい P.434
利用例	複数のアサートメソッドをまとめて1つとして処理したい場合

　assertAll()メソッドを利用することで、複数のアサートメソッドをまとめて1つの検証メソッドとして取り扱うことができます。

●比較検証

```
// BookクラスはISBNコードを引数に対応する書籍情報を取得するクラス
// 属性name（書籍名）とprice（税抜き価格）が設定される
Book book = new Book("978-4-7981-2541-1");

// ISBNコード978-4-7981-2541-1に対応する書籍であるかどうかを確認
assertAll(
    () -> assertNotNull(book),
    () -> assertEquals("Scala逆引きレシピ", book.getName()),
    () -> assertEquals(3200, book.getPrice())
);
```

　次のようにアサートメソッドをバラバラに記述した場合は途中のどこかでアサートに失敗するとそれ以降のアサートは実行されませんが、assertAll()でまとめたアサートメソッドは、たとえ他のアサートメソッドが失敗しても実行されます。

●アサートメソッドをバラバラに記述した場合

```
assertNotNull(book);
assertEquals("Scala逆引きレシピ", book.getName());
assertEquals(3200, book.getPrice());
```

257 例外が発生することを確認したい

assertThrows　6 7 8 11

関　連	―
利用例	異常系のテストケースを記述したい場合

発生が予想される例外を確認する場合、assertThrows()メソッドを使用します。

●例外発生の確認

```
@Test
void checkExpectedException() {
    // CalcUtils.divide(int x, int y)はx/yの結果をfloatで返すメソッド
    // 引数yが0の場合、IllegalArgumentExceptionをスローする
    assertThrows(IllegalArgumentException.class, () -> CalcUtils.divide(2, 0));

    // 例外の中身を確認する場合
    IllegalArgumentException e =
        assertThrows(IllegalArgumentException.class, () -> CalcUtils.divide(2, 0));
    assertEquals("0で除算", e.getMessage());
}
```

MEMO

258 テストの前後に処理を行ないたい

@BeforeEach | @AfterEach　　　　　　　　　6　7　8　11

関連	259　テストクラスの実行前後に一度だけ処理を行ないたい　P.441
利用例	テストメソッドの実行に必要な前後処理を共通的に実施する場合

　オブジェクトの初期化、ネットワークへの接続・切断、データベースの初期化、外部ファイルの初期化などといったテストメソッドの実行にあたって、共通で必要となる前後処理がある場合、前処理は@BeforeEachアノテーション、後処理は@AfterEachアノテーションを付与したメソッドとして実装します。

　メソッドは戻り値がvoidで引数を持たないメソッドで実装する必要があります。@AfterEachアノテーションで定義されたメソッドはテストの成功/失敗にかかわらず必ず実行されます。

●テストの前後に処理を行う場合

```java
// @BeforeEach、@AfterEachの確認
@BeforeEach
void setUp() {
    System.out.println("----Start----");
}

@AfterEach
void tearDown() {
    System.out.println("-----End-----");
}

@Test
void test1() {
    System.out.println("test1()の実行");
}

@Test
void test2() {
    System.out.println("test2()の実行");
}
```

▼実行結果

```
----Start----
test1()の実行
-----End-----
----Start----
test2()の実行
-----End-----
```

259 テストクラスの実行前後に一度だけ処理を行ないたい

@BeforeAll | @AfterAll

関　連	258　テストの前後に処理を行ないたい　P.440
利用例	テストクラス単位でリソースなどを管理しなければいけない場合

　テストメソッドごとではなく、テストクラスの実行前後に一度だけ処理したい場合、前処理は@BeforeAllアノテーション、後処理は@AfterAllアノテーションを付与したメソッドとして実装します。
　メソッドは戻り値がvoidで引数を持たないstaticメソッドで実装する必要があります。

●テストクラスの実行前後に一度だけ処理を行う場合

```
// @BeforeAll,@AfterAllの確認
@BeforeAll
static void setUp() {
    System.out.println("----Start----");
}

@AfterAll
static void tearDown() {
    System.out.println("-----End-----");
}

@Test
void test1() {
    System.out.println("test1()の実行");
}

@Test
void test2() {
    System.out.println("test2()の実行");
}
```

▼実行結果

```
----Start----
test1()の実行
test2()の実行
-----End-----
```

260 テストを一時的にスキップしたい

| @Disabled | | | 6 | 7 | 8 | 11 |

関　連	—
利用例	未実装等のテストメソッドをスキップしたい場合

　テストを一時的にスキップしたい場合、テストメソッドに@Disabledアノテーションを付与します。@Disabledアノテーションを指定した場合は、テストケースと認識はされますが、実行はされません。

●テストを一時的にスキップする場合

```
@Disabled("未実装")
@Test
void testSum() {    // このテストメソッドは実行されない
    assertEquals(3, CalcUtils.sum(1, 2));
}
```

MEMO

261 前提条件によってテストケースの実行有無を制御したい

| Assumptions | assumeTrue | assumeFlase | assumingThat | 6 | 7 | 8 | 11 |

関連	262 OSによってテストケースの実行有無を制御したい　P.444
	263 Javaのバージョンによってテストケースの実行有無を制御したい　P.445
	264 システムプロパティによってテストケースの実行有無を制御したい　P.446
	265 環境変数によってテストケースの実行有無を制御したい　P.447

| 利用例 | 前提条件によってテストケースの実行有無を制御したい場合 |

　テストを実施する際の前提条件に基づいてテストケースを実行したい場合、org.junit.jupiter.api.Assumptionsクラスを使用します。Assumptionsクラスには、次の検証用メソッドがあります。

- assumeTrue() ……… 実測値がtrue（期待値）であることを検証
- assumeFalse() ……… 実測値がfalse（期待値）であることを検証
- assumingThat() …… 第1引数の条件であることを検証し、第2引数の条件を実行

　Assumptionsクラスの検証用メソッドが真の場合は、以降の処理が実行されます。偽の場合はテストケースは失敗とはならず、成功（スキップ）となって以降の処理は実行されません。例えば、特定環境に依存するテストを実行したい場合、環境に依存する部分の処理は、Assumptionsクラスの検証メソッドによる検証後に記述することで、テストケースの実行有無を制御できます。

●前提条件によってテストケースの実行制御をする場合

```
@Test
void testAssume() {
    // ユーザ名がxxxかどうかを検証
    assumeTrue(System.getProperty("user.name").contains("xxx"));

    // ユーザ名がxxxでない場合、以降のコードは実行せず、
    // テスト自体は成功（スキップ）で続行する
     :
}
```

262 OSによってテストケースの実行有無を制御したい

@EnabledOnOs | @DisabledOnOs

関連	261	前提条件によってテストケースの実行有無を制御したい	P.443
	263	**Java**のバージョンによってテストケースの実行有無を制御したい	P.445
	264	システムプロパティによってテストケースの実行有無を制御したい	P.446
	265	環境変数によってテストケースの実行有無を制御したい	P.447

利用例	OSの種類によってテストケースの実行有無を制御したい場合

　OSの種類によってテストケースの実行制御をしたい場合、@EnabledOnOs, @DisabledOnOsアノテーションを付与します。OSの種類は、org.junit.jupter.api.condition.OSで定義されたものを設定します。

●OSの種類によってテストケースを実行制御する場合

```
@Test
@EnabledOnOs(LINUX)
void testOnLinux() {
    // Linuxでのテストを記述する
    ⋮
}

@Test
@EnabledOnOs({ LINUX, MAC })
void testOnLinuxOrMac() {
    // LinuxとMacでのテストを記述する
    ⋮
}

@Test
@DisabledOnOs(WINDOWS)
void testNotOnWindows() {
    // Windows以外でのテストを記述する
    ⋮
}
```

263 Javaのバージョンによってテストケースの実行有無を制御したい

@EnabledOnJre | @DisabledOnJre

関連	261 前提条件によってテストケースの実行有無を制御したい P.443
	262 OSによってテストケースの実行有無を制御したい P.444
	265 システムプロパティによってテストケースの実行有無を制御したい P.447
	266 環境変数によってテストケースの実行有無を制御したい P.448

利用例	Javaのバージョンによってテストケースの実行有無を制御したい場合

　Javaのバージョンによってテストケースの実行制御をしたい場合、@EnabledOnJre、@DisabledOnJreアノテーションを付与します。Javaのバージョンは、org.junit.jupiter.api.condition.JREで定義されたものを設定します。

●Javaのバージョンによってテストケースを実行制御する場合

```java
@Test
@EnabledOnJre(JAVA_8)
void testOnJava8() {
    // Java 8以降でのテストを記述する
    ⋮
}

@Test
@EnabledOnJre({ JAVA_9, JAVA_10 })
void testOnJava9Or10() {
    // Java 9と10でのテストを記述する
    ⋮
}

@Test
@DisabledOnJre(JAVA_10)
void testNotOnJava10() {
    // Java 10以外でのテストを記述する
    ⋮
}
```

264 システムプロパティによってテストケースの実行有無を制御したい

| @EnabledIfSystemProperty | @DisabledIfSystemProperty | 6 7 8 11 |

関連	261	前提条件によってテストケースの実行有無を制御したい　P.443
	262	OSによってテストケースの実行有無を制御したい　P.444
	263	Javaのバージョンによってテストケースの実行有無を制御したい　P.445
	265	環境変数によってテストケースの実行有無を制御したい　P.447
	289	システムプロパティを取得したい　P.487

利用例	システムプロパティによってテストケースの実行有無を制御したい場合

システムプロパティ レシピ289 によってテストケースの実行制御をしたい場合、@EnabledIfSystemProperty, @DisabledIfSystemPropertyアノテーションを付与します。

●システムプロパティによってテストケースを実行制御する場合

```
@Test
@EnabledIfSystemProperty(named = "os.arch", matches = ".*64.*")
void onlyOn64BitArchitectures() {
    // システム変数os.archが .*64.* の場合のテストを記述する
      ⋮
}

@Test
@DisabledIfSystemProperty(named = "batch-server", matches = "true")
void testNotOnBatchServer() {
    // システム変数batch-serverがtrueでない場合のテストを記述する
      ⋮
}
```

265 環境変数によってテストケースの実行有無を制御したい

@EnabledIfEnvironmentVariable	6 7 8 11
@DisabledIfEnvironmentVariable	

関連	261 前提条件によってテストケースの実行有無を制御したい　P.443 262 OSによってテストケースの実行有無を制御したい　P.444 263 Javaのバージョンによってテストケースの実行有無を制御したい　P.445 264 システムプロパティによってテストケースの実行有無を制御したい　P.446 290 環境変数を取得したい　P.489
利用例	環境変数によってテストケースの実行有無を制御したい場合

　環境変数 レシピ290 によってテストケースの実行制御をしたい場合、@EnabledIfEnvironmentVariable、@DisabledIfEnvironmentVariableアノテーションを付与します。

●環境変数によってテストケースを実行制御する場合

```
@Test
@EnabledIfEnvironmentVariable(named = "ENV", matches = "Production")
void testOnProductionEnv() {
    // 環境変数ENVがProductionの場合のテストを記述する
       ⋮
}

@Test
@DisabledIfEnvironmentVariable(named = "ENV", matches = "Dev-*")
void testNotOnDevelopmentEnv() {
    // 環境変数ENVがDev-*でない場合のテストを記述する
       ⋮
}
```

266 テストメソッドの表示名を設定したい

@DisplayName

関連	268 テストメソッド名を取得したい P.451
利用例	テスト内容を理解しやすい表現にしたい場合

@DisplayNameアノテーションを利用することで、JUnitの実行結果画面のテスト名表示を変更できます。

●テストメソッドの表示名を変更する

```java
@DisplayName("@DisplayName確認用テストクラス")
public class DisplayNameTest {

    @Test
    @DisplayName("テスト01")
    void test01() {
        ⋮
    }

    @Test
    @DisplayName("テスト02")
    void test02() {
        ⋮
    }

}
```

図9.4 JUnit実行結果

267 テストメソッドをグループ化したい

@Tag | @Tags   6 7 8 11

関連	268 テストメソッド名を取得したい P.451 271 グルーピングしたテストケースを実行したい P.455
利用例	テストメソッドを分類したい場合

　@Tagアノテーションを利用することで、テストメソッドにメタ情報を付与できます。付与したメタ情報を利用し、テストのフィルタリングに利用できます。

　タグは次のルールに従って設定する必要があります。なお、「トリミングされたタグ」とは、先頭および末尾の空白文字を取り除いたタグを意味します。

- nullや空文字ではない
- トリミングされたタグに空白文字を含めてはならない
- トリミングされたタグにISO制御文字を含めてはならない
- トリミングされたタグに予約済み文字を含めてはならない

　また、@Tagアノテーションの列挙や@Tagsアノテーションを利用することで複数のタグを設定できます。

●テストメソッドにタグを追加する

```java
public class FunctionATest {

    @Test
    @Tag("OnlineTest")
    void testA01() {
        ︙
    }

    @Test
    @Tag("BatchTest")
    void testA02() {
        ︙
    }

    @Test
    @Tag("OnlineTest")
    @Tag("BatchTest")
    void testA03() {
        ︙
    }
```

@DisplayName | @Tag | @Tags

```java
    @Test
    @Tags({
        @Tag("OnlineTest"),
        @Tag("BatchTest")
    })
    void testA04() {
            :
    }

}
```

268 テストメソッド名を取得したい

TestInfo　　　　　　　　　　　　　　　　　　　　6　7　8　11

関　連	266　テストメソッドの表示名を設定したい　P.448
利用例	テストメソッド内で実行中のテストメソッド名を取得する場合 ログにテスト名を出力したい場合

　実行中のテストメソッド名を取得する場合、テストメソッドの引数にTestInfoを設定します。

●テストメソッドの名前を取得する

```java
@Test
@Tag("TestInfo-01")
@DisplayName("テスト01")
void testInfo01(TestInfo testInfo) {
    System.out.println(testInfo.getDisplayName());
    System.out.println(testInfo.getTags());
}

@Test
@Tag("TestInfo-02")
@Tag("テスト")
void testInfo02(TestInfo testInfo) {
    System.out.println(testInfo.getDisplayName());
    System.out.println(testInfo.getTags());
}
```

▼実行結果

```
テスト01
[TestInfo-01]
testInfo02(TestInfo)
[TestInfo-02, テスト]
```

269 テストのタイムアウト値を設定したい

| assertTimeout | assertTimeoutPreemptively | | 6 | 7 | **8** | 11 |

| 関連 | — |
| 利用例 | 一定時間経過後にテストを失敗させたい場合 |

テストケースの実行時にタイムアウト時間を設定する場合、assertTimeoutもしくはassertTimeoutPreemptivelyメソッドを利用します。

テストの実行時間が設定された時間を**越える**とテストが失敗したとみなされます。

両者はタイムアウト時間を超えた場合の処理方法が異なります。

assertTimeoutメソッドは対象の処理が完了するまで待った上でAssertionFailedErrorが発生しますが、assertPreemptivelyメソッドはタイムアウト時間を超えた時点でAssertionFailedErrorが発生します。

●特定のメソッドにタイムアウト時間を設定する

```
@Test
void testTimeout() {
    assertTimeout(Duration.ofSeconds(2), ()-> Thread.sleep(1000L));
}

@Test
void testTimeoutPreemptively() {
    // 2秒を超えるとAssertionFailedErrorになる
    assertTimeoutPreemptively(Duration.ofSeconds(2), ()-> Thread.sleep(3000L));
}
```

270 複数のテストクラスをまとめて実行したい

@RunWith(JUnitPlatform.class)	@SelectPackages	
@SelectClasses		

関連	254 テストを作成して実行したい　P.430 271 グルーピングしたテストケースを実行したい　P.455 272 実行するテストケースをパッケージで絞り込みたい　P.456 273 実行するテストケースを正規表現で指定したい　P.457
利用例	多数のテストクラスができた場合に複数のテストクラスをまとめて実行する

テストスイートを作成します。テストスイートには、@RunWithアノテーションでorg.junit.platform.runner.JUnitPlatformクラスを指定します。

テストケースを指定するにあたっては、2種類のアノテーションが利用できます。

- @SelectPackages ………… パッケージ名を指定する場合
- @SelectClasses …………… クラス名を指定する場合

対象となるパッケージ名やクラス名は複数指定も可能です。

●1つのパッケージ配下のテストクラスを実行する場合

```
@RunWith(JUnitPlatform.class)
@SelectPackages("jp.co.shoeisha.javarecipe")
public class SampleTestSuites {
    // jp.co.shoeisha.javarecipe配下のテストクラスが実行対象
}
```

●複数のパッケージ配下のテストクラスを実行する場合

```
@RunWith(JUnitPlatform.class)
@SelectPackages({"jp.co.shoeisha.javarecipe.group1", "jp.co.shoeisha.javarecipe.group2"})
public class SampleTestSuites {
    // jp.co.shoeisha.javarecipe.group1およびgroup2配下のテストクラスが実行対象
}
```

●1つのテストクラスを実行する場合

```
@RunWith(JUnitPlatform.class)
@SelectClasses(jp.co.shoeisha.javarecipe.SampleTest.class)
public class SampleTestSuites {
    // テストクラスSampleTestが実行対象
}
```

●複数のテストクラスを実行する場合

```
@RunWith(JUnitPlatform.class)
@SelectClasses({jp.co.shoeisha.javarecipe.SampleATest.class,
    jp.co.shoeisha.javarecipe.SampleBTest.class})
public class SampleTestSuites {
    // テストクラスSampleATestとSampleBTestが実行対象
}
```

　Eclipse上で複数のテストクラスを実行する場合は、メニューバーの［実行］→［実行構成］にあるJUnitの実行構成定義を利用します（図9.5）。

図9.5 JUnit実行構成

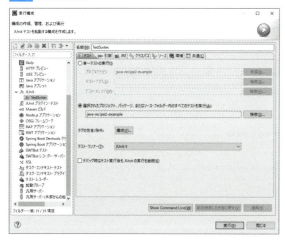

271 グルーピングしたテストケースを実行したい

@IncludeTags | @ExcludeTags

関連	267 テストメソッドをグループ化したい　P.449
	270 複数のテストクラスをまとめて実行したい　P.453
	272 実行するテストケースをパッケージで絞り込みたい　P.456
	273 実行するテストケースを正規表現で指定したい　P.457
利用例	特定のタグ付けがされたテストケースをまとめて実行したい場合

　テストスイートで指定したテスト対象から、タグ付けでグルーピングされたテストケースによってさらに対象を絞り込む場合、追加で@IncludeTags、@ExcludeTagsアノテーションを指定します。

- @IncludeTags …… テスト対象に含めるタグを指定する場合
- @ExcludeTags …… テスト対象から除外するタグを指定する場合

●タグ付けされたテストケースを実行する場合
```
@RunWith(JUnitPlatform.class)
@SelectPackages("jp.co.shoeisha.javarecipe")
@IncludeTags("OnlineTest")
public class SampleTestSuites {
    // jp.co.shoeisha.javarecipe配下の
    // OnlineTestにタグ付けされたテストケースが実行対象
}
```

　Eclipse上ではJUnitの実行構成定義の［タグの包含/除外］を設定することで、タグ付けでグルーピングされたテストケースを実行できます（図9.6）。

図9.6　タグの構成

272 実行するテストケースを パッケージで絞り込みたい

@IncludePackages | @ExcludePackages　6 7 8 11

関連	267 テストメソッドをグループ化したい　P.449 270 複数のテストクラスをまとめて実行したい　P.453 271 グルーピングしたテストケースを実行したい　P.455 273 実行するテストケースを正規表現で指定したい　P.457
利用例	一部のパッケージのみを対象としたテストクラスを実行したい場合

テストスイートで指定したテスト対象のパッケージ配下（サブパッケージを含む）からパッケージ単位でさらに対象を絞り込む場合、@IncludePackages、@ExcludePackagesアノテーションを追加で指定します。

- @IncludePackages ………… 実行対象に含めるパッケージ名を指定する場合
- @ExcludePackages ……… 実行対象から除外するパッケージ名を指定する場合

●特定のパッケージ配下のテストケースのみ実行する場合

```
@RunWith(JUnitPlatform.class)
@SelectPackages("jp.co.shoeisha.javarecipe")
@IncludePackages("jp.co.shoeisha.javarecipe.group1")
public class SampleTestSuites {
    // jp.co.shoeisha.javarecipe.group1配下のテストクラスが実行対象
}
```

273 実行するテストケースを正規表現で指定したい

@IncludeClassNamePatterns	@ExcludeClassNamePatterns	6 7 8 11

関連	267 テストメソッドをグループ化したい　P.449 270 複数のテストクラスをまとめて実行したい　P.453 271 グルーピングしたテストケースを実行したい　P.455 272 実行するテストケースをパッケージで絞り込みたい　P.456
利用例	正規表現を利用し、テストケースをまとめて指定したい場合

テストスイートで設定されたパッケージ配下（サブパッケージを含む）のうち、実行対象とするテストクラスを正規表現でさらに絞り込む場合、@IncludeClassNamePatterns、@ExcludeClassNamePatternsアノテーションを追加で指定します。

- @IncludeClassNamePatterns …… 正規表現に合致するテストクラスを実行対象に含める
- @ExcludeClassNamePatterns …… 正規表現に合致するテストクラスを実行対象から除外する

●正規表現によって複数のテストクラスを実行する場合

```java
@RunWith(JUnitPlatform.class)
@SelectPackages("jp.co.shoeisha.javarecipe")
@IncludeClassNamePatterns({"^.*Tests?$"})
public class SampleTestSuites {
    // jp.co.shoeisha.javarecipe配下のTest/Testsで終わるテストクラスが実行対象
}
```

MEMO

PROGRAMMER'S RECIPE

第 10 章

ネットワーク、システム、
ユーティリティ

274 URLの情報を取得したい

URL

関　連	275　Webサーバにリクエストを送信したい　P.461
利用例	URLを表す文字列からURLの情報を取得する場合

java.net.URLはURLを表すクラスで、次のようにURLのさまざまな情報を取得できます。なお、URLオブジェクトを生成する際、コンストラクタに指定するURLの形式が不正な場合、java.net.MalformedURLExceptionがスローされます。

●URLの情報を取得する

```
// URLオブジェクトを生成
URL url = new URL("http://www.example.com/search?q=Java");

// プロトコルを取得
String protocol = url.getProtocol(); // => "http"
// ホスト名を取得
String host = url.getHost(); // => "www.example.com"
// ポート番号を取得（URLに指定されていない場合は-1）
int port = url.getPort(); // => 80
// ファイル名（パス＋クエリ文字列）を取得
String file = url.getFile(); // => "/search?q=Java"
// パスを取得
String path = url.getPath(); // => "/search"
// クエリ文字列を取得（URLに指定されていない場合はnull）
String query = url.getQuery(); // => "q=Java"
```

275 Webサーバにリクエストを送信したい

| URL | HttpURLConnection | | 6 | 7 | 8 | 11 |

関連	274 URLの情報を取得したい　P.460 287 URLエンコード・デコードをしたい　P.485 289 システムプロパティを取得したい　P.487
利用例	指定したURLのコンテンツをダウンロードする場合

　URL#openConnection()メソッドを使うと、WebサーバにHTTP接続できます。このメソッドの戻り値はjava.net.URLConnection型ですが、HTTP接続の場合、実体はjava.net.HttpURLConnectionオブジェクトなので、キャストすることでHTTP接続固有の操作を行なうことができます。

GETメソッドの場合

　HttpURLConnectionは、デフォルトではGETメソッドでリクエストを送信します。次のようにしてレスポンスの情報を取得できます。

●GETリクエストを送信してコンテンツを取得する

```java
URL url = new URL("http://www.yahoo.co.jp/");

// HTTP接続を取得
HttpURLConnection conn = (HttpURLConnection) url.openConnection();

// レスポンスコードを取得
System.out.println(conn.getResponseCode());
// レスポンスメッセージを取得
System.out.println(conn.getResponseMessage());
// レスポンスのコンテンツタイプを取得
System.out.println(conn.getContentType());
// レスポンスヘッダをすべて出力
for(Map.Entry<String, List<String>> header: conn.getHeaderFields().entrySet()){
    for(String value: header.getValue()){
        System.out.println(header.getKey() + ": " + value);
    }
}
// レスポンスボディを取得
try(InputStream in = conn.getInputStream();
        ByteArrayOutputStream out = new ByteArrayOutputStream()){
    byte[] buf = new byte[1024 * 8];
    int length = 0;
```

```
    while((length = in.read(buf)) != -1){
        out.write(buf, 0, length);
    }
    System.out.println(new String(out.toByteArray(), StandardCharsets.UTF_8));
}
```

> **COLUMN　プロキシ経由での通信**
>
> 　Java VMの起動時に、システムプロパティ レシピ289 でプロキシサーバを指定できます。この起動オプションを指定すると、Java VM内のすべてのHTTP通信（Socketを直接使用する場合は除く）がプロキシ経由で行なわれるようになります。
>
> ```
> java -Dhttp.proxyHost=proxy.hostname.com -Dhttp.proxyPort=8080 -Dhttp.↵
> proxyUser=username -Dhttp.proxyPassword=password 実行するクラス名
> ```
>
> 　また、プロキシを通さずに直接接続したいサーバがある場合は、-Dhttp.nonProxyHostsオプションに、ホスト名を「|」区切りの正規表現で指定します。プログラム中でシステムプロパティをセットしても同様の設定が可能です。
>
> ```
> System.setProperty("http.proxyHost", "proxy.hostname.com");
> System.setProperty("http.proxyPort", "8080");
>     :
> ```

▌POSTメソッドの場合

　URL#openConnection()メソッドで取得したHttpURLConnectionオブジェクトに対して、setRequestMethod("POST")を呼び出すことでPOSTリクエストを送信できます。

● WebサーバにPOSTリクエストを送信する

```
URL url = new URL("http://localhost:8080/test/SampleServlet");

// HTTP接続を取得
HttpURLConnection conn = (HttpURLConnection) url.openConnection();
// リクエストメソッドをPOSTに設定
conn.setRequestMethod("POST");
```

```
// この接続で出力も行なうように設定
conn.setDoOutput(true);

// リクエストパラメータを出力する
// パラメータはクエリ文字列の形式で指定し、日本語などを送信する場合はURLエンコード
する
try(OutputStream out = conn.getOutputStream()){
    out.write("id=takezoe".getBytes());
    out.write("&".getBytes());
    out.write(("name=" + URLEncoder.encode("たけぞう", "UTF-8")).getBytes());
}

… レスポンスを取得 …

// 切断
conn.disconnect();
```

276 TCP通信を行なうクライアントを実装したい

Socket　　　6　7　8　11

関連	277 TCP通信を行なうサーバを実装したい　P.465
利用例	TCP通信を行なうクライアントプログラムを作成する場合

TCP通信を行なうには、java.net.Socketを使います。

SocketオブジェクトからはサーバにデータをSocketするためのOutputStreamと、サーバからのデータを受信するためのInputStreamを取得できるので、これらのストリームに対してデータの入出力を行なうことでサーバと通信を行なうことができます。

次のサンプルは、Socketを使ってWebサーバと通信を行ないます。

●SocketでWebサーバと通信する

```java
try(
    // サーバと通信を行なうためのSocket
    Socket socket = new Socket("www.yahoo.co.jp", 80);
    // サーバにデータを送信するためのOutputStream
    OutputStream out = socket.getOutputStream();
    // サーバからデータを受信するためのInputStream
    InputStream in = socket.getInputStream()
){

    // サーバにデータを送信
    out.write("GET / HTTP/1.0\n\n".getBytes());

    // サーバからデータを受信
    try(ByteArrayOutputStream bytes = new ByteArrayOutputStream()){
        byte[] buf = new byte[1024 * 8];
        int length = 0;
        while((length = in.read(buf)) != -1){
            bytes.write(buf, 0, length);
        }

        // サーバから受信したデータをコンソールに表示
        System.out.println(new String(bytes.toByteArray(), StandardCharsets.UTF_8));
    }
}
```

277 TCP通信を行なうサーバを実装したい

`ServerSocket` 6 7 8 11

関連	276 TCP通信を行なうクライアントを実装したい P.464
利用例	TCP通信を受け付けるサーバプログラムを作成する場合

　TCP通信を行なうサーバを作成するには、java.net.ServerSocketを使います。
　ServerSocketはaccept()メソッドでクライアントからの接続を待ち受けます。クライアントからの接続があるとSocketオブジェクトが返されるので、このSocketオブジェクトを用いてクライアントとの通信を行ないます。
　次のサンプルは、ServerSocketを使用して8080番ポートで待ち受けるサーバの例です。このサンプルは、クライアントからの通信を待ち受けるために無限ループを使っているので、終了する場合は強制終了してください。

> **NOTE**
> **プログラムを強制終了する方法**
> 　Windowsの場合、コンソールから実行したプログラムは［Ctrl］＋［C］キーで強制終了できます。また、Eclipse上で実行した場合は、コンソールビューの上側に表示されている終了ボタンで終了できます（図10.A）。
>
> **図10.A** Eclipse上での終了方法
>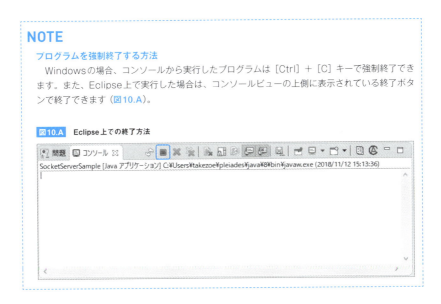

●ServerSocketを使用した簡易Webサーバ

```
// 8080番ポートで待ち受けるサーバソケットを生成
try(ServerSocket serverSocket = new ServerSocket(8080)){
  // 無限ループ
  while (true) {
    // クライアントからの接続を待つ
    try(Socket clientSocket = serverSocket.accept();
        OutputStream out = clientSocket.getOutputStream();
        InputStream in = clientSocket.getInputStream()){

      // クライアントにデータを送信
      out.write("HTTP/1.0 200 OK\n".getBytes());
      out.write("Content-Type: text/html\n\n".getBytes());
      out.write("<h1>Hello World!</h1>".getBytes());
    }
  }
}
```

このプログラムを実行した状態でWebブラウザから、

http://localhost:8080

にアクセスすると、図10.1のようにサーバから送信されたHTMLが表示されるはずです。

図10.1　Webブラウザでサーバにアクセス

10.1 ネットワーク

▍複数クライアントからのアクセスに対応する

上記のサンプルは、accept()メソッドでクライアントからの接続を受け付け、クライアントにデータを返した後、再度待ち受け状態に入る、という処理をループで行なっています。このため、同時に2つ以上のクライアントから接続があっても1つずつしか処理できません。

複数のクライアントからのアクセスを同時に処理するには、次のようにaccept()メソッドでクライアントからの接続を受け付けた後の処理を別スレッドで行なうようにします。

●複数クライアントからのアクセスを同時に処理する

```java
// 8080番ポートで待ち受けるサーバソケットを生成
try(ServerSocket serverSocket = new ServerSocket(8080)){
    // 無限ループ
    while (true) {
        // クライアントからの接続を受け付ける
        final Socket clientSocket = serverSocket.accept();

        // クライアントとの通信を行なうスレッドを生成
        Thread thread = new Thread(){
            @Override
            public void run(){
                // クライアントにデータを送信
                try(OutputStream out = clientSocket.getOutputStream();
                    InputStream in = clientSocket.getInputStream()){

                    out.write("HTTP/1.0 200 OK\n".getBytes());
                    out.write("Content-Type: text/html\n\n".getBytes());
                    out.write("<h1>Hello World!</h1>".getBytes());

                } catch(Exception ex){
                    ex.printStackTrace();
                } finally {
                    // クライアントとの通信を行なうSocketをクローズする
                    try {
                        clientSocket.close();
                    } catch (Exception ex){
                        // Socketクローズ時の例外は無視
                    }
                }
            }
        };

        // スレッドを開始
        thread.start();
    }
}
```

278 チャネルを使って TCP通信を行ないたい

SocketChannel

6 7 8 11

関連	211 チャネルを使ってファイルの入出力を行ないたい　P.341
	279 ノンブロッキングなTCPサーバを実装したい　P.469

利用例	Socketを使用した通信を高速に行なう場合

　java.nio.channels.SocketChannel#open()メソッドで、Socketに対して入出力を行なうためのSocketChannelを取得できます。SocketChannelを使うことで、NIOが提供するダイレクトバッファ レシピ211 などを使用した効率的な通信が可能になります。
　次は、SocketChannelを使ってWebサーバとの通信を行なうプログラムの例です。

●SocketChannelでWebサーバと通信する

```java
try(SocketChannel socketChannel = SocketChannel.open(
        new InetSocketAddress("www.yahoo.co.jp", 80))){

    // サーバにデータを送信
    ByteBuffer src = ByteBuffer.allocate(1024 * 8);
    src.put("GET / HTTP/1.0\n\n".getBytes());
    src.flip();
    socketChannel.write(src);

    // 結果をコンソールに出力するためのChannel
    WritableByteChannel out = Channels.newChannel(System.out);

    // サーバから受信したデータをコンソールに出力
    ByteBuffer dest = ByteBuffer.allocate(1024 * 8);
    while(socketChannel.read(dest) != -1){
        dest.flip();
        out.write(dest);
        dest.clear();
    }
}
```

279 ノンブロッキングなTCPサーバを実装したい

| ServerSocketChannel | Selector | | 6 | 7 | 8 | 11 |

関連	211 チャネルを使ってファイルの入出力を行ないたい　P.341
	277 TCP通信を行なうサーバを実装したい　P.465
	278 チャネルを使ってTCP通信を行ないたい　P.468

| 利用例 | 大量のアクセスを処理するサーバを実装する場合 |

　ServerSocketChannelとSelectorを使うと、ノンブロッキングなTCPサーバを実装できます。

ノンブロッキングI/Oとは?

　TCP通信にChannelを使うことのメリットとして、ノンブロッキングI/Oが可能であるという点があります。

　例えば、レシピ277のようなブロッキングI/Oを使ったサーバアプリケーションの場合、クライアントとのデータの送受信を行なっている間は送受信が完了するまで他の処理を行なうことができません。これに対し、ノンブロッキングI/Oではデータの送受信の完了を待たず、入出力中に別の処理を行なうことができます（図10.2）。

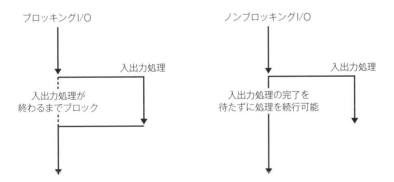

図10.2　ブロッキングI/OとノンブロッキングI/O

　ブロッキングI/Oを使う場合、複数のクライアントからの接続を同時に処理するためには、スレッドを生成する必要がありますが、入出力待ちの状態でもスレッドを占有してしまいます。そのため、特にクライアントからのアクセス数が多い場合、サーバ側で多数のスレッドが生成されてしまい、リソースが不足するという問題を引き起こしてしまいます。

これに対し、ノンブロッキングI/Oは、1スレッドで複数のクライアントに対する入出力処理が可能になるため、スレッド数の消費を抑えることができ、大量のアクセスを処理できます。

ノンブロッキングI/Oを使ったTCPサーバ

このようにノンブロッキングI/Oは、多数のアクセスを受け付けるサーバアプリケーションで大きな効果を発揮します。次のサンプルは、 レシピ277 の簡易WebサーバをノンブロッキングI/Oを使うように書き換えたものです。

●ノンブロッキングI/Oを使用した簡易Webサーバ

```
try (ServerSocketChannel serverSocketChannel = ServerSocketChannel.open()) {     ①
    // 8080番ポートで待ち受け
    serverSocketChannel.bind(new InetSocketAddress(8080));

    // ノンブロッキングモードを有効にする                                          ②
    serverSocketChannel.configureBlocking(false);

    // クライアントからの接続を監視
    Selector selector = Selector.open();
    serverSocketChannel.register(selector, SelectionKey.OP_ACCEPT);

    // 入出力操作を監視
    while (selector.select() > 0) {                                              ③
        Iterator<SelectionKey> it = selector.selectedKeys().iterator();
        while(it.hasNext()) {
            SelectionKey key = it.next();
            it.remove();

            // クライアントからの接続を受け付ける
            if (key.isAcceptable()) {
                // クライアントへのデータ送信を監視
                ServerSocketChannel serverChannel =
                    (ServerSocketChannel) key.channel();
                SocketChannel channel = serverChannel.accept();
                channel.configureBlocking(false);
                channel.register(selector, SelectionKey.OP_WRITE);

            // クライアントにデータを送信する
            } else if (key.isWritable()) {
                try(SocketChannel channel = (SocketChannel) key.channel()){
                    ByteBuffer buffer = ByteBuffer.allocate(1024 * 8);
                    buffer.put("HTTP/1.0 200 OK¥n".getBytes());
                    buffer.put("Content-Type: text/html¥n¥n".getBytes());
                    buffer.put("<h1>Hello World!</h1>".getBytes());
```

```
                    buffer.flip();

                    channel.write(buffer);
                }
            }
        }
    }
}
```

ServerSocketに対する入出力にChannelを使うには、java.nio.channels.ServerSocketChannelを使います❶。また、ノンブロッキングI/Oを使うためにconfigureBlocking()メソッドにfalseを設定しておく必要があります❷。

その後、入出力を監視するSelectorオブジェクトにChannelを登録します。SelectorへのChannelの登録は、次のようにして行ないます。

```
Selector selector = Selector.open();
serverSocketChannel.register(selector, SelectionKey.OP_ACCEPT);
```

このときregister()メソッドの第3引数には、監視する操作を表10.1の定数で指定します。

表10.1 Channelに対する操作を指定する定数

定数	説明
SelectionKey.OP_ACCEPT	接続受け付け
SelectionKey.OP_CONNECT	接続
SelectionKey.OP_READ	読み込み
SelectionKey.OP_WRITE	書き込み

監視対象のChannelを登録後、Selector#select()メソッドを呼び出すと監視対象の操作が可能になるまでブロックします❸。いずれかの入出力操作が可能な状態になると制御が戻るので、SelectionKeyからChannelを取得して入出力処理を行ないます。このときChannelに対してどの操作が可能なのかは、SelectionKeyの表10.2のメソッドで判定できます。

表10.2 SelectionKeyのメソッド

メソッド	説明
isAcceptable()	接続受け付けが可能かどうか
isConnectable()	接続が可能かどうか
isReadable()	読み込みが可能かどうか
isWritable()	書き込みが可能かどうか

280 メッセージを国際化したい

| ResourceBundle | getBundle | プロパティファイル | 6 | 7 | 8 | 11 |

| 関連 | 059 数値を任意の形式にフォーマットしたい P.105 |
| | 210 プロパティファイルの内容を読み込みたい P.338 |

| 利用例 | 国際化対応してメッセージを切り替える場合 |

　Javaでは、文字列メッセージをリテラルとしてプロパティファイルに定義できます。このときjava.util.Localeクラスとjava.util.ResourceBundleクラスを組み合わせて、メッセージを国際化できます。

　Localeには、ISO-639で定義される2文字の小文字で表される言語コードと、ISO-3166で定義される2文字の大文字の国コードを_（アンダースコア）で接続して表現します。場合によっては、Java独自の付加情報を付与します。例えば、日本の場合は"ja_JP"、アメリカの場合は"en_US"、イギリスの場合は"en_GB"、ドイツでなおかつ通貨情報がユーロの場合は"de_DE_EURO"です。

　メッセージを定義するには、クラスパス内に.propertiesという拡張子のファイルを作成します。

●messages.properties

```
i18n.sample = sample
i18n.hello = hello
```

　国際化するには基底名（この例ではmessages）の後ろに_jpのようにロケールを付与します。

●messages_jp.properties

```
i18n.sample = サンプル
i18n.hello = こんにちわ
```

　いずれのロケールにも一致しない場合、基底名のプロパティファイルが使われるので、基底名のプロパティファイルには英語などデフォルトのメッセージを定義しておくとよいでしょう。

　ResourceBundleのインスタンスを取得するには、ResourceBundle#getBundle()メソッドの引数に基底名を指定します。プロパティファイルがネストしたパッケージ内にある場合は、"パッケージ名.基底名"のように指定します。

●メッセージを国際化する

```java
// デフォルトロケールのリソースバンドルを取得
ResourceBundle resources1 = ResourceBundle.getBundle("messages");

// メッセージの取得
String value1 = resources1.getString("i18n.hello"); // => "こんにちわ"

// 英語のリソースバンドルを取得
Locale locale = new Locale("en", "US");
ResourceBundle resources2 = ResourceBundle.getBundle("messages", locale);

// メッセージの取得
String value2 = resources2.getString("i18n.hello"); // => "hello"
```

> **NOTE**
>
> **ResourceBundleでマルチバイト文字列を使う**
>
> 　ResourceBundleで日本語などのマルチバイト文字列を扱うときには、次のどちらかが必要です。
>
> **native2asciiを使ってマルチバイト文字をエスケープする**
>
> 　JDKに付属するnative2asciiを使って、プロパティファイルをユニコードにエスケープします。次の例では、Windowsの文字コードであるWindows-31で作成されたプロパティファイルをユニコードにエスケープしています。
>
> ```
> > native2ascii.exe -encoding Windows-31J i18n.properties i18n_escaped.properties
> ```
>
> 　Pleiades All in Oneでは、Limy プロパティー・エディターというプラグインが付属しており、このエディタを使用してプロパティファイルの編集を行なうことで自動的にnative2ascii変換が行なわれます。Limy プロパティー・エディターはプロパティファイルを右クリック→［次で開く］→［Limy プロパティー・エディター］で開けます。
>
> **java.util.ResourceBundle.Controlクラスを使う**
>
> 　java.util.ResourceBundle.Controlは、ResourceBundleのキャッシュ設定など細かい設定を行なうクラスです。このクラスの内部で読み込む文字コードを指定することで、プロパティファイルに記述されたマルチバイト文字を正しく読み込むことができます。
>
> 　なお、Java 9以降ではプロパティファイルをUTF-8で作成しておけばそのままResourceBundle読み込むことができるようになったため、native2asciiは不要になっています。Java 10以降ではJDKからnative2asciiが削除されています。

281 ハッシュ値を求めたい

| MessageDigest | digest | | 6 | 7 | 8 | 11 |

関連	282 暗号化したい P.475
利用例	パスワードをハッシュ化して保存する場合 ファイルのハッシュ値を求めて、ファイルの正当性を評価する場合

　java.security.MessageDigestクラスを使います。ハッシュアルゴリズムには、MD5、SHA-1、SHA-256などがあり、MessageDigest#getInstance()メソッドの引数にアルゴリズム名を指定することで、該当のアルゴリズムでハッシュ値を計算するMessageDigestを取得できます。

●ハッシュを生成する

```
// MD5のMessageDigestの生成
MessageDigest mdMD5 = MessageDigest.getInstance("MD5");

// "Java Recipe"文字列のバイトでメッセージダイジェストを更新
mdMD5.update("Java Recipe".getBytes(StandardCharsets.UTF_8));

// ハッシュ計算 戻り値はバイト配列
byte[] md5Hash = mdMD5.digest();

// バイト配列を16進数の文字列に変換して表示
StringBuilder hexMD5hash = new StringBuilder();
for (byte b : md5Hash ) {
    String hexString = String.format("%02x", b);
    hexMD5hash.append(hexString);
}
System.out.println(hexMD5hash); // => a0d4d746d75071ee04da85b147392608
```

282 暗号化したい

Cipher　　　　　　　　　　　　　　　　　　　　　6　7　8　11

関　連	281　ハッシュ値を求めたい　P.474
利用例	データベースに格納する情報を暗号化し、復号する場合

　Javaで暗号化・復号を行なうには、javax.crypto.Cipherクラスを使います。AESやDES、RSAなど、さまざまな暗号方式をサポートしています。

　ここでは、AESによる共通鍵暗号方式と、RSAによる秘密鍵暗号方式による暗号化・復号のサンプルを紹介します。

●AESによる暗号化・復号

```java
// 暗号化に使う鍵デフォルトだと128bit（16Byte）
String encryptionKey = "rrrrrrrrrrrrrrrr";

// 暗号化する文字列
String target = "Java Recipe";

// AESのCipherオブジェクトの生成
Cipher cipher = Cipher.getInstance("AES");

// 暗号化モードで暗号化に使う鍵で初期化
SecretKeySpec SKS = new SecretKeySpec(encryptionKey.getBytes(), "AES");
cipher.init(Cipher.ENCRYPT_MODE, SKS);

// 暗号化完了
byte[] encryptBytes = cipher.doFinal(target.getBytes(StandardCharsets.UTF_8));
System.out.println(new String(encryptBytes)); // => 暗号化されていて読めない

// 同じ鍵で復号化する
cipher.init(Cipher.DECRYPT_MODE, SKS);
byte[] decryptBytes = cipher.doFinal(encryptBytes);
System.out.println(new String(decryptBytes, StandardCharsets.UTF_8));
                                              // => Java Recipe
```

●RSAによる暗号化・復号

```java
// 暗号化する文字列
String target = "Java Recipe";

// RSAの秘密鍵と公開鍵を生成
KeyPairGenerator keypairgen = KeyPairGenerator.getInstance("RSA");
KeyPair keyPair = keypairgen.generateKeyPair();
RSAPrivateKey privateKey = (RSAPrivateKey) keyPair.getPrivate();
RSAPublicKey publicKey = (RSAPublicKey) keyPair.getPublic();

// cipherオブジェクトの作成と秘密鍵での初期化
Cipher cipher = Cipher.getInstance("RSA");
cipher.init(Cipher.ENCRYPT_MODE, privateKey);
// 暗号化完了
byte[] encriptBytes = cipher.doFinal(target.getBytes());
System.out.println(new String(encriptBytes)); // => 暗号化されていて読めない

// 秘密鍵とペアの公開鍵で復号化する
cipher.init(Cipher.DECRYPT_MODE, publicKey);
byte[] decriptBytes = cipher.doFinal(encriptBytes);
System.out.println(new String(decriptBytes)); // => Java Recipe
```

> **NOTE**
>
> **利用可能な暗号化アルゴリズム**
>
> Cipherに指定可能な暗号化アルゴリズムは多岐にわたり、また、Javaのバージョンによっても異なります。詳細については、次のドキュメントを参照してください。
>
> ●「Java 暗号化アーキテクチャー 標準アルゴリズム名のドキュメント」>「Cipher アルゴリズム名」
>
> `Java 8の場合`
> https://docs.oracle.com/javase/jp/8/docs/technotes/guides/security/StandardNames.html#Cipher

283 UUIDを生成したい

UUID	nameUUIDFromBytes	randomUUID	6 7 8 11
関連	—
利用例	ユニークなIDを生成したい場合

　java.util.UUIDクラスを使います。UUIDはRFC4122（https://www.ietf.org/rfc/rfc4122.txt）で定義されており、次のように複数のバージョンがあります。

- バージョン1 …… タイムスタンプとMACアドレスをもとにUUIDを生成する
- バージョン2 …… DCEセキュリティバージョン
- バージョン3 …… ドメイン名などの一意な名前をもとにUUIDを生成する
- バージョン4 …… 乱数をもとにUUIDを生成する

これらのうち、java.util.UUIDクラスではバージョン3と4のUUIDを生成できます。

●UUIDを生成する（バージョン3）

```
// バージョン3のUUIDを生成する
UUID uuid = UUID.nameUUIDFromBytes("shoeisha.co.jp".getBytes(StandardCharsets.UTF_8));
// UUIDの文字列表現を取得
String str = uuid.toString();

System.out.println(str); // => abf79b46-9dcb-35f4-98f5-ae9f7861eaf2
```

●UUIDを生成する（バージョン4）

```
// バージョン4のUUIDを生成する
UUID uuid = UUID.randomUUID();
// UUIDの文字列表現を取得
String str = uuid.toString();

System.out.println(str); // => cdbc900b-fdb2-4db9-a40d-a7900362fb28
                        //    (実行するたびに変化)
```

284 経過時間を測定したい

| System | currentTimeMillis | nanoTime | | 6 | 7 | 8 | 11 |

関連	145 現在日時をUNIX時間で取得したい　P.251
利用例	プログラムの処理時間を測定したい場合

現在時刻のUNIX時間を返すSystem#currentTimeMillis()メソッド レシピ145 の値を記録しておき、差分を取ることで経過時間を計算できます。

●経過時間をミリ秒単位で測定する

```
long t1 = System.currentTimeMillis();
… なんらかの処理 …
long t2 = System.currentTimeMillis();

// 経過時間をミリ秒単位で表示
System.out.println("経過時間（ミリ秒）: " + (t2 - t1));
```

また、System#nanoTime()メソッドでナノ秒単位の経過時間を計測できます。currentTimeMillis()メソッドと異なり、このメソッドが返す値は絶対時間ではないため、2点間の差分を求めるような用途にしか使用できません。

●経過時間をナノ秒単位で測定する

```
long t1 = System.nanoTime();
… なんらかの処理 …
long t2 = System.nanoTime();

// 経過時間をナノ秒単位で表示
System.out.println("経過時間（ナノ秒）: " + (t2 - t1));
```

なお、System#nanoTime()メソッドの返す値の単位はナノ秒ですが、精度は環境に依存します。最低限保証されているのはSystem#currentTimeMillis()メソッドと同じ精度であるということに注意してください。

285 外部コマンドを実行したい

ProcessBuilder　　　　　　　　　　　　　6　7　8　11

関　連	—
利用例	OS固有のコマンドを発行して結果を受け取る場合

ProcessBuilderクラスを使います。ProcessBuilderクラスでは、次のようなことができます。

- コマンドの実行・終了、エラーコードの取得
- 環境変数の操作
- 作業ディレクトリの変更
- 標準入出力、標準エラーおよびそれらのマージ

外部コマンドは非同期で実行され、コマンドの出力はInputStreamから取得できます。作業ディレクトリ（デフォルトではカレントディレクトリで実行されます）や環境変数を設定することも可能です。

●外部コマンドを実行する

```java
// コマンドを引数として渡す。Listで渡すことも可能
ProcessBuilder processBuilder = new ProcessBuilder("cmd", "/c", "dir", "/A");

// 環境変数の操作
Map<String, String> environment = processBuilder.environment();
System.out.println(environment.get("USERNAME"));
environment.put("HOGE", "foo");

// 作業ディレクトリを指定してコマンドを実行
Process process = processBuilder.directory(new File("C:¥¥")).start();
// 標準入力の取得
BufferedReader reader = new BufferedReader(new InputStreamReader(process.getInputStream()));
String line;
while ((line = reader.readLine()) != null) {
    System.out.println(line);
}

// プロセスが終了するまでwait
process.waitFor();
```

```
// プロセスの終了
process.destroy();
// プロセスの終了コードの取得 0は正常
System.out.println(process.exitValue());
```

> **NOTE**
>
> **ProcessBuilderの標準出力とエラーの取り扱い**
>
> 　ProcessBuilderでは、大量の出力を行なうコマンドを実行した場合、標準出力への出力を読み取らないとコマンドの実行が完了しないことがあります。また、標準エラー出力に出力される場合は、Process#getErrorStream()メソッドで取得できるInputStreamも読み取らなくてはなりません。
> 　しかし、標準出力と標準エラー出力への出力が交互に行なわれるような場合、両方の出力をきちんと読み取るためには、標準出力と標準エラー出力を別々のスレッドから読み取るようにするか、ProcessBuilder#redirectErrorStream()メソッドにtrueを設定することで標準エラー出力を標準出力にマージしてから標準出力を読み取るようにする必要があります。
>
> ●標準エラーを標準出力をマージ
>
> ```
> ProcessBuilder processBuilder = new ProcessBuilder(…);
>
> // 標準エラ出力ーを標準出力にリダイレクトするように設定（初期値はfalse）
> processBuilder.redirectErrorStream(true);
>
> // プロセスの実行
> Process process = processBuilder.start();
> // 標準入力の取得
> BufferedReader reader = new BufferedReader(new InputStreamReader(process.getInputStream()));
>  :
> ```

286 ログを出力したい

| Logger | getLogger | | 6 | 7 | 8 | 11 |

関連	289 システムプロパティを取得したい P.487
利用例	アプリケーションのログを出力する場合

java.util.logging（JUL）パッケージでログを出力するための機能が提供されています。

ログの出力方法

java.util.logging.Loggerクラスを使ってログを出力します。通常Loggerはログを出力するクラスのprivate staticなフィールドとして宣言し、ロガー名にはログレベルなどをまとめてを変更できるよう適当なカテゴリを指定しておきます。

● ログ出力する

```java
public class LoggingSample {

    // 完全修飾クラス名でLoggerを作成
    private static final Logger logger = Logger.getLogger("sample.logging");

    public static void main(String[] args){
        // ログ出力
        logger.finest("これはFINEST");
        logger.finer("こっちはFINER");
        logger.fine("これはFINE");
        logger.config("ここがCONFIG");
        logger.info("ここからINFO");
        logger.warning("これは警告");
        logger.severe("致命的");
    }
}
```

JULで扱うことのできるログレベルは、表10.3のとおりです。Loggerクラスで呼び出すことができるメソッド名で示します。表中、上のほうがより詳細なログが出力されるログです。

表10.3 ログレベル

メソッド名	説明
finest	非常に詳細なトレース情報
finer	かなり詳細なトレース情報
fine	詳細なトレース情報
config	構成情報
info	一般的な情報
warning	潜在的な問題
severe	重大な障害

　ログの出力には、ログレベルに対応したメソッドのほか、Logger#log()メソッドを使うこともできます。このメソッドには例外を渡してスタックトレースを出力できるので、エラー時のログ出力に使うとよいでしょう。ログレベルの指定には、java.util.logging.Levelに定義されている定数を使います。

●例外のログ出力

```
try {
    ⋮
} catch(Exception ex){
    logger.log(Level.SEVERE, "エラーが発生しました", ex);
    throw ex;
}
```

ログ出力の設定

　ログをどこに出力するか（ファイル、標準エラー、メモリ、ソケット、ストリーム）や、ログレベル、ログファイルのローテーションなどの設定は、次のようなプロパティファイルで定義します。

●logging.properties

```
# コンソールとファイルを出力先に設定
handlers=java.util.logging.ConsoleHandler, java.util.logging.FileHandler
# デフォルトではすべてのログレベルを出力
.level=ALL

# コンソールにはINFO以上を出力
java.util.logging.ConsoleHandler.level=INFO
java.util.logging.ConsoleHandler.formatter=java.util.logging.SimpleFormatter
```

```
# ファイルにはWARN以上を出力
java.util.logging.FileHandler.level=WARNING
java.util.logging.FileHandler.pattern=SampleLogging%u.%g.log
java.util.logging.FileHandler.formatter=java.util.logging.SimpleFormatter
# 作られるログファイルは10個まで
java.util.logging.FileHandler.count=10
# ログファイルのサイズは1Kまで
java.util.logging.FileHandler.limit=1024
# ログには追記しない。実行するごとに新しいファイルができる
java.util.logging.FileHandler.append=false
```

上記の設定では、ハンドラごとにログレベルを指定していますが、ロガーごとにログレベルを指定することもできます。

●ロガーごとにログレベルを指定する

```
# デフォルトではすべてのログレベルを出力
.level=ALL
# sample.loggingロガーはINFO以上を出力
sample.logging.level=INFO
```

JULのデフォルトの設定は、JREフォルダーのlib/logging.propertiesに定義されています。変更するには、Java VMの起動オプションでシステムプロパティを指定します。

```
> java -Djava.util.logging.config.file=プロパティファイルのパス 実行クラス名
```

また、プログラム中で次のように明示的にプロパティファイルからjava.util.logging.LogManagerに設定を読み込むことも可能です。

●プログラム内でプロパティファイルを読み込む

```
// C:\conf\logging.propertiesからログ設定を読み込む
LogManager.getLogManager().readConfiguration(
    new FileInputStream("C:\\conf\\logging.properties"));
```

COLUMN　Javaのロギングライブラリ

JULはJavaの標準APIとして提供されているため、別途ライブラリを導入しなくても使用できますが、実際のアプリケーション開発では表10.Bのような、より高機能なロギングライブラリが広く使われています。

表10.B サードパーティのJavaロギングライブラリ

名称	URL	説明
Apache Log4j	https://logging.apache.org/log4j/1.2/	古くから広く使われていてデファクトスタンダードのライブラリ
Apache Log4j 2	https://logging.apache.org/log4j/	log4jの後継ライブラリ。SLF4JやCommons Loggingをサポートする
commons-logging	https://commons.apache.org/logging/	log4jやJULなどのロギング実装を切り替えることができるラッパー
Logback	https://logback.qos.ch/	log4jの後続ライブラリとして広く利用されている。SLF4Jと組み合わせて使うことが多い
slf4j	https://www.slf4j.org/	commons-loggingと同様のロギング実装のラッパー。LogBackと同じ作者によって開発された

COLUMN　ログメッセージ出力時のパフォーマンス

ログメッセージを出力する際、例えば次のように文字列を連結して出力すると、出力しないログでも、文字列の連結評価をしてしまうため、パフォーマンスが低下します。

```
logger.info("Info:" + infoMsg);
```

これを防ぐには、メッセージを呼び出す前後でどのログが有効になっているのかを確かめるコードを追加します。

```
if (logger.isLoggable(Level.INFO)) {
    logger.info("Info:" + infoMsg);
}
```

さらにJava 8からはメッセージの評価にラムダ式を渡すことができるため、メッセージの遅延評価ができます。

```
logger.info(() -> "Info:" + infoMsg);
```

287 URLエンコード・デコードをしたい

URLEncoder | URLDecoder 6 7 8 11

関 連	288 Base64エンコード・デコードをしたい　P.486
利用例	マルチバイト文字を含むURLをエンコード・デコードする場合

　URIで使えない文字、例えば日本語などのマルチバイト文字をエンコード（エスケープ）する処理をURLエンコード（パーセントエンコード）と呼び、URLエンコードされた文字列から元の文字列を復元することをURLデコードと呼びます。

　URLエンコードにはjava.net.URLEncoder#encode()メソッドを、URLデコードにはjava.net.URLDecoder#decode()メソッドをそれぞれ使います。

● URLエンコード・デコードする

```java
// エンコードする文字列
String encodeString = "Java逆引きレシピ";

// URLエンコード
String encodedString = URLEncoder.encode(encodeString, "UTF-8");
System.out.println(encodedString);
    // => Java%E9%80%86%E5%BC%95%E3%81%8D%E3%83%AC%E3%82%B7%E3%83%94

// URLデコード
String decodedString = URLDecoder.decode(encodedString, "UTF-8");
System.out.println(decodedString); // => Java逆引きレシピ
```

288 Base64エンコード・デコードをしたい

| Base64.Encode | Base64.Decode | | 6 | 7 | 8 | 11 |

関連	287 URLエンコード・デコードをしたい P.485
利用例	バイナリを文字列にエンコードする場合 Base64エンコードされた文字列から元のデータを復元する場合

　Base64は、64文字の英数字を用いてマルチバイト文字列やバイナリデータを扱うためのエンコード方式です。
　エンコードにはjava.util.Base64.Encode#encode()メソッドを、デコードにはjava.util.Base64.Decode#decode()メソッドを使います。

●Base64エンコード・デコード

```java
String target = "Java逆引きレシピ";
byte[] targetBytes = target.getBytes(StandardCharsets.UTF_8);

// Base64エンコード
Encoder encoder = Base64.getEncoder();
byte[] encodedBytes = encoder.encode(targetBytes);

// Base64デコード
Decoder decoder = Base64.getDecoder();
byte[] decodedBytes = decoder.decode(encodedBytes);

// デコードされた文字列を表示
String decodedString = new String(decodedBytes, StandardCharsets.UTF_8);
System.out.println(decodedString); // => "Java逆引きレシピ"
```

289 システムプロパティを取得したい

System	getProperty	setProperty	6 7 8 11

関連	006 実行時のメモリを指定したい　P.018 290 環境変数を取得したい　P.489

利用例	システムプロパティを取得して、OSにより処理を切り替えたい場合

　Javaには、システムプロパティという、Javaの動作環境などに関する特定のプロパティがあります。これらを取り扱うのがSystemクラスのgetProperty()メソッド、setProperty()メソッドです。

　システムプロパティには、表10.4のようなものがあります。

表10.4　代表的なシステムプロパティ

キー	説明
java.version	JREのバージョン
java.vendor	JREのベンダー
java.vm.name	Java仮想マシンの名前
java.home	JREのインストール先ディレクトリ
java.library.path	ライブラリのロード時に検索するパスのリスト
java.io.tmpdir	デフォルトの一時ファイルのパス
os.name	OSの名前
os.version	OSのバージョン
os.arch	OSのアーキテクチャ
file.separator	ファイル区切り文字
path.separator	パス区切り文字
line.separator	行区切り文字
user.name	ユーザのアカウント名
user.home	ユーザのホームディレクトリ
user.dir	ユーザの現在の作業ディレクトリ

　用意されているプロパティだけでなく、自分でシステムプロパティを設定することもできます。

● システムプロパティを扱う

```
// すべて表示
Properties p = System.getProperties();
for (Object key : p.keySet()) {
    System.out.println(key + "=" + p.getProperty((String)key));
}

// 個別にシステムプロパティを定義
System.setProperty("chapter10.systemprop", "This is sample");
System.out.println(System.getProperty("chapter10.systemprop"));
```

　プログラム中で操作する以外に、javaコマンドに-Dオプションを指定することでもシステムプロパティを設定できます。

▼ -Dオプションでシステムプロパティをセット

```
> java -Dchapter10.systemprop="This is sample" 実行するクラス名
```

　EclipseからJavaプログラムを実行する場合は、実行構成のVM引数に-Dオプションを指定することで、システムプロパティを設定できます レシピ006 。

MEMO

290 環境変数を取得したい

System | getenv

関連	285 外部コマンドを実行したい P.479
	289 システムプロパティを取得したい P.487

利用例	システムプロパティで取得できない環境変数を取得する場合

　OS情報の取得といった用途にはシステムプロパティ レシピ289 を使用できますが、環境変数はシステムプロパティでは取得できません。環境変数を取得したい場合は、System#getenv()メソッドを使います。

●環境変数を取得する

```java
// すべて表示
Map<String,String> map = System.getenv();
for (String key : map.keySet()) {
    System.out.println(key + "=" + map.get(key));
}

// 特定の環境変数を取得
System.out.println(System.getenv("SystemDrive"));
System.out.println(System.getenv("USERDOMAIN"));
System.out.println(System.getenv("windir"));
```

　環境変数は、システムプロパティと異なり、Java VMの起動オプションやプログラム中で設定できません。ただし、Javaプログラムから外部コマンドを実行する場合、実行する外部コマンドの環境変数をJavaプログラムから設定することは可能です レシピ285 。

291 空きメモリを調べたい

MemoryUsage

6 7 8 11

関連	006 実行時のメモリを指定したい P.018
	292 メモリ使用状況を監視したい P.491

利用例	アプリケーションのメモリ使用量（Java VMのメモリ使用量）を知りたい場合

大量のオブジェクト生成やメモリリークの調査などアプリケーションのヒープ領域の使用状況が知りたい場合は、java.lang.management.MemoryUsageクラスを使います。java.lang.managementパッケージには他にも、実行中のJava VMの管理を行なうためのクラスが多数用意されています。

● メモリ使用量の取得

```java
// MemoryUsageオブジェクトの生成
MemoryMXBean mbean = ManagementFactory.getMemoryMXBean();
MemoryUsage usage = mbean.getHeapMemoryUsage();

// メモリサイズはすべてMbyte
System.out.println("起動時のメモリサイズ:" + usage.getInit()/1024/1024);
System.out.println("現在利用されているメモリサイズ:" + usage.getUsed()/1024/1024);
System.out.println("保証されているサイズ:" + usage.getCommitted()/1024/1024);
System.out.println("管理対象の最大サイズ:" + usage.getMax()/1024/1024);
```

COLUMN　GCを強制的に実行する

　Javaでは、プログラムがオブジェクトが配置されるメモリを意識しなくてもいいように、GC（Garbage Collection）という機構が用意されています。GCは、オブジェクトが配置されるヒープ領域がいっぱいになると、使われていないオブジェクトを削除します。
　このように通常GCはJava VMによって自動的に実行されますが、もし、任意のタイミングでGCを実行したい場合は、System#gc()メソッドを呼び出すことでGCを実行できます。

● GCを発生させる

```java
System.gc();
```

292 メモリ使用状況を監視したい

VisualVM			6 7 8 11
関連	006	実行時のメモリを指定したい	P.018
	291	空きメモリを調べたい	P.490
	294	ヒープダンプを取得したい	P.496
利用例	アプリケーションのメモリ使用量（Java VMのメモリ使用量）を知りたい場合		

レシピ291 では特定の瞬間のメモリ使用量を取得する方法を紹介しましたが、より高度なメモリ使用量の解析が必要なケース（例えば、ヒープメモリの細かいチューニング）ではトラブルシュートツールを使いましょう。

メモリ使用状況を解析するツールにはさまざまなものがありますが、ここではJDKに標準で付属しているJava VisualVMを紹介します。

> **NOTE**
>
> **Java 9以降の場合**
>
> Java 9以降、Java VisualVMはJDKに標準では付属しません。次のサイトから別途ダウンロードして使用してください。
>
> https://visualvm.github.io/

Java VisualVMは、メモリ使用量だけではなく、CPU・メモリプロファイリングやスレッドのモニタリング・ダンプの取得などができる非常に高機能なトラブルシューティングツールです。

Java VisualVMを起動する前に、メモリ使用量を監視したいアプリケーションを起動しておきます。Java VisualVMを起動するには、%JAVA_HOME%¥bin¥jvisualvm.exeから起動します（Macでもjvisualvmコマンドで起動できます）。

起動すると、すでに起動しているJavaアプリケーションが一覧表示されます（図10.3）。

図10.3 Java VisualVM の起動

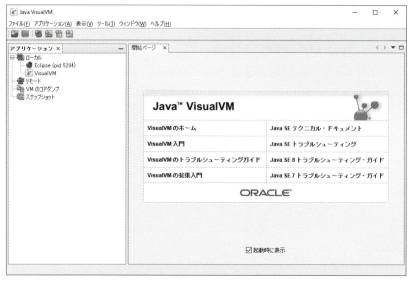

> **NOTE**
> **起動後にエラーダイアログが表示されてアプリケーション一覧が表示されない場合**
> 　Windowsでは、「%TMP%¥hsperfdata_username」フォルダーにフルコントロールのアクセス権限がない場合などは、エラーが発生して一覧が表示されません。詳しくはVisualVMのドキュメントの「Troubleshooting Guide」→「Local Applications Cannot Be Detected (Error Dialog On Startup)」の項を確認して「%TMP%¥hsperfdata_username」フォルダーにフルコントロールの権限を付けるなど、対応してください。
>
> 　　https://visualvm.github.io/documentation.html

　監視したいアプリケーションをダブルクリックして、[監視] タブを選択すると、リアルタイムでのヒープメモリの使用量が確認できます（図10.4）。

10.3 システム

図10.4 Java VisualVMでヒープメモリを監視

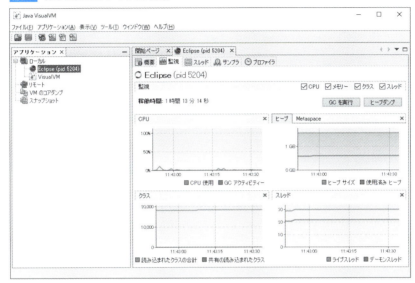

　この画面では、GCを実行したり、CPU使用率やクラスのロード状況、スレッドの状況などを確認したりすることもできます。これらの機能でヒープ使用量をモニタリングした結果、GCが頻発して使用済みヒープが高い頻度で上下する場合はヒープメモリを適切に割り当てることで、アプリケーションのパフォーマンスを改善できる可能性があります。

　また、使用済みヒープが経過時間とともに右肩上がりに単純増加している場合は、オブジェクトがリークしている可能性があります。このような場合は、レシピ294 を参考にヒープ領域の解析を試みてください。

293 スレッドダンプを取得したい

スレッドダンプ | デッドロック | VisualVM

6 7 8 11

関連	006 実行時のメモリを指定したい　P.018
	292 メモリ使用状況を監視したい　P.491

利用例	スレッド動作が正常かどうか確認する場合
	デッドロックが発生していないか確認する場合
	ボトルネックとなっている処理がないか確認する場合

　スレッドダンプとは、Javaプロセス内で動作しているスレッドのスタックトレースを出力するログのことです。スタックトレースの他にスレッドの状態やロックの取得情報も取得できます。これらのログを解析することで、スレッドが意図したとおりに動作しているか、デッドロックが発生していないかを確認できます。
　また、スレッドダンプを2、3回、少しの時間間隔を空けて取得すると、スレッドの状態が変化しているか確認できるため、デッドロックになっていないか、ボトルネックとなっている処理がないかを確認することもできます。
　スレッドダンプを取るにはいくつかの方法がありますが、ここでは2種類の方法を紹介します。

コマンドを使った方法

　JDKに標準で付属されるjstackコマンドを使ってスレッドダンプを取得することもできます。コマンドラインで次のように実行します。

```
> jstack Javaのプロセス ID
```

　JavaのプロセスIDはjpsコマンドで調べることができます。左端の数字がプロセスIDです。

```
> jps -v
6548 Jps -Dapplication.home=C:\Users\takezoe\jdk-11+28 -Xms8m -Djdk.module.
main=jdk.jcmd
12396  -Dosgi.requiredJavaVersion=1.8 -XX:+UseG1GC -XX:+UseStringDeduplication
-Dosgi.dataAreaRequiresExplicitInit=true -Xverify:none -javaagent:dropins/MergeDoc/
eclipse/plugins/jp.sourceforge.mergedoc.pleiades/pleiades.jar -javaagent:lombok.jar
```

10.3 システム

> **NOTE**
>
> **concurrentパッケージのスレッドダンプを取得する**
>
> java.util.concurrentパッケージのスレッドダンプを取得するには、Java VMの起動オプションに「-XX:+PrintConcurrentLocks」を付加してください。
>
> ```
> > java -XX:+PrintConcurrentLocks 実行するクラス名
> ```

Java VisualVMを使った方法

レシピ292 で紹介した手順に従い、スレッドダンプを取得したいアプリケーションに接続します。[スレッド] ボタンを選択すると、リアルタイムでスレッドの状況が確認できます。

ここで [スレッドダンプ] ボタンを選択すると、スレッドダンプが取得できます（図10.5）。

図10.5 Java VisualVMで取得したスレッドダンプ

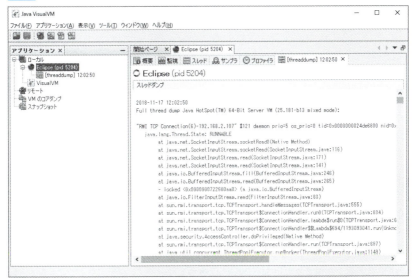

取得したスレッドダンプは、ファイルとして保存することもできます。

294 ヒープダンプを取得したい

| ヒープダンプ | メモリリーク | Eclipse Memory Analyzer | 6 7 8 11 |

| 関連 | 292 メモリ使用状況を監視したい P.491 |

| 利用例 | メモリリークを解析する場合
ヒープメモリを圧迫しているオブジェクトを知りたい場合 |

　Javaでは、生成されたオブジェクトはヒープ領域に配置されます。ヒープ領域がいっぱいになるとGC（Garbege Collection）が実行され、現在参照されていないオブジェクトが削除されてメモリ領域が再利用可能となります。一方で、プログラムのミスで参照がきちんと削除されずにメモリリーク（オブジェクトリーク）が発生している場合や、ヒープメモリよりも大きなオブジェクトを生成しようとした場合はOutOfMemoryErrorが発生します。

　簡単な解析であれば レシピ292 のJava VisualVMでも可能ですが、メモリリークの原因を調べる必要がある場合はヒープダンプを取得し、Eclipse Memory Analyzer（http://www.eclipse.org/mat/）などのツールを使って解析を行ないます。

> **NOTE**
> **Eclipse Memory Analyzerのインストール方法**
> 　Eclipse Memory Analyzerは、次のサイトからダウンロードできます。
>
> 　http://www.eclipse.org/mat/downloads.php
>
> 　また、Eclipseのプラグインとして使うこともできます。アップデートサイトのURLは、上記のダウンロードサイトに記載されているので、EclipseのアップデートマネージャでこのURLを指定すればインストールできます。

ヒープダンプを取得する

　メモリリークを解析するにはまずヒープダンプ（ヒープ領域のダンプ）を取得し、ヒープ領域を圧迫しているオブジェクトを特定します。

　JDKに標準で付属されるjmapコマンドを使ってヒープダンプを取得することもできます。コマンドラインで次のように実行します。

10.3 システム

```
> jmap -dump:format=b,file=HeapDumpFileName.hprof プロセスID
```

Java VMの起動時に表10.5の引数を指定してヒープダンプを取得することもできます。

表10.5 JVM引数でヒープダンプを取得する

オプション	説明
-XX:+HeapDumpOnOutOfMemoryError	OutOfMemoryErrorが発生したときに出力する
-XX:+HeapDumpOnCtrlBreak	[Ctrl]+[Break]を発行したときに出力する

Eclipse Memory Analyzerでヒープダンプを取得することもできます。メニューから[File]→[Acquire Heap Dump]を選択し、ヒープダンプを取得したいPIDを選択して取得します（図10.6）。

図10.6　Eclipse Memory Analyzerでヒープダンプを取得する

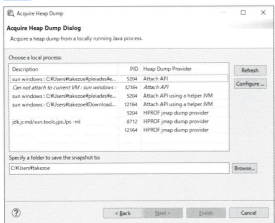

ヒープダンプを解析する

Eclipse Memory Analyzerで取得した場合は、取得後にヒープダンプの分析画面が表示されます。jmapコマンドなどで取得した場合は、メニューから[File]→[Open Heap Dump]で開くことができます。

オブジェクトリークの分析と、コンポーネントごとの分析の2種類を選ぶことができます（図10.7）。

図10.7 Eclipse Memory Analyzerでヒープダンプを分析する

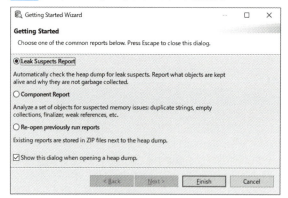

Leak Suspectでは、リークが疑われるオブジェクトのレポートを表示します（図10.8）。

図10.8 リークが疑われる問題

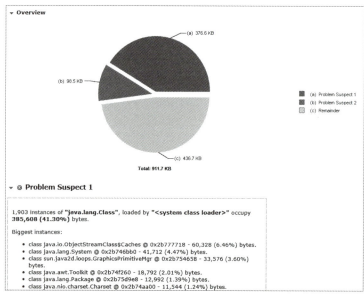

他にも、ヒストグラムやオブジェクトの呼び出し階層などを分析できます（図10.9）。

図10.9 オブジェクトの呼び出し関係

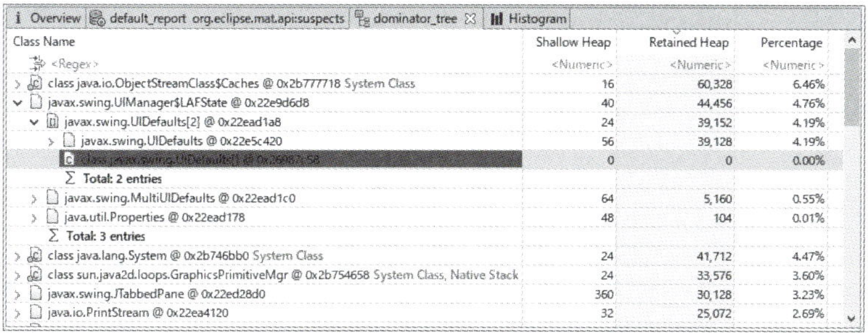

コンポーネントごとの分析では、重複しているStringや空のコレクションオブジェクトをレポートしてくれます（図10.10）。

図10.10 コンポーネントの分析

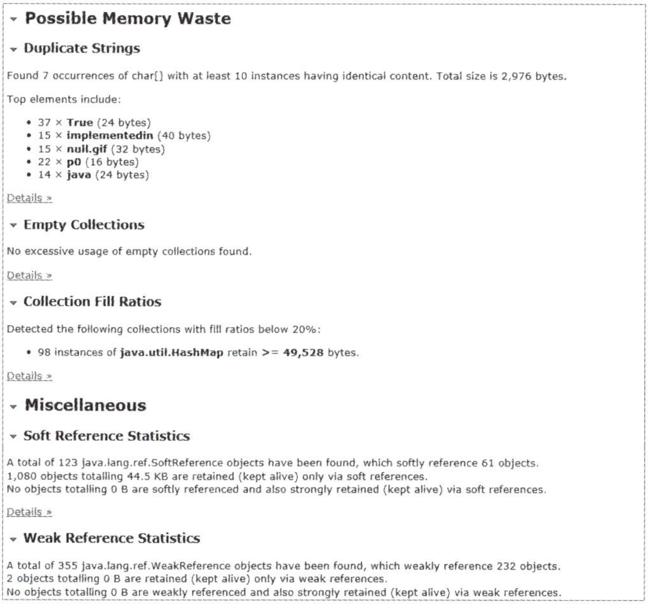

これらのレポートをうまく使い、ヒープメモリのトラブルシュートを行ないます。

> **COLUMN　Java Mission Control**
>
> 　Java Mission Controlは、VisualVMなどと同じく、Javaのパフォーマンスやトラブルシュートのためのツールで、実行中のJavaVMの各種情報を収集し、その情報を分析・可視化することができます。
>
> 　もともとWebLogic Server用のJava VMであるJRockitに含まれていたツールでしたが、Java 7 Update 40よりOracleの配布するJDKに含まれるようになりました。ただし、これまでは無料で利用できるのは開発用途に限られ、本番環境で使用するためには別途ライセンスが必要でした。2018年にオープンソース化され、現在はOpenJDKプロジェクトにて開発が行なわれています。
>
> 　本書の執筆時点での最新版であるOpenJDK 11にはまだ含まれていませんが、将来的にはOpenJDKの標準機能として用途を問わず無償で利用できるようになるでしょう。

PROGRAMMER'S RECIPE

第 **11** 章

これからのJava

295 Java 9以降の概要が知りたい

| OracleJDK | OpenJDK | メジャーバージョンアップ | 長期サポート | | 6 | 7 | 8 | **11** |

関　連	—
利用例	どのJDKを使えばよいか検討する場合

本書におけるJava 9以降の扱い

本書のレシピはJava 6～8に対応していますが、執筆時点でのJavaの最新バージョンは11となっています。この章では、Java 9～11までの間に追加された新機能や変更点について紹介します。なお、Java 9および10はすでにサポートが終了しているため、現時点でJava 8以降のバージョンで利用可能なバージョンは実質的にJava 11のみということになります。そのため、本章では特に必要な場合を除いてJava 9～11のどのバージョンにおける新機能・変更点かについては言及しません。

Java 9以降のリリースモデル

Java 9以降、Javaはリリースモデルが大きく変更され、6ヶ月ごと（3月と9月）にメジャーバージョンアップが行なわれるようになりました。従来Javaはリリースサイクルが非常に長く、他のプログラミング言語と比較すると新機能の導入や改善がなかなか進まないという問題がありましたが、リリースサイクルの変更によってこのような状況の改善が期待されます。

さまざまなJDK

● Oracle社提供のJDK

Java 11以降、Oracle社から提供されるJDK（OracleJDK）の利用には、開発やデモなどの用途を除き、有償のサポート契約が必要となりました。また、OracleJDKは3年のリリースごと（Java 11、Java 17、…）に長期サポートを提供することになっています。

● さまざまな企業・コミュニティが提供するJDK

リリースモデルの変更に伴って、オープンソースのJDKであるOpenJDKのソースコードをベースにしたJDKディストリビューションが、さまざまな企業・コミュニティからリリースされています（表11.1）。

11.1 リリースポリシーの変更

表11.1 さまざまなOpenJDKビルド

名称	URL	説明
OpenJDK	https://openjdk.java.net/	OpenJDKの開発サイト。Oracle社によってビルドが提供されているが、サポートは次のバージョンがリリースされるまで。
AdoptOpenJDK	https://adoptopenjdk.net/	IBMなどがスポンサードするコミュニティによって提供されているOpenJDKのビルド。JVMとしてHotSpotとOpenJ9を選択することができる。3年のリリース毎に長期サポートが提供される。
Corretto	https://aws.amazon.com/jp/corretto/	AWS（Amazon Web Services）によって提供されているOpenJDKのビルド。AWS以外の環境でも利用でき、長期サポートが提供される。
Zulu	https://www.azul.com/downloads/zulu/	Azul Systems社が提供するOpenJDKのビルド。有償サポート付きのZule Enterpriseも提供されている。

　Java 11以降、Javaを無償で利用するためにはこれらOpenJDKベースのJDKを使用する必要があるということになります。また、OSとしてLinuxを使用している場合や、クラウドサービスを使用している場合は、パッケージとしてOpenJDKが提供されている場合もありますのでそちらを利用するという選択肢もあります。

　OracleJDKも含めた、これらのJDKはすべて、OpenJDKのソースコードをベースにしているため互換性があります。現時点ではどのJDKを使っても機能面で大きな違いはありませんが、それぞれリリース時期やサポート期間、有償サポートの有無などが異なるため、用途や状況に合わせて選択する必要があります。

296 モジュールシステムってなに？

モジュールシステム　　6　7　8　**11**

関　連	297　モジュールシステムの利用方法を知りたい（Eclipse）　P.506
	298　モジュールシステムの利用方法を知りたい（コマンドラインツール）　P.510

利用例	モジュールシステムに対応したライブラリを作成する場合

　Java 8以前では、ライブラリなどを利用する際、クラスパスを使用していましたが、Java 9以降のJavaでは、クラスパスの仕組みを置き換えるモジュールシステムが導入されました。モジュールシステムは、クラスパスと比較して次のような利点があります。

- ライブラリ間の依存関係を管理できる
- ライブラリを作成する際にパッケージの可視性を指定できる

　また、Javaの基本ライブラリも複数モジュールに分割されますが、jlinkというコマンドで、Javaランタイムも含んだ実行可能パッケージを作成することができます レシピ298 。さらにその際、必要なモジュールのみを組み込むことで、パッケージのサイズを抑えることができるというメリットもあります。
　モジュールシステムに対応したライブラリを作成するには、module-info.javaというファイルでモジュールの依存関係などを定義する必要があります。module-info.javaの作成方法については レシピ297・298 を参照してください。
　なお、従来Javaの実行環境としてJREが提供されていましたが、今後は提供されなくなるため、Javaで作成したアプリケーションを実行するにはJDKをインストールするか、jlinkコマンドで作成した実行可能パッケージを配布する必要があります。

11.2 モジュールシステム

> **NOTE**
>
> **実行可能基本ライブラリに含まれるモジュール**
>
> Java 9以降では java --list-modules コマンドを実行すると基本ライブラリのモジュールの一覧が表示されます。JDKに付属するjlinkというコマンドを使って、これらのうち必要最小限のモジュールのみで構成される実行可能パッケージを作成できます（jlinkコマンドについては レシピ298 を参照してください）。
>
> ```
> > java --list-modules
> java.base@11
> java.compiler@11
> java.datatransfer@11
> java.desktop@11
> ︙
> ```

ただし、必ずしも今後はモジュールシステムに移行しないといけないというわけではありません。従来のクラスパスは引き続き利用できますし、クラスパスとモジュールシステムを組み合わせて利用することも可能です。

297 モジュールシステムの利用方法を知りたい（Eclipse）

| module-info.java | | 6 7 8 **11** |

関　連	296 モジュールシステムってなに？　P.504
利用例	Eclipseでモジュールシステムに対応したライブラリを作成する場合

　モジュールシステムに対応するにはmodule-info.javaを作成します。Eclipseはすでにモジュールシステムに対応しており、プロジェクトの作成時にJava 9以降を選択すると、module-info.javaを作成するかどうかを選択することができます。

図11.1　モジュールシステムに対応したプロジェクトの作成 (1)

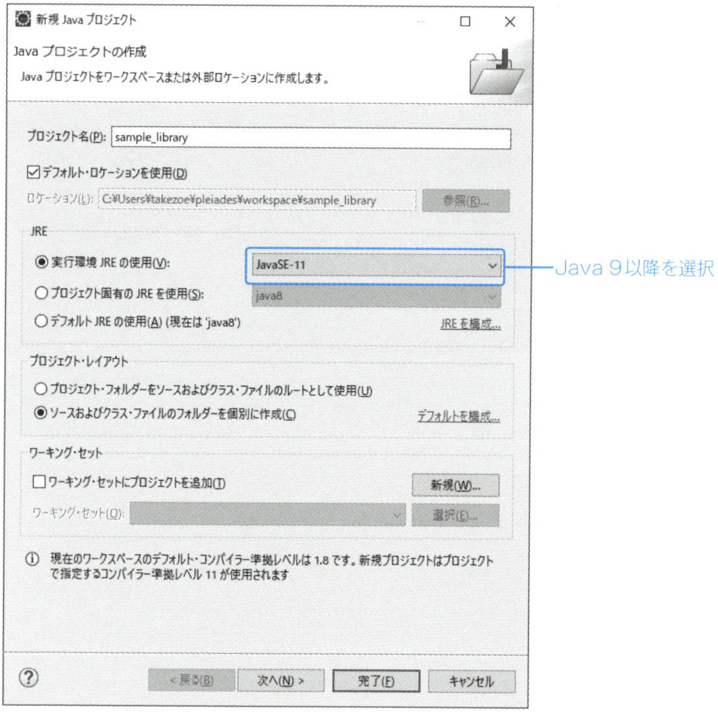

（Java 9以降を選択）

11.2 モジュールシステム

図11.2 モジュールシステムに対応したプロジェクトの作成 (2)

チェックを入れる

図11.3 モジュールシステムに対応したプロジェクトの作成 (3)

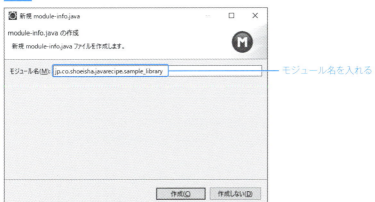

モジュール名を入れる

ここではjp.co.shoeisha.javarecipe.sample_libraryというライブラリとして利用可能なモジュールと、それを使用するjp.co.shoeisha.javarecipe.sample_clientというモジュールを作成してみます。

sample_libraryプロジェクトのmodule-info.javaは次のようになります。外部に公開したいパッケージを、exportsディレクティブで指定します。他のモジュールからはここで指定したパッケージ以外を参照できません。

●ライブラリとして提供するプロジェクトのmodule-info.java

```
module jp.co.shoeisha.javarecipe.sample_library {
    // jp.co.shoeisha.javarecipe.sample_libraryパッケージを公開
    exports jp.co.shoeisha.javarecipe.sample_library;
}
```

sample_clientプロジェクトのmodule-info.javaは次のようになります。使用するモジュールを、requiresディレクティブで指定します。

●ライブラリを使用するプロジェクトのmodule-info.java

```
module jp.co.shoeisha.javarecipe.sample_client {
    // jp.co.shoeisha.javarecipe.sample_libraryモジュールを使用
    requires jp.co.shoeisha.javarecipe.sample_library;
}
```

exports、requiresディレクティブは、組み合わせることも、複数指定することもできます。

●複数のディレクティブを組み合わせたmodule-info.javaの例

```
module jp.co.shoeisha.javarecipe.sample_library {
    // jp.co.shoeisha.javarecipe.sample_commonモジュールを使用
    requires jp.co.shoeisha.javarecipe.sample_common;

    // jp.co.shoeisha.javarecipe.sample_libraryパッケージを公開
    exports jp.co.shoeisha.javarecipe.sample_library;
    // jp.co.shoeisha.javarecipe.sample_library.apiパッケージを公開
    exports jp.co.shoeisha.javarecipe.sample_library.api;
}
```

Eclipseでは、プロジェクトのビルドパスの設定でモジュールパスを設定できます。ここでモジュールとして参照するプロジェクトやJARファイルを指定できます。

11.2 モジュールシステム

図11.4 モジュールパスの設定（プロジェクト）

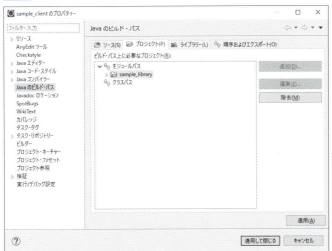

図11.5 モジュールパスの設定（ライブラリ）

298 モジュールシステムの利用方法を知りたい（コマンドラインツール）

| --module-path | jdeps | jlink | | 6 | 7 | 8 | **11** |

関連	296 モジュールシステムってなに？ P.504
利用例	コマンドラインツールでモジュールシステムに対応したライブラリを作成する場合

JDKに付属するコマンドラインツールによる、モジュールシステムの使用方法について紹介します。

コンパイルと実行

コンパイル時に-pまたは--module-pathオプションでモジュールのパスを指定します。

複数のパスを指定する場合は、クラスパス同様、Windowsの場合は;（セミコロン）、MacやLinuxの場合は:（コロン）を使って区切ります。module-info.javaもコンパイル対象に含める必要があることに注意してください。

●コンパイル時のモジュールパスの指定

```
> javac -p sample_library.jar module-info.java Main.java
```

コンパイル時同様、実行時も-pまたは--module-pathオプションでモジュールのパスを指定します。また、実行するクラスは-mまたは--moduleオプションを使って、＜モジュール名＞/＜クラス名＞という書式で指定する必要があります。

●実行時のモジュールパスとメインクラスの指定

```
> java -p sample_library.jar;sample_client.jar -m jp.co.shoeisha.javarecipe.
sample_client/app.Main
```

jdeps - モジュールの依存関係を確認する

jdepsコマンドを使うと、指定したモジュールの依存関係を確認できます。依存するモジュールのパスは--module-pathオプションで指定します。

●sample_client.jarの依存関係を表示

```
> jdeps --module-path sample_library.jar sample_client.jar
```

▼実行結果

```
jp.co.shoeisha.javarecipe.sample_client
[file:///Users/takezoe/javarecipe/sample_client.jar]
    requires mandated java.base
    requires jp.co.shoeisha.javarecipe.sample_library
jp.co.shoeisha.javarecipe.sample_client -> java.base
jp.co.shoeisha.javarecipe.sample_client -> jp.co.shoeisha.javarecipe.sample_library
    app          -> java.io                                    java.base
    app          -> java.lang                                  java.base
    app          -> jp.co.shoeisha.javarecipe.sample_library
jp.co.shoeisha.javarecipe.sample_library
```

jlink – 配布可能なパッケージを作成する

jlinkコマンドを使うと必要なモジュールのみから構成されるJavaランタイムを含む実行可能なパッケージを作成できます。モジュールのパスは-pまたは--module-pathオプションで指定します。また、--add-modulesオプションで実行対象のモジュール、--outputオプションで出力先ディレクトリを指定する必要があります。

●実行イメージを作成する

```
> jlink -p sample_library.jar;sample_client.jar --add-modules jp.co.shoeisha. ⏎
javarecipe.sample_client --output sample_package
```

> **NOTE**
> **複数のモジュールパスを指定する場合**
> クラスパスの指定と同様、-pまたは--module-pathオプションで複数のモジュールパスを指定する場合、Windowsでは；(セミコロン)、MacやLinuxでは：(コロン) で区切ります。

上記のコマンドを実行するとsample_packageディレクトリに実行イメージが出力されます。このディレクトリ内のbinディレクトリにjavaコマンドが含まれており、このコマンドを使用することで実行環境にJavaがインストールされていなくても実行することができます。

まずはjava --list-modulesで生成された実行イメージに含まれるモジュールを確認してみましょう。

●実行イメージに含まれるモジュールを確認する

```
> cd sample_package/bin
> java --list-modules
```

▼実行結果

```
java.base@11
jp.co.shoeisha.javarecipe.sample_client
jp.co.shoeisha.javarecipe.sample_library
```

　必要最小限のモジュールのみが含まれていることがわかります。
　そこで、jp.co.shoeisha.javarecipe.sample_clientモジュールに含まれるメインクラスを実行してみましょう。この場合、必要なモジュールはJavaの基本モジュールと同様実行イメージに組み込まれているので、モジュールパスの指定は不要です。

●実行イメージに含まれるメインクラスを実行する

```
> java -m jp.co.shoeisha.javarecipe.sample_client/app.Main
```

　jlinkコマンドの実行時に--launcherオプションでメインクラスを指定することもできます。--launcherオプションの引数は、<コマンド名>=<モジュール名>/<メインクラス>という書式で指定する必要があります。

●実行イメージの生成時にメインクラスを指定する

```
> jlink -p sample_library.jar;sample_client.jar --add-modules jp.co.shoeisha.
javarecipe.sample_client --output sample_package --launcher helloworld=jp.co.
shoeisha.javarecipe.sample_client/app.Main
```

　実行イメージのbinディレクトリ内に、<コマンド名>で指定した名前のコマンド（この場合はhelloworldコマンド）が生成されるので、このコマンドを使用することで簡単に実行できます。

●生成されたコマンドを使用して実行する

```
> cd sample_package/bin
> helloworld
```

299 ローカル変数の型推論について知りたい

| var | 型推論 | | 6 | 7 | 8 | 11 |

関連	012 Javaのデータ型について知りたい P.028 029 forで繰り返し処理を行ないたい P.060 035 リソースを確実にクローズしたい P.070 037 ラムダ式ってなに？ P.073 063 クラスを使いたい P.114
利用例	型宣言を省略し、簡潔なコードにする場合

　ローカル変数の宣言時にvarを使うことで、変数の型宣言を省略することができるようになりました。
　例えば、従来のJavaでは次のようにローカル変数を宣言していました。

●従来のローカル変数の宣言

```
List<String> list = new ArrayList<String>();
Map<String, List<String>> map = new HashMap<String, List<String>>();
```

　varを使うと、次のように書くことができます。

●varを使ったローカル変数の宣言

```
var list = new ArrayList<String>();
var map = new HashMap<String, List<String>>();
```

　varは、for文・拡張for文・try-with-resources・ラムダ式の引数で使うこともできます。

●さまざまなvarの宣言

```
// for文
for (var i = 0; i < list.size(); i++) {
    System.out.print(list.get(i));
}

// 拡張for文
for (var str : list) {
    System.out.print(str);
}
```

```java
// try-with-resources文
try(var in = new FileInputStream("test.txt");
    var out = new FileOutputStream("test2.txt")){
    ⋮
}

// ラムダ式の引数
list.sort((var s1, var s2) -> s1.length() - s2.length());
```

ただし、何でもvarを使って型推論できるわけではありません。次のような宣言はコンパイルエラーになるので注意が必要です。

●コンパイルエラーになるvarの宣言

```java
// error: 'var' is not allowed in a compound declaration
var b = 2, c = 3.0;

// error: 'var' is not allowed as an element type of an array
var d[] = new int[4];

// cannot use 'var' on variable without initializer
var e;

// array initializer needs an explicit target-type
var f = { 6 };

// cannot use 'var' on self-referencing variable
var g = (g = 7);

// lambda expression needs an explicit target-type
var h = () -> "hello";

// variable initializer is 'null'
var i = null;

// method reference needs an explicit target-type
var supplier = this::getName;
```

また、varを使って型の表記を省略するとコードが読みづらくなってしまうケースもあります。次のURLにvarを使う際のガイドラインが公開されているので、こちらも参考にするとよいでしょう。

https://openjdk.java.net/projects/amber/LVTIstyle.html

300 @SafeVarargs アノテーションの新機能を知りたい

@SafeVarargs		6 7 8 11
関 連	082 型パラメータの可変長引数を安全に使いたい　P.150	
利用例	privateメソッドの可変長引数に型パラメータを定義する場合	

　@SafeVarargs アノテーションは付与できるところに制限がありますが レシピ082 、新たにprivateメソッドにも付与できるようになります。

●privateメソッドに@SafeVarargsアノテーションを付与

```
@SafeVarargs
private <T> T privateMethod(T... a) {
    ⋮
}
```

301 try-with-resources文の新機能を知りたい

try-with-resources　　　　　　　　　　　　　　6　7　8　**11**

関　連	035　リソースを確実にクローズしたい　P.070
利用例	try-with-resources文より前で宣言したリソースを使用する場合

　try-with-resources文はシンプルな記述でリソースを確実にクローズすることができますが レシピ035 、従来はtryブロックのリソースには必ず変数を割り当てる必要がありました。
　例えば次のようにtry-with-resources文より前でリソースを宣言している場合でも、tryブロックで再度別の変数に割り当てを行なわなければなりませんでした。

●従来のtry-with-resources文

```java
public void read() throws IOException {
    FileInputStream fileInputStream = doSomeMethod(…);

    try(InputStream in = fileInputStream) {
        Path path = Paths.get("fuga.txt");
        long size = Files.copy(in, path);
        System.out.println(size + "バイトをコピーしました。");
    }
}
```

　上記のfileInputStreamのように、値の書き換えが行なわれない変数は、実質的にfinalとして扱うことが可能です。このような実質的にfinalな変数に限って、try-with-resources文で変数の再割り当てを行なわなくてもよくなります。

●finalな変数はtry-with-resources文でそのまま使える

```java
public void read() throws IOException {
    FileInputStream fileInputStream = doSomeMethod(…);

    try(fileInputStream) {
      ⋮
    }
}
```

302 ジェネリクスを使った匿名クラスの型パラメータを省略したい

| <> | ダイアモンド演算子 | | 6 | 7 | 8 | 11 |

関　連	078　Javaのバージョンによるジェネリクスの違いを知りたい　P.144
利 用 例	ジェネリクスを使った匿名クラスを利用する場合

　Java 8以前では、匿名クラスにダイアモンド演算子は使えず、次のように宣言する必要がありました。

●従来の匿名クラスの宣言

```
Comparator<String> comparator = new Comparator<String>() {
    @Override public int compare(String o1, String o2) {
        return o1.compareTo(o2);
    }
};
```

これから、ダイアモンド演算子を匿名クラスに使うことができるようになります。

●匿名クラスにダイアモンド演算子を使う

```
Comparator<String> comparator = new Comparator<>() {
    @Override public int compare(String o1, String o2) {
        return o1.compareTo(o2);
    }
};
```

303 インターフェースにprivateメソッドを定義したい

インターフェース	private

関　連	065 インターフェースにメソッドを実装したい　P.119
利用例	インターフェース内の共通処理をまとめる場合

　インターフェースにはメソッドを実装できますが レシピ065 、Java 8以前では、privateメソッドを定義することはできませんでした。

　これからはprivateメソッドを定義できるため、インターフェース内に実装している複数のメソッドから利用するような共通の処理をprivateメソッドへ抽出することができます。

●privateメソッドを定義

```java
public interface HelloWorld {
    default public String hello(String name) {
        return getMessage(name);
    }
    default public String helloPlus(String name) {
        return String.format("+++ %s +++", getMessage(name));
    }

    // インターフェース内でのみアクセスできる
    private String getMessage(String name) { return "Hello " + name; }
}
```

　privateなstaticメソッドも定義できます。

●privateなstaticメソッドを定義

```java
public interface SampleBuilder {

    public static SampleBuilder builder() {
        return builder("foo", "bar");
    }

    // インターフェース内でのみアクセスできる
    private static SampleBuilder builder(String... params) {
        ⋮
    }
}
```

304 @Deprecatedに追加された属性を知りたい

@Deprecated	forRemoval	since	@SuppressWarnings

関連	083 標準アノテーションを知りたい　P.152
利用例	非推奨の項目に対し、より詳しい情報を付加したい場合

@Deprecatedアノテーションに新たな属性が追加されました。

- forRemoval …… trueの場合、今後のリリースで削除されることを示す。falseの場合、非推奨ですが当面今後のリリースで削除する意図はないもの。デフォルトはfalse
- since …………… 非推奨となったバージョン

例えば、次のようなクラスがあるとします。

● 非推奨のメソッドを持つクラス（ObsoleteClass.java）

```java
public class ObsoleteClass {
    @Deprecated
    public void deprecation() { System.out.println("a"); }

    @Deprecated(forRemoval=true)
    public void removal() { System.out.println("x"); }
}
```

● 非推奨のメソッドを呼び出す（DeprecatedSample.java）

```java
public class DeprecatedSample {
    public static void main(String[] args) {
        ObsoleteClass instance = new ObsoleteClass();
        instance.deprecation();
        instance.removal();
    }
}
```

このクラスをコンパイルする際には、以下のような警告が表示されます。

```
> javac ObsoleteClass.java DeprecatedSample.java
DeprecatedSample.java:5: warning: [removal] removal() in ObsoleteClass has been ⏎
deprecated and marked for removal
    instance.removal();
            ^
Note: DeprecatedSample.java uses or overrides a deprecated API.
Note: Recompile with -Xlint:deprecation for details.
1 warning
```

　削除の警告（コンパイルオプション：-Xlint:removal）はデフォルトで有効になっており、forRemovalがtrueのAPIはこのような警告が表示されます。一方、非推奨の警告（コンパイルオプション：-Xlint:deprecation）はデフォルトでは有効になっていません。forRemovalがfalseのAPIも詳細まで表示したい場合はコンパイル時に-Xlint:deprecationオプションを付ける必要があります。

　削除の警告を抑制したいときは、コンパイル時、次のように-Xlint:-removalオプションを付けると無効にできます。

```
> javac -Xlint:-removal ObsoleteClass.java DeprecatedSample.java
Note: DeprecatedSample.java uses or overrides a deprecated API.
Note: Recompile with -Xlint:deprecation for details.
Note: DeprecatedSample.java uses or overrides a deprecated API that is marked for ⏎
removal.
Note: Recompile with -Xlint:removal for details.
```

　この方法はコンパイル時にON/OFFを切り替えられるため便利ですが、その反面、一部のメソッドのみ警告を抑制するといった細かい制御はできません。特定のメソッドのみ警告を抑制したい場合は、@SuppressWarningsアノテーションを使うとよいでしょう。

●特定のメソッドのみ警告を抑制
```
@SuppressWarnings({"deprecation", "removal"})
public void method() {
    ObsoleteClass instance = new ObsoleteClass();
    instance.deprecation();
    instance.removal();
}
```

11.4 APIの拡張

> **NOTE**
>
> **jdeprscan - 非推奨のAPIをスキャンする**
>
> jdeprscanというツールがJDKから提供されており、このツールはクラスファイルやJARファイルをスキャンして、非推奨のJava SE APIを使っているかどうかを探すことができます。例えば次のようなコードがあるとします。
>
> ●非推奨のAPIを使っている
>
> ```
> public class DeprecatedSample {
>     public static void main(String[] args) {
>         // Integer のコンストラクタは非推奨
>         Integer i = new Integer(1);
>         System.out.println(i);
>     }
> }
> ```
>
> このコードをコンパイルし、jdeprscanというツールを使用すると以下のような結果が得られます（ただし、classesディレクトリ配下にクラスファイルがあるものとします）。
>
> ```
> > jdeprscan classes
> Directory classes:
> class DeprecatedSample uses deprecated method java/lang/Integer::<init>(I)V
> ```
>
> jdeprscanを使って、JARファイルをスキャンすることもできます。
>
> ```
> > jdeprscan commons-lang3-3.8.1.jar
> Jar file commons-lang3-3.8.1.jar:
> class org/apache/commons/lang3/reflect/MethodUtils uses deprecated method
> java/lang/reflect/AccessibleObject::isAccessible()Z
> class org/apache/commons/lang3/reflect/MemberUtils uses deprecated method
> java/lang/reflect/AccessibleObject::isAccessible()Z
> class org/apache/commons/lang3/reflect/FieldUtils uses deprecated method
> java/lang/reflect/AccessibleObject::isAccessible()Z
> ```

@Deprecated | forRemoval | since | @SuppressWarnings

305 Optionalの拡張について知りたい

| Optional | orElseThrow | stream | ifPresentOrElse | or |

| 関連 | 023 Optionalってなに？ P.046 |
| 利用例 | nullを使わずに値が存在しないことを表す場合 |

Optionalは存在するかどうかわからない値を表現するためのものですが レシピ023 、さらに利便性を高めるメソッドがいくつか追加されています。

orElseThrow

元々 Java 8以前には、値が存在しない場合に任意の例外をスローできるorElseThrow()メソッドが用意されていました レシピ023 が、新たに引数のないorElseThrow()メソッドも追加されました。これはget()メソッドと同義であり、get()メソッドの代替として使用することが推奨されています。

●Optionalから値を取得する

```
Optional<String> optional = …

// 値が存在しない場合はNoSuchElementExceptionがスローされる
String value = optional.orElseThrow();
```

stream

stream()メソッドは、値が存在する場合はその値を含むStreamを返し、存在しなければ空のStreamを返します。一見すると何の役に立つかわかりにくいのですが、例えばOptionalの値を要素として持つList<Optional<String>>があり、これをList<String>に変換したい（つまり、値が存在する要素のみListに残してその値を取り出す）場合など、シンプルな記述が可能になります。

●従来のコード

```
List<Optional<String>> list = …

Stream<String> stream = list.stream().filter(s -> s.isPresent()).map(s -> s.get());
List<String> result = stream.collect(Collectors.toList());
```

stream()メソッドを使うことで、次のようにシンプルな記述が可能になります。

●stream()メソッドでシンプルに

```
List<Optional<String>> list = …

Stream<String> stream = list.stream().flatMap(s -> s.stream());
List<String> result = stream.collect(Collectors.toList());
```

ifPresentOrElse

「値が存在する場合はその値を使ってある処理を行ない、存在しなければ別の処理を行なう」場合など、従来if、elseを使っていたようなケースにおいて、ifPresentOrElse()メソッドを使うことでシンプルな記述が可能になります。

●従来のコード

```
Optional<String> optional = …

if (optional.isPresent()) {
    someAction(optional.get());
} else {
    emptyAction();
}
```

ifPresentOrElse()メソッドを使うと次のようになります。

●ifPresentOrElse()メソッドでシンプルに

```
Optional<String> optional = …

optional.ifPresentOrElse(this::someAction, this::emptyAction);
```

or

or()メソッドはorElseGet()メソッドと似ており、値が存在しない場合は引数のラムダ式の結果を返します。orElseGet()との違いは戻り値の型で、orElseGet()メソッドは値の型を返すのに対して、or()メソッドはOptional型を返します。つまり、or()メソッドが便利なケースとは、引数のラムダ式の結果もOptional型の場合です。

例えば、ユーザIDからユーザ情報を取得するケースを考えてみます。最初にデータベースに問い合わせて、その結果をOptional型で取得するとします。もし存在しなければ別の

外部サービスへ問い合わせて、そちら側にも存在しない可能性があるためその結果もOptional型で取得する、とします。

　最終的な型はOptional型となり、値があれば、その値はデータベースの問い合わせ結果、もしくは外部サービスの問い合わせ結果のどちらかであり、値がなければどちらにも存在しないユーザということになります。

●or()メソッドの利用例

```
long userId = …

Optional<User> user = find(userId).or(() -> findFromXXX(userId));

public Optional<User> find(long id) { … }
public Optional<User> findFromXXX(long id) { … }
```

306 コレクションの拡張について知りたい

コレクション

関連	111 Listと配列を相互に変換したい　P.206
	133 Streamの要素をフィルタリングしたい　P.237
	139 Streamの要素をグルーピングしたい　P.243
	141 無限の長さを持つStreamを生成したい　P.245

利用例	コレクションを利用するコードをより簡潔に記述する場合

　Java 8からStream APIが提供され、利便性の向上が図られているコレクションですが、さらなる改善が行なわれています。

▍Stream#ofNullable

　Optionalにはすでにof Nullable()メソッドがありますが、これは、値がnull以外の場合は値を持つOptional、nullの場合は空のOptionalを生成するメソッドです レシピ023・305 。

　Streamに追加されたofNullable()メソッドも振る舞いは同じで、値がnull以外の場合は値を持つStream、nullの場合は空のStreamを生成します。

●要素がnullのものを除外する

```
List<String> list = Arrays.asList("a", "b", null, "c", null)
    .stream()
    .flatMap(s -> Stream.ofNullable(s))
    .collect(Collectors.toList());   // => List("a", "b", "c")
```

▍Stream#takeWhile、Stream#dropWhile

　takeWhile()メソッドは、条件に一致する間は処理を続け（データを抽出する）、条件に一致しない要素が見つかった時点で処理を終了します。

●100未満のデータを抽出する

```
List<Integer> list = List.of(20, 50, 90, 100, 110)
    .stream()
    .takeWhile(i -> i < 100)
    .collect(Collectors.toList());   // => List(20, 50, 90)
```

　一方、dropWhile()メソッドは、条件に一致する間は処理をスキップし（データを破棄する）、条件に一致しない要素が見つかった時点で処理を終了します。

●100未満のデータを破棄する

```
List<Integer> list = List.of(20, 50, 90, 100, 110)
    .stream()
    .dropWhile(i -> i < 100)
    .collect(Collectors.toList());   // => List(100, 110)
```

　要素のフィルタリングと言えばStream#filter()メソッドがありますが レシピ133 、こちらはすべての要素を条件と照らし合わせて、最終的に条件に一致する要素のみのStreamを取得できます。一方、takeWhile()メソッドやdropWhile()メソッドは、条件に一致しない要素が見つかった時点で処理を終えます。つまり、必ずしもすべての要素を見るわけではないというわけです。

　takeWhile()メソッドやdropWhile()メソッドのそれら特徴は、特定の条件下においてはパフォーマンスに優位になってきます。例えば、Listに大量のデータがあり、かつデータはソートされている場合などです。このListからある値以下のデータを抽出する（しかもそれは全体の10%程度）場合、filter()メソッドよりもtakeWhile()メソッドの方が効率がよいのは一目瞭然です。なぜなら、Listのデータはソートされているので、takeWhile()メソッドは最初の10%程度のデータを見るだけで処理を終えられるからです。もちろん、filter()メソッドはすべてのデータをチェックします。

Stream#iterate

　Streamには、無限に値を返すStreamを生成するiterate()メソッドがあります レシピ141 。しかし、このStreamに対して処理を行なうと、無限ループになってしまいます。そのため、limit()メソッドを使って必要な件数分のみ返すようにして使用します。

●先頭の5件のみ表示

```
Stream<Integer> stream = Stream.iterate(10, i -> i * 2);
stream.limit(5).forEach(System.out::println);
```

　件数を指定するのであればこれでもよいのですが、任意の条件によって要素数を決めたいこともあります。そこで新たに、引数が異なるiterate()メソッドが追加されました。このメソッドには、初期値と、Streamの終了条件と、次の値を返すラムダ式を渡します。

●50未満の値のみ表示

```
Stream<Integer> stream = Stream.iterate(10, i -> i < 50, i -> i * 2);
stream.forEach(System.out::println);
```

List#of、Set#of、Map#of、Map#ofEntries、Map#entry

List#of、Set#of、Map#ofというファクトリメソッドが新たに追加されました。of()メソッドで生成したコレクションには、変更不可能だという特徴があります。つまり、要素を追加したり削除したりすることはできず、もし追加などを行なうとUnsupportedOperationExceptionがスローされます。

● 変更不可能なListを生成

```
List<String> list = List.of("a", "b", "c");

// UnsupportedOperationExceptionがスローされる
list.add("d");
// nullを渡すと例外がスローされる
List<String> list2 = List.of("a", null);
```

● 変更不可能なSetを生成

```
Set<String> set = Set.of("a", "b", "c");

// UnsupportedOperationExceptionがスローされる
set.add("d");
// nullを渡すと例外がスローされる
Set<String> set2 = Set.of("a", null);
// 重複要素があると例外がスローされる
Set<String> set3 = Set.of("a", "b", "a");
```

● 変更不可能なMapを生成

```
Map<String, Integer> map = Map.of("a", 10, "b", 20, "c", 30);

// UnsupportedOperationExceptionがスローされる
map.put("d", 40);
// キーまたは値にnullを渡すと例外がスローされる
Map<String, Integer> map2 = Map.of("a", 10, "b", null);
// 重複キーがあると例外がスローされる
Map<String, Integer> map3 = Map.of("a", 10, "b", 20, "a", 30);
```

MapにはMap#ofEntriesとMap#entryも追加されており、こちらを使うとMapの要素（キーと値のペア）単位で渡すことができます。

●Map.Entryを指定して変更不可能なMapを生成

```
Map<String, Integer> map = Map.ofEntries(
    Map.entry("a", 10), Map.entry("b", 20), Map.entry("c", 30));
```

> **NOTE**
>
> **Arrays#asList()との違い**
>
> Arrays#asList()メソッドを使用して生成したListも、要素の追加や削除はできません。ただし、こちらは配列からコレクションの橋渡しのようなAPIになっており レシピ111 、nullが含まれていてもListを生成することが可能です。nullを除去したい場合は明示的に処理を行なう必要があります。
>
> ●Arrays#asList()メソッドはnullがあってもOK
>
> ```
> List<String> list = Arrays.asList(null, "Foo", null, "Bar", null, null);
> 
> list.stream().forEach( System.out::print )
>     // => null
>            Foo
>            null
>            Bar
>            null
>            null
> 
> list.stream().filter( Objects::nonNull ).forEach( System.out::println )
>     // => Foo
>            Bar
> ```

List#copyOf、Set#copyOf、Map#copyOf

copyOf()メソッドは名前のとおり、すでにあるコレクションから要素をコピーして、変更不可能なコレクションを生成します。

●要素をコピーして変更不可能なコレクションを生成

```
List<String> src = new ArrayList<>();
src.add("a");
src.add("b");
src.add("c");

List<String> list = List.copyOf(src);
```

コピー元にnullが含まれている場合は例外がスローされます。

●コピー元にnullがあってはいけない

```
List<String> list = Arrays.asList("a", null);
List.copyOf(list); // => NullPointerExceptionをスロー
```

Collectors#toUnmodifiableList、Collectors#toUnmodifiableSet、Collectors#toUnmodifiableMap

Streamの要素を変更不可能なコレクションにまとめるメソッドが追加されました。

●変更不可能なListにまとめる

```
Stream<Integer> stream = Stream.of(1, 2, 3, 4, 5);

List<Integer> list = stream
    .filter(i -> i % 2 == 0)
    .collect(Collectors.toUnmodifiableList());
```

●変更不可能なSetにまとめる

```
Stream<Integer> stream = Stream.of(1, 2, 3, 4, 5, 4);

Set<Integer> set = stream
    .filter(i -> i % 2 == 0)
    .collect(Collectors.toUnmodifiableSet());
    // => [4, 2]
```

もしnullが含まれている場合はNullPointerExceptionがスローされます。
Mapはキーと値を生成する関数をそれぞれ指定します。

●変更不可能なMapにまとめる

```
Stream<Integer> stream = Stream.of(1, 2, 3);

Map<Integer, String> map = stream
    .collect(Collectors.toUnmodifiableMap(
        Function.identity(),
        i -> "value: " + i
    ));
```

ただし上記のメソッドは重複キーがある場合、例外がスローされるので、その場合は同一キーに対する値のマージ関数を指定します。

●同一キーに対する値のマージ関数を指定

```
Stream<Integer> stream = Stream.of(1, 2, 3);

Map<Integer, String> map = stream
    .collect(Collectors.toUnmodifiableMap(
        i -> i % 2,
        i -> "value: " + i,
        (s1, s2) -> s1 + ", " + s2
    ));
```

キーまたは値にnullがあるとNullPointerExceptionがスローされます。

Collectors#filtering

例えば、商品を表すクラスがあるとします。

●商品を表すクラス

```
public class Item {
    private String category;
    private String name;
    private int price;

    public Item(String category, String name, int price) {
        this.category = category;
        this.name = name;
        this.price = price;
    }

    … getter and setter …
}
```

このItemを要素として持つStreamをカテゴリでグルーピングすると次のようになります レシピ139 。

●カテゴリでグルーピング

```
Stream<Item> stream = Stream.of(
    new Item("Clothing", "Maxi Skirt", 3980),
    new Item("Accessories", "Piercing", 1980),
    new Item("Clothing", "Long coat", 7800)
);

Map<String, Long> map = stream
    .collect(Collectors
        .groupingBy(item -> item.getCategory(), Collectors.counting()));
```

ではカテゴリでグルーピングする際、価格が5000円を超える商品だけをカウントしたい場合、filter()メソッドを使う方法を思いつくかもしれません。

●カテゴリでグルーピング（対象商品は価格が5000円を超える）

```
Map<String, Long> map = stream
    .filter(item -> item.getPrice() > 5000)
    .collect(Collectors
        .groupingBy(item -> item.getCategory(), Collectors.counting()));
```

しかし結果のMapからAccessoriesが消えてしまいました。まずカテゴリでグルーピングをした上で値のフィルタリングをしたい（フィルタリングの結果該当する商品がないカテゴリは値を0にしたい）ケースでは意図した結果にはなっていません。filtering()メソッドを使うとこの問題を解決できます。

●カテゴリでグルーピング（対象商品は価格が5000円を超える）

```
Map<String, Long> map = stream
    .collect(Collectors.groupingBy(
        item -> item.getCategory(),
        Collectors.filtering(item -> item.getPrice() > 5000, Collectors.counting())
    ));
```

フィルタリングの結果該当する商品がないカテゴリも結果のMapには含まれており、値は0になっています。

Collectors#flatMapping

flatMapping()メソッドはmapping()メソッドと似ていますが、mapping()メソッドの場合は中間Listを生成するのに対して、flatMapping()メソッドは中間Listを生成しません。

例えば商品を表すクラスに生産者の一覧を追加します。

●商品クラスに生産者一覧を追加

```
public class Item {
    private String category;
    private String name;
    private int price;

    private List<String> producers;

      ︙
}
```

カテゴリでグルーピングした生産者の一覧を取得すると、次のようになります。

●mapping()メソッドとflatMapping()メソッド

```
Stream<Item> stream = …

// グルーピングした生産者のListをListに配置
Map<String, List<List<String>>> map1 = stream
    .collect(Collectors.groupingBy(
        item -> item.getCategory(),
        Collectors.mapping(item -> item.getProducers(), Collectors.toList())
    ));

// グルーピングした生産者のListになる
Map<String, List<String>> map2 = stream
    .collect(Collectors.groupingBy(
        item -> item.getCategory(),
        // flatMapping()メソッドはStreamを受け取る
        Collectors.flatMapping(item -> item.getProducers().stream(), Collectors.toList())
    ));
```

307 Reactive Streamsを使いたい

Reactive Streams	java.util.concurrent.Flow	6 7 8 **11**
関連	—	
利用例	特定の実装に依存しない非同期ストリーム処理を記述する場合	

　Reactive Streamsとは、ソフトウェアコンポーネント間における、非同期ストリーム処理の標準的な仕様を提供しようというものです。

http://www.reactive-streams.org/

　Reactive Streamsに沿ったインターフェースを提供することで、アプリケーションが特定の実装に依存するのを防ぐことができます。

java.util.concurrent.Flowクラス

　新たに導入されるjava.util.concurrent.Flowクラスに、Reactive Streamsに対応した4つのインターフェースが定義されています。

- Flow.Publisher ……… メッセージを送信するコンポーネントのインターフェース
- Flow.Subscriber …… メッセージを受信するコンポーネントのインターフェース
- Flow.Processor …… PublisherとSubscriberの両方として動作するコンポーネントのインターフェース
- Flow.Subscription … SubscriberがPublisherにメッセージを要求する際に使用するインターフェース

プル型とプッシュ型

　Reactive StreamsはいわゆるPublish-Subscribe型のメッセージ送信方式ですが、Subscriber側からPublisherに対してメッセージを要求する「プル型」のモデルであるという特徴があります。

　Publisher側からSubscriberに対してメッセージを送信する「プッシュ型」の場合、一度に大量のメッセージがプッシュされるとSubscriber側で処理しきれなくなるという問題がありますが、プル型であればこのような心配がありません。

　このようにSubscriber側からの要求によってストリームのメッセージ流量を調節する仕組みのことを「バックプレッシャー」と呼びます。

シンプルな利用例

ここでReactive Streamsのシンプルな利用方法を紹介します。まずはSubscriberの実装です。

● Subscriberの実装例

```java
public class SampleSubscriber<T> implements Flow.Subscriber<T> {
    private Flow.Subscription subscription;

    // Publisherへの登録時に呼び出される
    @Override public void onSubscribe(Flow.Subscription subscription) {
        System.out.println("onSubscribe");
        this.subscription = subscription;
        subscription.request(1); // 最初の1件を要求
    }

    // メッセージの配信時に呼び出される
    @Override public void onNext(T item) {
        System.out.println("onNext: " + item);
        this.subscription.request(1); // 1件処理するごとに次の1件を要求
    }

    // ストリームの終了時に呼び出される
    @Override public void onComplete() {
        System.out.println("onComplete");
    }

    // エラー時に呼び出される
    @Override public void onError(Throwable throwable) {
        System.out.println("onError: " + throwable.getMessage());
    }
}
```

Publisherについてはjava.util.concurrent.SubmissionPublisherという実装が用意されているのでこれを使用します。

11.4 APIの拡張

●Publisherからメッセージを送信する

```
// Publisherを生成
var publisher = new SubmissionPublisher<String>();
// Subscriberを生成
var subscriber = new SampleSubscriber<String>();
// SubscriberをPublisherに追加
publisher.subscribe(subscriber);

// メッセージを送信
publisher.submit("Java 6");
publisher.submit("Java 7");
publisher.submit("Java 8");
publisher.submit("Java 11");
// ストリームを終了
publisher.close();

// 終了するまで待つ
Thread.sleep(1000);
```

実行結果は以下のようになります。

▼実行結果

```
onSubscribe
onNext: Java 6
onNext: Java 7
onNext: Java 8
onNext: Java 11
onComplete
```

Reactive Streamsをサポートしているライブラリ

Reactive StreamsをサポートしているライブラリとしてRxJava（https://github.com/ReactiveX/RxJava）やAkka（https://doc.akka.io/）などがあります。また、本章で紹介しているJava標準HTTP/2 Client レシピ309 もReactive Streamsに対応しており、リクエストボディをPublisherから供給したり、レスポンスボディをSubscriberに接続したりできます。

308 CompletableFutureの拡張について知りたい

CompletableFuture　6　7　8　11

関　連	229 呼び出し元をブロックせずに非同期処理を行ないたい　P.372
利用例	呼び出し元をブロックせずに例外を持つ非同期処理を行なう場合

CompletableFuture レシピ229 に新たなメソッドが追加されました。

値を持つCompletableFutureを生成するcompletedFuture()メソッドは従来のバージョンでも利用可能でしたが、これに加えて、例外を持つCompletableFutureを生成するfailedFuture()メソッドが利用可能になります。

●例外を持つCompletableFutureを生成

```
CompletableFuture<Integer> future =
    CompletableFuture.failedFuture(new Exception("エラー"));
```

completedStage()メソッドとfailedStage()メソッドは処理を合成できるCompletionStageを生成します。

●CompletionStageを生成

```
CompletionStage<Integer> stage2 =
    CompletableFuture.failedStage(new Exception("エラー"));
```

orTimeout()メソッドでタイムアウトの設定ができます。completeOnTimeout()メソッドを使うことで、タイムアウト時の値を指定することができます。

●タイムアウトを設定

```
public int compute() { … }

CompletableFuture<Integer> future1 = CompletableFuture
    .supplyAsync(() -> compute())
    .orTimeout(3, TimeUnit.SECONDS)
    .whenComplete((result, ex) -> {
        // 成功時
        if (ex == null) {
            String message = String.format("Result: %d", result);
            ⋮
```

```
        // タイムアウト時
        } else {
            String message = String.format("Error: %s", ex.getClass());
              ⋮
        }
    });

CompletableFuture<Integer> future2 = CompletableFuture
    .supplyAsync(() -> compute())
    .completeOnTimeout(-1, 3, TimeUnit.SECONDS);
```

delayedExecutor()メソッドで指定した時間経過後に処理を開始するExecutorを取得できます。指定した時間が正の値ではない場合（0以下の場合）は遅延はありません。

● 3秒後にcompute()メソッドを実行

```
CompletableFuture
  .supplyAsync(() -> compute(),
    CompletableFuture.delayedExecutor(3, TimeUnit.SECONDS))
  .thenAccept(System.out::println);

// Executorを指定することも可能
Executor executor = …
CompletableFuture
  .supplyAsync(() -> compute(),
    CompletableFuture.delayedExecutor(3, TimeUnit.SECONDS, executor))
  .thenAccept(System.out::println);
```

309 HTTP/2やWebSocketに対応したHTTPクライアントAPIを使いたい

HTTP/2 Client | HttpClient　　　　　　　　　　6　7　8　**11**

関　連	275　Webサーバにリクエストを送信したい　P.461
利用例	指定したURLのコンテンツをダウンロードする場合

　HTTP/2およびWebSocketに対応した新しいHTTPクライアントAPIが追加されました。
　この新しいAPIは、従来のHttpURLConnection API レシピ275 を置き換えることを目的としており、HTTP/1.1とHTTP/2のどちらでも利用することが可能です。
　まずはHttpClientインスタンスを生成し、sendメソッドでリクエストを送信します。HttpClientはデフォルトでHTTP/2で接続を試みます。

●同期でリクエスト送信

```java
import java.net.http.HttpClient;
import java.net.http.HttpRequest;
import java.net.http.HttpResponse;
import static java.net.http.HttpResponse.BodyHandlers;

HttpClient client = HttpClient
    .newBuilder()
    .build();

// レスポンスが返ってくるまでブロックする
HttpResponse<String> response = client.send(
    HttpRequest.newBuilder()
        .uri(URI.create("https://www.google.com"))
        .GET()
        .build(),
    BodyHandlers.ofString()
);
```

　非同期にリクエストを送信するsendAsyncメソッドもあります。

●非同期でリクエスト送信

```java
import java.net.http.HttpClient;
import java.net.http.HttpRequest;
import static java.net.http.HttpRequest.BodyPublishers;
import static java.net.http.HttpResponse.BodyHandlers;
```

```java
HttpClient client = HttpClient
    .newBuilder()
    .build();

String message = "{ \"query\" : { \"match_all\" : {} } }";

// レスポンスが返ってきてなくてもブロックしない
CompletableFuture<String> response = client.sendAsync(
    HttpRequest.newBuilder()
        .uri(URI.create("http://localhost:9200/test/test/_search"))
        .header("Content-Type", "application/json")
        .POST(BodyPublishers.ofString(message))
        .build(),
    BodyHandlers.ofString()
).thenApply(r -> r.body());
```

送信するリクエストボディは、HttpRequest.BodyPublishersから提供されているメソッドを使って設定します（表11.2）。

表11.2 HttpRequest.BodyPublishersの主なメソッド

メソッド	説明
ofByteArray	指定したバイト配列をリクエストボディに設定する
ofString	指定した文字列をリクエストボディに設定する
ofFile	指定したファイルの内容をリクエストボディに設定する
ofInputStream	InputStreamからデータを読み込みリクエストボディに設定する
fromPublisher	Flow.Publisherから受け取ったデータをリクエストボディに設定する
noBody	リクエストボディを送信しない

レスポンスボディはHttpResponse.BodyHandlersから提供されているメソッドを使って受け取ることができます（表11.3）。

表11.3 HttpResponse.BodyHandlersの主なメソッド

メソッド	説明
ofByteArray	レスポンスボディをバイト配列として受け取る
ofString	レスポンスボディを文字列として受け取る
ofFile	レスポンスボディをファイルへ書き出す
ofInputStream	レスポンスボディをInputStreamとして受け取る
ofLines	レスポンスボディをStreamとして受け取る
ofPublisher	レスポンスボディをFlow.Publisherとして受け取る
discarding	レスポンスボディを破棄する

310 Process APIの改善点を知りたい

| ProcessBuilder | startPipeline() | ProcessHandle | Process | | 6 | 7 | 8 | 11 |

関連	285 外部コマンドを実行したい P.479
利用例	UNIX形式のパイプを使った処理を行なう場合 ネイティブプロセスを識別して制御する場合

Javaから外部コマンドを実行するにはProcessBuilderクラスを使いますが レシピ285 、より使いやすいようAPIの改善が行なわれています。

ProcessBuilder#startPipeline

startPipeline()メソッドを使うと、UNIX形式のパイプを使った処理ができるようになります。

●パイプを使った処理

```
List<Process> result = ProcessBuilder.startPipeline(
    List.of(
        new ProcessBuilder("ls"),
        new ProcessBuilder("sort", "-r")
    )
);

// 最後のプロセスを取得
Process process = result.get(result.size() - 1);
```

ProcessHandle

新たに追加されたProcessHandleインターフェースはネイティブプロセスを識別して制御することができます。

●ProcessHandleを使う

```
// 現在のプロセス
ProcessHandle current = ProcessHandle.current();
// プロセスの開始時間
Optional<Instant> startTime = current.info().startInstant();

// プロセスIDを指定
ProcessHandle handle = ProcessHandle.of(1234).orElseThrow();
```

```
// プロセスの終了をトリガーにするCompletableFutureを取得
CompletableFuture<ProcessHandle> future = handle.onExit();
// get()メソッドでプロセスが終了するまで待機
boolean isAlive = future.get().isAlive();

// すべてのプロセス（スナップショット）
Stream<ProcessHandle> all = ProcessHandle.allProcesses();
```

Processに追加されたメソッド

●Processクラスに追加されたメソッド

```
Process process = …

// destroy()メソッドでプロセスを正常終了させることができる場合はtrueを返す
boolean isNormalKill = process.supportsNormalTermination();

// プロセスを終了
// Process#waitFor()の代替となるもので、ラムダ式でプロセス実行結果を評価可能
CompletableFuture<Boolean> future = process.onExit()
    .thenApply(p -> p.exitValue() == 0);

// ProcessHandleを返す
ProcessHandle handle = process.toHandle();
```

なお、以下のメソッドは実際には対応するProcessHandleのメソッドに委譲されます。例えば、プロセスIDを取得するpid()メソッドは内部的にはtoHandle().pid()メソッドを呼び出します。

●ProcessHandleのメソッドに委譲される

```
// プロセスIDを取得
long pid = process.pid();

// プロセスの情報（スナップショット）を取得
ProcessHandle.Info info = process.info();

// 子プロセスの一覧を取得
Stream<ProcessHandle> children = process.children();

// 子孫プロセスの一覧を取得
Stream<ProcessHandle> descendants = process.descendants();
```

311 jshell: The Java Shell (REPL) について知りたい

jshell	REPLツール		6	7	8	**11**

関連	—
利用例	プロトタイプやスニペットを作成・動作確認したい

JShellは、インタラクティブにJavaのコードを実行できるREPL (Read-Eval-Print Loop) ツールです。ちょっとしたコードの動作確認やプロトタイプ作成などに利用することができます。入力したコード（スニペット）はファイルに保存することもでき、後でファイルからロードすることも可能です。

まずはjshellを起動します。

```
> jshell
Nov 21, 2018 3:59:07 AM java.util.prefs.FileSystemPreferences$1 run
INFO: Created user preferences directory.
|  Welcome to JShell -- Version 11.0.1
|  For an introduction type: /help intro

jshell>
```

コードを入力しEnterキーを押下すると、そのコードが実行されます。
セミコロンは入力する必要はありません（入力しても構いません）。

```
jshell> String str = "Hello"
str ==> "Hello"
```

メソッドを補完することもできます。例えば「str.」まで入力して [Tab] キーを押すと、候補が表示されます。

```
jshell> str.    ← ここで [Tab] キーを押す
charAt(                chars()                codePointAt(
codePointBefore(       codePointCount(        codePoints(          compareTo(
compareToIgnoreCase(   concat(                contains(            contentEquals(
endsWith(              equals(                equalsIgnoreCase(    getBytes(
getChars(              getClass()             hashCode()           indexOf(
intern()               isBlank()              isEmpty()
lastIndexOf(           length()               lines()              matches(
notify()               notifyAll()            offsetByCodePoints(
```

11.5 ツール

```
regionMatches(      repeat(          replace(          replaceAll(
replaceFirst(       split(           startsWith(       strip()
stripLeading()      stripTrailing()  subSequence(      substring(
toCharArray()       toLowerCase(     toString()
toUpperCase(        trim()           wait(

jshell> str.
```

また、以下のように [Shift+Tab v] キーを押すと、簡単に変数宣言ができます。

```
jshell> Arrays.asList("a", "b")  ← ここで [Shift+Tab] キーを押し、両方解放してから [v] キーを押す
jshell> List<String> | = Arrays.asList("a", "b")
                     ↑ この部分にカーソルがある
```

任意の変数名を入力し [Enter] キーを押します。

```
jshell> List<String> list = Arrays.asList("a", "b")
list ==> [a, b]
```

/save <ファイル名> と入力することで、ファイルに保存できます。

```
jshell> /save snippet1
```

/open で、ファイルからロードできます。

```
jshell> /open   ← ここで [Tab] キーを押す
/               DeprecatedSample.java   ObsoleteClass.java   classes/   snippet1

<press tab again to see synopsis>

jshell> /open snippet1
```

/exit で、JShell を終了できます。

```
jshell> /exit
|  Goodbye
```

312 Dockerコンテナのための改善を知りたい

Docker				6 7 8 **11**
関連	—			
利用例	コンテナで動くプログラムにメモリ・CPUの制限をかける場合			

コンテナに設定したメモリやCPUの制限をコンテナ内のJVMが認識するようになりました。

例えば、Dockerコンテナランタイムに4つのCPU、4GBのメモリを割り当済みとします。

そこでdockerを--cpusオプション付きで起動します。

```
$ docker container run -it --cpus 2 --entrypoint bash adoptopenjdk/openjdk11:latest
```

すると、使用可能なCPUが制限されていることがわかります。

```
jshell> Runtime.getRuntime().availableProcessors()
$1 ==> 2

jshell> Runtime.getRuntime().maxMemory()
$2 ==> 1035993088
```

また、-mオプションを付けることで、メモリ上限を設定できます。

```
$ docker container run -it -m512M --entrypoint bash adoptopenjdk/openjdk11:latest
```

Runtime.getRuntime().availableProcessors()やRuntime.getRuntime().maxMemory()で確認すると、上限である512Mの1/4である128Mにかなり近い値になっていることがわかります。

```
jshell> Runtime.getRuntime().availableProcessors()
$1 ==> 4

jshell> Runtime.getRuntime().maxMemory()
$2 ==> 129761280
```

11.6 その他

　この機能はデフォルトで有効になっており、JVMのオプション-XX:-UseContainerSupportで無効にすることもできます。
　また、メモリの割り当てや使用するプロセッサ数の指定もより柔軟に行なえるようになっています。
　これまでメモリの割り当ては -XX:InitialRAMFraction、-XX:MaxRAMFraction、-XX:MinRAMFractionを使って、1/2や1/3といった分数による設定でしたが、これらのオプションは非推奨となり、新たに-XX:InitialRAMPercentage、-XX:MaxRAMPercentage、-XX:MinRAMPercentageを使って、0.0 ～ 100.0のパーセンテージによる指定ができるようになっています。
　使用するプロセッサ数は、コンテナに設定したCPUのリソース制限をもとに、JVMが自動的に使用するプロセッサ数を決定しますが、-XX:ActiveProcessorCount=countを使ってその値を明示的に指定することもできます。

313 ResourceBundleのデフォルトファイルエンコーディングの変更点を知りたい

ResourceBundle	マルチバイト文字列		6 7 8 **11**
関連	280 メッセージを国際化したい P.472		
利用例	国際化対応してメッセージを切り替える場合		

レシピ280 で紹介しているように、Java 8までは、ResourceBundleで日本語などのマルチバイト文字列を扱う際、プロパティファイルをユニコードにエスケープする必要がありました。

これからは、ResourceBundleのデフォルトファイルエンコーディングがUTF-8になったため、これからはUTF-8で記述されたプロパティファイルをそのままResourceBundleで読み込むことができます。

なお、これに伴い、native2asciiは削除されています。

314 SHA-3暗号化ハッシュをサポート

MessageDigest	SHA-3暗号化ハッシュ				6 7 8 11
関連	281　ハッシュ値を求めたい　P.474
利用例	パスワードをハッシュ化して保存する場合 ファイルのハッシュ値を求めて、ファイルの正当性を評価する場合

　NIST FIPS 202（https://nvlpubs.nist.gov/nistpubs/FIPS/NIST.FIPS.202.pdf）に記載されているSHA-3暗号化ハッシュがサポートされ、java.security.MessageDigestクラス レシピ281 で使用できるハッシュアルゴリズムにSHA3-224、SHA3-256、SHA3-384、SHA3-512が追加されています。

315 ラッパークラスの生成方法の変更点を知りたい

| オートボクシング | valueOf | | 6 | 7 | 8 | 11 |

関連	021 ラッパークラスってなに？ P.042
利用例	基本型の値をコレクションに格納する場合

　Boolean、Byte、Short、Character、Integer、Long、Float、Double のコンストラクタが非推奨になっており、このようなラッパークラス レシピ021 のコンストラクタを使って基本型をラップするコードは、

- オートボクシングを使う
- valueOfメソッドを使う

のいずれかで代替することが推奨されています。
　ほとんどの場合、オートボクシングで上手くいきます。

● ラッパークラスをListに追加
```
List<Integer> list = new ArrayList<>();

// Java 8 まで
list.add(new Integer(1));

// オートボクシングで代替
list.add(1);
```

　ただし、コレクションのremove()メソッドのように、

- 引数として基本型を取るメソッド
- 引数としてラッパークラスを取るメソッド

が同名で存在する場合には注意が必要です。

●remove()メソッドの呼び出し

```
// Java 8 まで
// 1番目の要素を削除
list.remove(1);
// 値が1の要素を削除
list.remove(new Integer(1));

// オートボクシングでは代替できない
// 1番目の要素を削除
list.remove(1);
// 値が1の要素を削除
list.remove(1);    // => NG
```

このようなケースではvalueOfメソッドで代替します。

●remove()メソッドの呼び出し

```
// 1番目の要素を削除
list.remove(1);

// 値が1の要素を削除
list.remove(Integer.valueOf(1));
```

316 単一ソースファイルを javaコマンドで直接実行したい

| java | main | ソースファイル | | 6 | 7 | 8 | 11 |

関連	—
利用例	短いプログラムを手軽に動かす場合

1つのソースファイルにプログラム全体が含まれている場合、javaコマンドでソースファイルから直接実行することができます。

例えば1章にある HelloWorld.java は、javaコマンドで直接実行できます。

```
> java HelloWorld.java
Hello World!
```

このようにjavaコマンドで実行できるソースファイルは以下を満たしている必要があります。

- public static void main(String[]) メソッドがある
- すべてのクラスを1つのソースファイルに定義する

ファイル内のクラス数に制限はなく、複数のクラスを定義できます。よって、以下のようなソースファイルを用意し、javaコマンドで実行することも可能です。

●SingleFileSourceCode.java

```java
// 複数のクラスを定義する場合、最初のクラスに main メソッドがあること
public class HelloWorld {
    public static void main(String[] args) {
        System.out.println(Message.hello(args[0]));
    }
}

public class Message {
    public static String hello(String name) {
        return String.format("Hello %s!", name);
    }
}
```

以下のようにして実行します。

```
> java SingleFileSourceCode.java recipe
Hello recipe!
```

INDEX

アノテーション

@AfterAllアノテーション	441
@AfterEachアノテーション	440
@BeforeAllアノテーション	441
@BeforeEachアノテーション	440
@Deprecatedアノテーション	152, 519
@DisabledIfEnvironmentVariableアノテーション	447
@DisabledIfSystemPropertyアノテーション	446
@DisabledOnJreアノテーション	445
@Disabledアノテーション	442
@DisableOnOsアノテーション	444
@DisplayNameアノテーション	448
@EnabledIfEnvironmentVariableアノテーション	447
@EnabledIfSystemPropertyアノテーション	446
@EnabledOnJreアノテーション	445
@EnabledOnOsアノテーション	444
@ExcludeClassNamePatternsアノテーション	457
@ExcludePackagesアノテーション	456
@ExcludeTagsアノテーション	455
@FunctionalInterfaceアノテーション	078, 152
@IncludeClassNamePatternsアノテーション	457
@IncludePackagesアノテーション	456
@IncludeTagsアノテーション	455
@Overrrideアノテーション	131, 152
@RunWithアノテーション	453
@SafeVarargsアノテーション	152, 515
@SaveVarargsアノテーション	150
@SelectClassesアノテーション	453
@SelectPackagesアノテーション	453
@SuppressWarningsアノテーション	152
@Tagアノテーション	449
@Testアノテーション	430

記号

-演算子	030
--演算子	030
!=演算子	035, 036
!演算子	038
$(正規表現)	100
%=演算子	031
%演算子	030
&&演算子	038
&演算子	032, 038
*(ワイルドカード)	025
*=演算子	031
*演算子	030
...	136
.class	159
/** ~ */	050
/* ~ */	049
//	049
/=演算子	031
/演算子	030
::演算子	080
?:(三項演算子)	037
^(正規表現)	100
^演算子	032, 038
_(数値リテラル区切り)	029
{}	057, 062, 073
¦¦演算子	038
¦演算子	032, 038
~演算子	032
++演算子	030
+=演算子	031
+演算子	030, 081
<?>	148
<<演算子	033
<=演算子	035
<>演算子	144, 517
<T>	146
<演算子	035
==演算子	035, 036, 086
-=演算子	031

551

記号・英字	ページ
->演算子	073
>=演算子	035
>>>演算子	033
>>演算子	033
>演算子	035

A

- abstractキーワード … 129
- AclFileAttributeView … 312
- AdoptOpenJDK … 002, 503
- ArrayList … 192, 193
- Arrays
  - asList()メソッド … 206
  - binarySearch()メソッド … 190
  - copyOf()メソッド … 186
  - copyRangeOf()メソッド … 186
  - deepEquals()メソッド … 191
  - equals()メソッド … 191
  - parallelSort()メソッド … 189
  - sort()メソッド … 188
  - stream()メソッド … 231
- Assertions
  - assertAll()メソッド … 438
  - assertArrayEquals()メソッド … 434
  - assertEquals()メソッド … 434
  - assertFalse()メソッド … 435
  - assertIterableEquals()メソッド … 434
  - assertNotNull()メソッド … 435
  - assertNotSame()メソッド … 435
  - assertNull()メソッド … 435
  - assertSame()メソッド … 435
  - assertThrows()メソッド … 439
  - assertTimeout()メソッド … 452
  - assertTimeoutPreemptively()メソッド … 452
  - assertTrue()メソッド … 435
  - fail()メソッド … 436
- Assumptions … 443
- AtomicBoolean … 395
- AtomicInteger … 395
- AtomicLong … 395

B

- Base64 … 486
- BasicFileAttributeView … 311
- BatchUpdateException例外 … 423
  - getUpdateCounts()メソッド … 423
- BiConsumer<T, U>インターフェース … 076
- BiFunction<T, R>インターフェース … 076
- BigDecimal … 108
  - float/doubleとの使い分け … 109
- BinaryOperator<T>インターフェース … 076
- BiPredicate<T, U>インターフェース … 076
- Blob
  - getBinaryStream()メソッド … 416
  - getBytes()メソッド … 416
- BLOB型 … 414
- BlockingQueueインターフェース … 385
- boolean型 … 028, 042
- breakキーワード … 063
- BufferedInputStream … 330
- BufferedOutputStream … 331
- BufferedReader … 329
  - readLine()メソッド … 332
- BufferedWriter … 334
- ByteBuffer … 342
- byte型 … 028

C

- Calendar … 248
  - add()メソッド … 256
  - after()メソッド … 257
  - before()メソッド … 257
  - compareTo()メソッド … 257
  - DAY_OF_WEEK … 259
  - get()メソッド … 252, 259
  - getActualMaximum()メソッド … 258
  - getInstance()メソッド … 250
  - set()メソッド … 252
- CallableStatement … 419, 420

execute()メソッド	421
executeQuery()メソッド	420
getObject()メソッド	421
Callableインターフェース	370
case	058
catchブロック	065, 067, 071
Channelインターフェース	325
Charset	094, 319
forName()メソッド	094
char型	028, 042
Cipher	475
Class	159
cast()メソッド	041
forName()メソッド	159
getAnnotations()メソッド	170
getAnnotationsByType()メソッド	170
getResourceAsStream()メソッド	337
getTypeParameters()メソッド	167
isAnnotationPresent()メソッド	170
ClassCastException例外	041
classキーワード	114
Clock	261
system()メソッド	261
systemDefaultZone()メソッド	261
Collections	
emptyList()メソッド	195
emptyMap()メソッド	195
emptySet()メソッド	195
reverse()メソッド	203
sort()メソッド	203
Collectors	
filtering()メソッド	530
flatMapping()メソッド	532
groupingBy()メソッド	243
toUnmodifiableList()メソッド	529
toUnmodifiableMap()メソッド	529
toUnmodifiableSet()メソッド	529
Comparatorインターフェース	188, 203
compare()メソッド	188
CompletableFuture	372, 536
Concurrency Utilities	348
ConcurrentHashMap	181
Conditionインターフェース	391
await()メソッド	391
signal()メソッド	391
signalAll()メソッド	391
Connection	410
commit()メソッド	412
prepareCall()メソッド	420
rollback()メソッド	412
setAutoCommit()メソッド	412
Constructor	161
newInstance()メソッド	164
Consumer<T>インターフェース	076
continueキーワード	063
CopyOnWriteArrayList	181
CopyOnWriteArraySet	181
Corretto	503
CountDownLatch	382
await()メソッド	382
countDown()メソッド	383
CyclicBarrier	384

D

DatabaseMetaData	425
Date	248, 250
after()メソッド	257
before()メソッド	257
compareTo()メソッド	257
from()メソッド	278
toInstant()メソッド	277
Date and Time API	248
between()メソッド	276
compareTo()メソッド	272
isAfter()メソッド	272
isBefore()メソッド	272
isEqual()メソッド	272
minus()メソッド	275
ofInstant()メソッド	277
parse()メソッド	274

plus()メソッド ··· **275**
with()メソッド ··· **273**
日時オブジェクトの相互変換 ····················· **266**
日時の計算 ··· **270**
年月日取得メソッド ···································· **265**
日付生成メソッド ······································· **264**
日付の比較 ··· **272**
文字列フォーマット ···································· **267**
DDL ·· **411**
DecimalFormat ································ **105, 106**
Decode
decode()メソッド ···································· **486**
default ··· **058**
defaultキーワード ······························ **119, 154**
DirectoryNotEmptyException例外
··· **305, 306, 307**
DML ··· **411**
do 〜 while文 ··· **061**
Docker ·· **544**
DosFileAttributeView ··································· **314**
Double
parseDouble()メソッド ······························ **096**
DoubleAdder ··· **397**
DoubleStream ······································ **231, 233**
sum()メソッド ·· **241**
double型 ·· **028, 042**
DriverManager
getConnection()メソッド ························· **404**
Duration ·· **248, 275**

E

Eclipse ·· **005, 007**
JARファイルの作成 ··································· **020**
Javadocの生成 ··· **054**
Memory Analizer ···································· **497**
エクスポートの設定 ··································· **017**
クラスパス ··· **015**
ショートカット ·· **012**
ソースファイル ··· **007**
ソースフォルダ ··· **015**

デバッガ ··· **013**
ヒープメモリ ·· **018**
プロジェクト ·· **007**
別プロジェクトの参照 ······························· **015**
メモリサイズの指定 ·································· **019**
モジュールシステム ·································· **506**
ライブラリの設定 ······································ **016**
ワークスペース ··· **006**
else ·· **056**
else if ·· **056**
Encode
encode()メソッド ······································ **486**
EnumMap ·· **143**
EnumSet ··· **142**
enumキーワード ··· **138**
enum定数 ··· **138**
Exception
getSuppressed()メソッド ························· **071**
Exchanger ·· **380**
exchange()メソッド ·································· **380**
ExecutorCompletionService ······················ **376**
Executors
newCachedThreadPool()メソッド ········ **368**
newFixedThreadPool()メソッド ············ **368**
newScheduledThreadPool()メソッド · **368**
newSingleThreadExecutor()メソッド **365**
newSingleThreadScheduledExecutor()メソッド
··· **366**
ExecutorService
shutdown()メソッド ································· **365**
shutdownNow()メソッド ························· **365**
submit()メソッド ······································ **370**
Executorインターフェース ···························· **348**
extends ·· **147**
extendsキーワード ··· **126**
Externalizableインターフェース ··················· **176**
readExternal()メソッド ···························· **176**
writeExternal()メソッド ··························· **176**

F

- Field ································· 161
  - set()メソッド ····················· 165
- File ··································· 280
  - canExecute()メソッド ············ 289
  - canRead()メソッド ················ 289
  - canWrite()メソッド ··············· 289
  - createNewFile()メソッド ········· 295
  - createTempFile()メソッド ······· 296
  - delete()メソッド ··················· 285
  - deleteOnExit()メソッド ·········· 296
  - exists()メソッド ··················· 283
  - getAbsoluteFile()メソッド ······· 291
  - getAttributePath()メソッド ····· 291
  - getCanonicalFile()メソッド ····· 291
  - getCanonicalPath()メソッド ···· 291
  - getParent()メソッド ·············· 292
  - getParentFile()メソッド ········· 292
  - isDirectory()メソッド ············ 284
  - isFile()メソッド ··················· 284
  - isHidden()メソッド ··············· 289
  - lastModified()メソッド ·········· 288
  - length()メソッド ·················· 287
  - list()メソッド ······················· 293
  - listFiles()メソッド ················· 293
  - listRoots()メソッド ··············· 294
  - mkdir()メソッド ··················· 297
  - mkdirs()メソッド ·················· 297
  - renameTo()メソッド ·············· 286
  - setExecutable()メソッド ········· 290
  - setReadable()メソッド ··········· 290
  - setWritable()メソッド ············ 290
- FileAlreadyExistsException例外 ··· 301, 306, 307
- FileAttribute ······················· 301, 302, 303
- FileChannel ························ 341
  - lock()メソッド ····················· 344
  - transferFrom()メソッド ········· 343
  - tryLock()メソッド ················· 344
- Filed
  - get()メソッド ····················· 165
- FileFilter ····························· 294
- FileInputStream ··················· 330, 332
- FilenameFilter ····················· 293
- FileOutputStream ················· 331, 334
  - write()メソッド ···················· 331
- FileOwnerAttributeView ·········· 313
- Files
  - copy()メソッド ···················· 307
  - createDirectories()メソッド ···· 302
  - createDirectory()メソッド ······ 302
  - createFile()メソッド ·············· 301
  - createLink()メソッド ············· 303
  - createSymbolicLink()メソッド ·· 303
  - createTempDirectory()メソッド ···· 309
  - createTempFile()メソッド ······ 309
  - delete()メソッド ··················· 305
  - deleteIfExists()メソッド ········· 305
  - exists()メソッド ··················· 304
  - getAttribute()メソッド ··········· 311
  - lines()メソッド ···················· 320
  - list()メソッド ······················ 316
  - move()メソッド ··················· 286, 306
  - newByteChannel()メソッド ····· 322
  - newInputStream()メソッド ····· 322
  - newOutputStream()メソッド ··· 322
  - notExists()メソッド ··············· 304
  - readAllBytes()メソッド ·········· 319
  - readAllLines()メソッド ·········· 319, 320
  - readAttributes()メソッド ······· 311
  - walkFileTree()メソッド ·········· 317
  - write()メソッド ···················· 321
- FileSystem
  - getPath()メソッド ················ 281
- FileVisitorインターフェース ······ 317
  - visitFile()メソッド ················ 318
- finallyブロック ······················ 065, 070
- finalキーワード ····················· 117, 127, 131
- float型 ································ 028, 042
- Flow ·································· 533
- Fork/Join Framework ············· 349, 398

F

ForkJoinPool
    invoke()メソッド ······ 401
ForkJoinTask ······ 399, 400
    fork()メソッド ······ 401
    join()メソッド ······ 401
for文 ······ 060, 185, 201, 213
    拡張〜 ······ 060, 185, 213
Function<T, R>インターフェース ······ 076
Future ······ 370
    get()メソッド ······ 370, 372

G

Garbage Collection (GC) ······ 490
getClass()メソッド ······ 159
GETメソッド ······ 461

H

HashMap ······ 217, 218
HashSet ······ 207, 208
HTTP/2 ······ 538
HttpClient ······ 538
    send()メソッド ······ 538
HttpURLConnection ······ 461

I

if ······ 056
implementsキーワード ······ 118
import static ······ 027
IndexOutOfBoundsException例外 ······ 197
inportキーワード ······ 025
InputStreamReader ······ 329, 332
InputStreamインターフェース ······ 325
instanceof演算子 ······ 039
Instant ······ 277, 278
Integer
    divideUnsigned()メソッド ······ 111
    parseInt()メソッド ······ 096
    parseUnsignedInt()メソッド ······ 111
    toUnsignedString()メソッド ······ 110
IntelliJ IDEA ······ 006
interfaceキーワード ······ 117, 119
InterruptedException例外 ······ 359
IntStream ······ 231, 233
    sum()メソッド ······ 241
int型 ······ 028, 042
IOException例外 ······ 295, 301
ISO-639 ······ 472
ISO-8601 ······ 267

J

JARファイル ······ 020
java.util.functionパッケージ ······ 078
java.io.tmpdirプロパティ ······ 296
java.ioパッケージ ······ 280, 325
java.lang.Booleanクラス ······ 042
java.lang.Characterクラス ······ 042
java.lang.Doubleクラス ······ 042
java.lang.Floatクラス ······ 042
java.lang.Integerクラス ······ 042
java.lang.Longクラス ······ 042
java.lang.managementパッケージ ······ 490
java.lang.reflectパッケージ ······ 161
java.lang.Shortクラス ······ 042
java.langパッケージ ······ 026
java.netパッケージ ······ 460
java.nio.charsetパッケージ ······ 094
java.nio.file.attributeパッケージ ······ 290
java.nio.file.attributeパッケージ ······ 310
java.nioパッケージ ······ 325
java.sqlパッケージ ······ 404
java.textパッケージ ······ 105
java.util.concurrent.atomicパッケージ ······ 395
java.util.concurrent.locksパッケージ ······ 389, 392
java.util.concurrentパッケージ ······ 348
java.util.functionパッケージ ······ 076
java.util.loggingパッケージ ······ 481
java.util.regexパッケージ ······ 097
javacコマンド ······ 021
    -cpオプション ······ 022
    --module-pathオプション ······ 510

クラスパス	022
Javadoc	050
インラインタグ	052
タグ	051
ブロックタグ	051
javadocコマンド	054
Java Mission Control	500
javaコマンド	550
-Dオプション	488
javaファイル	021
JDBC	404
ドライバ	404
jdepsコマンド	510
JDK	002
jlinkコマンド	511
Joda Time	249
jshellコマンド	542
jstackコマンド	494
JUnit	428
テストケース	430
バージョン	429
JUnitPlatform	453

L

lengthプロパティ	184
LikedList	194
LinkedHashMap	217, 219
LinkedHashSet	207, 208
LinkedList	192
LinkedTransferQueue	387
Listインターフェース	060, 180, 192
add()メソッド	196
addAll()メソッド	205
clear()メソッド	199
copyOf()メソッド	528
forEach()メソッド	201
get()メソッド	197
indexOf()メソッド	204
isEmpty()メソッド	202
lastIndexOf()メソッド	204
of()メソッド	527
remove()メソッド	199
removeAll()メソッド	199
replaceAll()メソッド	198
retainAll()メソッド	199
set()メソッド	198
size()メソッド	202
stream()メソッド	230
toArray()メソッド	206
繰り返し処理	201
生成	192
ソート	203
配列への変換	206
要素数	202
要素チェック	204
要素の削除	199
要素の取得	197
要素の追加	196
要素の変更	198
連結	205
LocakDateTime	
of()メソッド	262
LocalDate	248, 260, 262
LocalDateTime	248
now()メソッド	260
Locale	105, 472
LocalTime	248, 260, 262
Lockインターフェース	389
lock()メソッド	389
newCondition()メソッド	391
unlock()メソッド	389
Logger	481
log()メソッド	482
LogManager	483
Long	
divideUnsigned()メソッド	111
parseLong()メソッド	096
parseUnsignedLong()メソッド	111
toUnsignedString()メソッド	110
LongAdder	397

LongStream	231, 233
sum()メソッド	241
long型	028, 042

M

MalformedURLException例外	460
Map.Entryインターフェース	
getKey()メソッド	225
getValue()メソッド	225
Mapインターフェース	060, 180, 217
clear()メソッド	226
compute()メソッド	221
computeIfAbsent()メソッド	221
computeIfPresent()メソッド	221
containsKey()メソッド	228
containsValue()メソッド	229
copyOf()メソッド	528
entry()メソッド	527
entrySet()メソッド	225
forEach()メソッド	225
get()メソッド	223
getOrDefault()メソッド	223
isEmpty()メソッド	227
keySet()メソッド	224
merge()メソッド	222
ofEntries()メソッド	527
put()メソッド	220
putIfAbsent()メソッド	220
remove()メソッド	226
replace()メソッド	221
replaceAll()メソッド	221
size()メソッド	227
stream()メソッド	230
values()メソッド	223
キーの取得	224
キーのチェック	228
生成	217
値の取得	223
値のチェック	229
要素数	227
要素の削除	226
要素の追加	220
Matcher	097
appendReplacement()メソッド	101
appendTail()メソッド	101
find()メソッド	099
group()メソッド	099
replaceAll()メソッド	101
replaceFirst()メソッド	101
reset()メソッド	101
Math	103
abs()メソッド	103
ceil()メソッド	103
floorメソッド	103
max()メソッド	103
min()メソッド	103
pow()メソッド	103
random()メソッド	107
round()メソッド	103
sqrt()メソッド	103
MemoryUsage	490
MessageDigest	474, 547
Method	161
invoke()メソッド	165
module-info.java	506
MySQL	404

N

new演算子	115, 182
NIO2	280, 310
NoSuchElementException例外	046
NoSuchFileException例外	302
notify()メソッド	355
notifyAll()メソッド	355
NotSuchFileException例外	305
null	039, 044, 046
参照型との比較	036
NullPointerException	059
NullPointerException例外	044
NumberFormat	105

getCurrencyInstance()メソッド ········· 105
getInstance()メソッド ····················· 105
getIntegerInstance()メソッド ·········· 105
getPercentInstance()メソッド ········· 105
NumberFormatException例外 ············ 096, 111

O

OffsetDateTime ························ 248, 260, 262
OffsetTime ······································· 248
OpenJDK ·· 502
OpenOption ······························· 321, 322
Optional
　　filter()メソッド ··························· 047
　　flatMap()メソッド ······················· 048
　　get()メソッド ····························· 046
　　ifPresentOrElse()メソッド ·········· 523
　　map()メソッド ···························· 048
　　of()メソッド ······························· 046
　　or()メソッド ······························· 523
　　orElse()メソッド ························ 046
　　orElseGet()メソッド ··················· 046
　　orElseThrow()メソッド ········ 046, 522
　　stream()メソッド ······················· 522
　　フィルタリング ·························· 047
OptionalDoubleクラス ························ 046
OptionalIntクラス ······························· 046
OptionalLongクラス ·························· 046
Optionalクラス ··································· 046
Oracle Database ······························· 404
OracleJDK ·· 502
OutputStreamWriter ························· 334
OutputStreamインターフェース ··········· 325

P

packageキーワード ···························· 024
ParameterizedType ·························· 167
Path ··· 281
　　getParent()メソッド ··················· 299
　　getRoot()メソッド ····················· 299
　　isAbsolute()メソッド ·················· 298

normalize()メソッド ···················· 298
resolve()メソッド ························ 300
resolveSibling()メソッド ·············· 300
toAbsolutePath()メソッド ··········· 298
Paths
　　get()メソッド ···························· 282
Pattern ··· 097
　　compile()メソッド ····················· 098
Period ·· 248
　　getDays()メソッド ····················· 276
　　getMonths()メソッド ················· 276
　　getYears()メソッド ···················· 276
Pleiades ··· 005
Pleiades All in One ··························· 005
PosixFileAttributeView ····················· 314
PostgreSQL ······································ 404
POSTメソッド ···································· 462
Predicate<T>インターフェース ··········· 076
PreparedStatement
　　addBatch()メソッド ··················· 423
　　executeBatch()メソッド ············ 423
　　executeQuery()メソッド ············ 407
　　executeUpdate()メソッド ·········· 410
　　setBinaryStream() ···················· 414
　　setBlob()メソッド ······················ 414
　　setString()メソッド ··················· 407
PrintStream ······································ 327
　　print()メソッド ·························· 327
　　println()メソッド ······················· 327
private ··· 137
Process ·· 541
ProcessBuilder ································· 479
　　startPipeline()メソッド ·············· 540
ProcessHandleインターフェース ········· 540
Properties ·· 338
　　load()メソッド ··························· 338
　　loadFromXML()メソッド ············ 340
　　store()メソッド ························· 339
　　storeToXML()メソッド ··············· 340
protected ··· 137

public ·· 137

R

RandomAccessFile ······························ 335
Reactive Streams ································ 533
Readerインターフェース ············· 325, 329, 332
ReadWriteLockインターフェース ············· 392
 readLock()メソッド ······························ 392
 writeLock()メソッド ····························· 392
RecursiveAction ································· 400
RecursiveTask ···································· 400
ReentrantLock ···································· 389
ReentrantReadWriteLock ···················· 392
ResourceBundle ··························· 472, 546
ResultSet ··· 408
 getBlob()メソッド ································ 416
RoundingMode ··································· 108
Runnableインターフェース ······················ 350
 run()メソッド ······································· 350

S

ScheduledExecutorService
 schedule()メソッド ······························ 366
 scheduleAtFixedRate()メソッド ············ 366
 scheduleWithFixedDelay()メソッド ······ 366
SecureRandom ··································· 107
Selector ··· 469
 select()メソッド ··································· 471
Semaphore ·· 378
 acquire()メソッド ································· 378
 release()メソッド ································· 378
Serializableインターフェース ·················· 174
 serialPersistentFieldsフィールド ·········· 175
serialVersionUIDフィールド ···················· 175
ServerSocket ····································· 465
 accept()メソッド ·································· 465
ServerSocketChannel ························· 469
 register()メソッド ································· 471
Setインターフェース ························ 180, 207
 add()メソッド ······································ 210

 addAll()メソッド ·································· 216
 clear()メソッド ···································· 211
 contains()メソッド ······························· 215
 containsAll()メソッド ···························· 215
 copyOf()メソッド ································· 528
 forEach()メソッド ······························· 213
 isEmpty()メソッド ······························· 214
 of()メソッド ·· 527
 remove()メソッド ································ 211
 removeAll()メソッド ···························· 211
 retainAll()メソッド ······························· 211
 size()メソッド ····································· 214
 繰り返し処理 ······································ 213
 生成 ·· 207
 要素数 ··· 214
 要素チェック ······································ 215
 要素の削除 ·· 211
 要素の追加 ·· 210
 連結 ·· 216
short型 ·· 028, 042
SimpleDateFormat ····························· 254
 format()メソッド ································· 254
 parse()メソッド ··································· 255
SimpleFileVisitor ································ 317
Socket ··· 464
SocketChannel
 open()メソッド ··································· 468
SQLException例外
 getErrorCode()メソッド ······················· 418
StackTraceElement ···························· 072
StampedLock ····································· 393
StandardCharsets ······························ 095
staticイニシャライザ ····························· 134
staticインポート ·································· 133
staticキーワード ·································· 133
static初期化子 ···································· 134
staticフィールド ··························· 133, 175
staticメソッド ······························ 120, 133
staticメンバ ······································· 027
Streamインターフェース ················· 181, 230

INDEX

allMatch()メソッド …………………………… 240
anyMatch()メソッド …………………………… 240
collect()メソッド ………………………… 243, 244
concat()メソッド ……………………………… 238
countメソッド ………………………………… 234
distinct()メソッド ……………………………… 235
dropWhile()メソッド ………………………… 525
filter()メソッド ………………………………… 237
flatMap()メソッド ……………………………… 239
flatMapToInt()メソッド ……………………… 233
forEach()メソッド …………………………… 236
iterate()メソッド ………………………… 245, 526
map()メソッド ………………………………… 239
mapToInt()メソッド …………………………… 233
noneMatch()メソッド ………………………… 240
of()メソッド …………………………………… 230
ofNullable()メソッド ………………………… 525
parallel()メソッド …………………………… 246
reduce()メソッド ……………………………… 241
sequential()メソッド ………………………… 246
sorted()メソッド ……………………………… 242
takeWhile()メソッド ………………………… 525
toArray()メソッド …………………………… 244
繰り返し処理 ………………………………… 236
コレクションへの変換 ………………………… 244
重複要素の排除 ……………………………… 235
生成 …………………………………………… 230
長さ …………………………………………… 234
並列処理 ……………………………………… 246
要素のグルーピング ………………………… 243
要素の集計 …………………………………… 241
要素の条件チェック ………………………… 240
要素のソート ………………………………… 242
要素のフィルタリング ………………………… 237
要素の変換 …………………………………… 239
連結 …………………………………………… 238
String …………………………………………… 081
 endWith()メソッド ……………………… 088
 equals()メソッド ………………………… 086
 format()メソッド ………………………… 092
 getBytes()メソッド ………………… 083, 094
 indexOf()メソッド ………………………… 089
 joinメソッド …………………………… 082
 lastIndexOfメソッド …………………… 089
 lengthメソッド ………………………… 083
 replaceAll()メソッド …………………… 102
 replaceFirst()メソッド ………………… 102
 replaceメソッド ………………………… 087
 split()メソッド ………………………… 085
 startsWith()メソッド …………………… 088
 substring()メソッド …………………… 084
 toLowerCase()メソッド ……………… 090
 toUpperCase()メソッド ……………… 090
 trim()メソッド ………………………… 091
StringBuffer …………………………………… 081
 appendメソッド ………………………… 082
StringBuilder ………………………………… 081
 append()メソッド ……………………… 082
superキーワード …………………………… 127
Supplier<T>インターフェース ……………… 076
switch ………………………………………… 058
synchronizedキーワード …………………… 353
synchronizedブロック ………………… 353, 390
synchronizedメソッド ……………………… 353
SynchronousQueue ………………………… 385
System
 arrayCopy()メソッド …………………… 186
 currentTimeMillis()メソッド ………… 251
 currentTimeMills()メソッド ………… 478
 errフィールド …………………………… 328
 gc()メソッド …………………………… 490
 getenv()メソッド ……………………… 489
 getProperty()メソッド ………………… 487
 inフィールド …………………………… 329
 nanoTime()メソッド …………………… 470
 outフィールド ………………………… 327
 setProperty()メソッド ………………… 487

561

T

TemporalAdjusters
    lastDayOfMonth()メソッド **273**
TestInfo **451**
this **116**
this() **116**
Thread **350**
    interrupt()メソッド **359**
    join()メソッド **357**
    setUncaughtExceptionHandler()メソッド
    ...... **352**
    sleep()メソッド **358**
    start()メソッド **350**
Thread.UncaughtExceptionHandlerインターフェース
    ...... **352**
Throwable
    getStackTrace()メソッド **072**
    printStackTrace()メソッド **072**
throwsキーワード **068**
throwキーワード **068**
TimeoutException例外 **370**
Timer
    schedule()メソッド **361, 363**
    scheduleAtFixedRate()メソッド **363**
TimerTask **361, 363**
    run()メソッド **361**
TransferQueueインターフェース **387**
    poll()メソッド **387**
    take()メソッド **387**
    transfer()メソッド **387**
    tryTransfer()メソッド **388**
translentキーワード **175**
TreeMap **217, 219**
TreeSet **207, 208**
try〜catch〜finally文 **065**
try-with-resources文 **070, 516**
TypeVariable **167**

U

UnaryOperator<T>インターフェース **076**

UnsupportedCharsetException例外 **094**
URL **460**
    openConnection()メソッド **461**
URLConnection **461**
URLDecoder
    decode()メソッド **485**
URLEncoder
    encode()メソッド **485**
UUID **477**

V

valueOf()メソッド **548**
varキーワード **513**
VisualVM **491**
volatile修飾子 **360**

W

wait()メソッド **355**
WatchService **324**
while文 **061**
Writerインターフェース **325**

X

XML形式 **177, 339**

Z

ZipEntry **345**
ZipInputStream **345**
ZipOutputStream **345**
ZonedDateTime **248, 260, 262**
    toInstant()メソッド **278**
ZoneId **260, 262**
ZoneOffset **262**
Zulu **503**

ア

空きメモリ **490**
アクセス修飾子 **137**
浅いコピー **186**
アップキャスト **041**

INDEX

アトミック ………………………………… 395
アノテーション ……………………… 152, 170
　　単一値 ……………………………… 154
　　デフォルト値 ……………………… 154
　　独自 ………………………………… 154
　　フル ………………………………… 154
　　マーカ ……………………………… 154
暗号化 ……………………………………… 475
アンボクシング …………………………… 043
イニシャライザ …………………………… 134
イミュータブル …………………………… 249
インクリメント演算子 …………………… 030
インスタンス ……………………………… 115
インスタンスイニシャライザ …………… 135
インスタンス初期化子 …………………… 135
インターフェース …………… 117, 141, 518
インデックス ………………………… 084, 184
インナークラス …………………………… 121
エスケープ ………………………………… 098
オートボクシング ……………………043, 548
オーバーライド ………………………119, 131
オーバーロード …………………………… 132

カ

外部クラス ………………………………… 121
拡張for文 …………………………060, 185, 213
型推論 ……………………………………… 513
型パラメータ ……………………………… 146
　　可変長引数 ………………………… 150
　　制限 ………………………………… 147
型引数 ……………………………………… 146
可変長引数 ………………………………… 136
環境変数 …………………………………… 489
　　設定 ………………………………… 003
関数型インタフェース …………076, 070, 079
完全修飾名 ………………………………… 025
基底クラス ………………………………… 126
基本型 ……………………………………… 028
キャスト …………………………………… 040
　　アップ～ …………………………… 041

　　ダウン～ …………………………… 041
キャプチャ・ヘルパ ……………………… 148
クラス
　　インポート ………………………… 025
　　ネストした～ ……………………… 121
クラスフィールド ………………………… 133
クラスメソッド …………………………… 133
繰り返し ……………………………060, 061, 063
継承 ………………………………………… 126
検査例外 …………………………………… 066
国際化 ……………………………………… 472
コマンドライン …………………………… 002
コメント …………………………………… 049
コメントファイル ………………………… 053
コレクション ……………………………… 180
　　remove()メソッド ………………… 043
　　空コレクションの取得 …………… 195
コンストラクタ …………………………… 115
　　デフォルト～ ……………………… 116

サ

再帰代入演算子 …………………………… 031
サロゲートペア …………………………… 083
三項演算子 ………………………………… 037
算術演算子 ………………………………… 030
参照型 ……………………………………… 028
　　nullとの比較 ……………………… 036
ジェネリクス ………………………… 146, 167
システムプロパティ ……………………… 487
実行時例外 ……………………………066, 352
シフト演算子 ……………………………… 033
終端メソッド ……………………………… 232
条件分岐 ……………………………………056, 058
初期化子 …………………………………… 134
書式付き文字列 …………………………… 092
シリアライズ ……………………………… 174
スーパークラス …………………………… 126
ストアドプロシージャ／ストアドファンクション
　…………………………………………… 419
ストリーム ………………………………… 181

563

INDEX

タ行より続き

スレッド 348
 一時停止 358
 データの受け渡し 380
 デーモン〜 351
 プール 368
 ユーザ〜 351
 割り込み 359
スレッドダンプ 494
正規表現 097
 グループ化 099
 置換 101

タ

ダイアモンド演算子 144, 517
ダウンキャスト 041
多次元配列 183, 185
多重継承 126
抽象クラス 129
抽象メソッド 129
デーモンスレッド 351
デクリメント演算子 030
デシリアライズ 174
デバッグ 013
デフォルトコンストラクタ 116
同期 355
匿名クラス 073, 124
トランザクション 412

ナ

日時
 取得 251, 260
ネストしたクラス 121
年月日 252, 265
ノンブロッキングI/O 469

ハ

排他制御 353, 389
配列 181, 182
 lengthプロパティ 184
 Listインターフェースへの変換 206

浅いコピー 186
 繰り返し処理 185
 コピー 186
 サイズ 184
 ソート 188
 比較 191
 深いコピー 186
 要素のチェック 190
パッケージ 024
 インポート 025
ハッシュ値 474
ヒープダンプ 496
比較演算子 035
日付 248, 262
 計算 256
 再設定 264
 取得 250
 前後関係 257
 月の最終日 258
 文字列への変換 254
ビット演算子 032
非同期処理 350, 370
標準アノテーション 152
フィールド 114
深いコピー 186
復号 475
符号なし整数 110
プッシュ型 533
プル型 533
プロキシ 462
ブロック 057
並行処理 348

マ

マルチキャッチ 067
無限ループ 062
無名クラス 124
メソッド 114
 デフォルト実装 162
メソッド参照 080

メソッドチェーン	231
メタアノテーション	155
メモリリーク	496
メンバ	114
文字コード	094
Javaで指定可能な～	095
モジュールシステム	504, 510
文字列	
開始・終了文字列のチェック	088
切り出し	084
書式付き～	092
数値に変換	096
前後の空白削除	091
大文字小文字	090
置換	087
長さ	083
比較	086
日付への変換	255
含まれる文字列のチェック	089
分割	085
変数の埋め込み	092
文字コード	094
連結	081

ヤ

| ユーザスレッド | 351 |
| 曜日 | 259 |

ラ

ラッパークラス	042
ラベル	063
ラムダ式	073, 076, 078, 079, 080, 221
外部変数	075
交差型キャスト	112
引数	074
乱数	107
リテラル	029
リフレクション	160, 164, 165, 167, 170
例外	065, 067
検査～	066
再スロー	069
実行時～	066
スロー	068
列挙型	138, 141, 142
ロケール	472
ロックの公平性	390
論理演算子	038

ワ

| ワイルドカード | 148 |

PROFILE

竹添 直樹（たけぞえ なおき）
Java、Scalaを愛するプログラマ。業務の傍ら執筆活動やOSS活動なども行なっており、現在はオープンソースのGitサーバ「GitBucket」、機械学習サーバ「Apache PredictionIO」などの開発にも関わっている。

島本 多可子（しまもと たかこ）
Web系の企業に勤務中。ここ数年はもっぱらScala漬けの日々。オープンソースのGitサーバ「GitBucket」の開発も行う。

高橋 和也（たかはし かずや）
大手SI企業にてWeb系システムのJavaフレームワーク開発、Eclipseプラグイン開発、トラブルシューティングなどに携わった後、現在は金融機関の次世代店舗の提案・開発に従事している。著書は『独習JavaScript』（翔泳社）、『現場で使えるソフトウェアテスト』（翔泳社）。

佐藤 聖規（さとう まさのり）
クラウドでサービス開発、開発のありかた、働き方の改革をテーマに活動している。アーキテクチャ、DevOps、チームビルディングなどが得意分野。著書に『改訂第3版 Jenkins実践入門』（技術評論社）、『コンテナ・ベース・オーケストレーション』（翔泳社）。書籍執筆やイベントでの講演を楽しみにしている。4歳の息子と遊ぶのが、最も大切な瞬間。

装　　丁	宮嶋 章文
Ｄ　Ｔ　Ｐ	BUCH⁺
編　　集	山本 智史

Java逆引きレシピ 第2版

2019年4月10日　初版第1刷発行

著　　者	竹添 直樹（たけぞえ なおき） 高橋 和也（たかはし かずや） 島本 多可子（しまもと たかこ） 佐藤 聖規（さとう まさのり）
発　行　人	佐々木 幹夫
発　行　所	株式会社 翔泳社（https://www.shoeisha.co.jp）
印刷・製本	株式会社 ワコープラネット

©2019 NAOKI TAKEZOE/KAZUYA TAKAHASHI/TAKAKO SHIMAMOTO/MASANORI SATOH

本書は著作権法上の保護を受けています。本書の一部または全部について（ソフトウェアおよびプログラムを含む）、株式会社 翔泳社から文書による許諾を得ずに、いかなる方法においても無断で複写、複製することは禁じられています。

本書へのお問い合わせについては、iiページに記載の内容をお読みください。

落丁・乱丁はお取り替えいたします。03-5362-3705 までご連絡ください。

ISBN978-4-7981-5844-0　　　　　　　　　　　　Printed in Japan